工业和信息化部“十四五”规划教材
建设重点研究基地精品出版工程

燃烧与爆炸

（第2版）

COMBUSTION AND EXPLOSION
(2ND EDITION)

胡立双　胡双启　主编

北京理工大学出版社
BEIJING INSTITUTE OF TECHNOLOGY PRESS

内容提要

本书从安全技术角度出发，系统介绍了各类危险性物质燃烧与爆炸的基本理论，着重论述了各类危险性物质燃爆特性及危险性参数测试与计算。主要内容包括可燃气体的燃烧与爆炸，可燃液体和固体的燃烧，可燃粉尘的爆炸，爆炸性物质的爆炸，氧化性物质、忌水性物质、混合危险性物质爆炸及反应失控爆炸等。同时，还就燃爆与爆炸化学知识及着火理论等做了较为详尽的介绍。

本书可作为高等院校及高职高专院校安全工程专业、采矿工程专业及兵器类专业的教学用书或教学参考书，也可供国防、化工、煤炭及其他各个行业的安全技术人员和管理人员参考。

图书在版编目（CIP）数据

燃烧与爆炸 / 胡立双，胡双启主编. --2版. --北京：北京理工大学出版社，2024.1

ISBN 978-7-5763-3556-9

Ⅰ.①燃… Ⅱ.①胡… ②胡… Ⅲ.①燃烧学-研究 ②爆炸-理论研究 Ⅳ.①O643.2

中国国家版本馆CIP数据核字（2024）第044800号

责任编辑：王玲玲 **文案编辑**：王玲玲
责任校对：刘亚男 **责任印制**：李志强

出版发行 / 北京理工大学出版社有限责任公司
社　　址 / 北京市丰台区四合庄路6号
邮　　编 / 100070
电　　话 / （010）68944439（学术售后服务热线）
网　　址 / http：//www.bitpress.com.cn

版 印 次 / 2024年1月第2版第1次印刷
印　　刷 / 廊坊市印艺阁数字科技有限公司
开　　本 / 787 mm × 1092 mm 1/16
印　　张 / 16.25
字　　数 / 378千字
定　　价 / 68.00元

本书编委会

主　编　胡立双　胡双启

副主编　刘　洋　曾　丹　王艳平　吕智星

刘晓莲　张清爽　何　丹　史晓茹

王慧男　杜博文

前言

PREFACE

党的二十大擘画了全面建设社会主义现代化国家、以中国式现代化全面推进中华民族伟大复兴的宏伟蓝图，吹响了奋进新征程的时代号角。习近平总书记在参加十四届全国人大一次会议江苏代表团审议时强调："加快实现高水平科技自立自强，是推动高质量发展的必由之路。"近些年来，随着国防、煤炭、石油、化工、制造等产业的飞速发展，人们的生活水平和工作条件得到了显著改善，但一些危险性物质在生产、使用、储存、运输过程中仍存在诸多不安全因素，燃烧、爆炸事故层出不穷，造成了巨大的人员伤亡和财产损失。本书主要从常见危险性物质的燃烧、爆炸原理出发，介绍各类危险性物质的燃爆特性及测试、计算方法。

习近平总书记指出："我国要实现高水平科技自立自强，归根结底要靠高水平创新人才。"当前关于燃烧与爆炸理论的书籍很多，但大多偏重于火灾、爆炸的防治，抑或偏重于理论方面的研究。通过多年的教学实践，编者发现，安全类、化工类、建筑设计类、兵器类及煤矿类专业学生需要的不仅是一些燃烧爆炸理论及防火防爆技术专业知识，更重要的是，要系统地了解和掌握燃烧、爆炸的发生、发展过程及不同危险性物质燃烧、爆炸特性、特点，并能对危险品系统的燃爆安全进行评价分析，进而在煤矿、危化品、道路运输等方面规划实施一批生命防护工程，积极研发应用一批先进安防技术，切实提高安全发展水平。

本书所用素材，部分来自编者多年从事燃烧、爆炸理论相关学科的教学、科研积累，部分来自对近年国内出版的相关教材和专著的吸纳。在内容上，本书力求阐述不同危险性物质燃烧、爆炸的基本理论、基本知识，既注重教材的深度和广度，又注重教材的科学性和系统性。

全书共分为9章。第1章燃烧与爆炸概论，主要介绍了燃烧与爆炸现象、分类及发生条件；危险性物质种类及着火源种类。第2章燃烧与爆炸化学基础，主要介绍了化学反应速率以及燃烧产物相关参数计算。第3章着火理论，主要介绍了谢苗诺夫、链式反应、强迫着火等理论。第4章气体燃烧与爆炸，主要介绍了可燃性混合气体、分解性气体、蒸气云及液化气罐的燃烧爆炸过程及计算。第5章可燃液体燃烧，主要介绍了液体燃烧危险性参数、燃烧特点及火灾形式。第6章可燃固体燃烧，主要介绍了可燃固体燃烧特点及形式、典型固体燃烧现象。第7章粉尘爆炸，主要介绍了粉尘爆炸机理及其影响因素、粉尘爆炸相关特性及危险性评价。第8章爆炸性物质的爆炸，主要介绍了爆炸性物质分类及爆炸机理，详细介绍了炸药化学变化基本形式及安全性、爆炸性能参数。第9章其他类型爆炸，分别介绍了氧化性物质爆炸、忌水性物质爆炸、混合物质爆炸及反应失控爆炸。

本书由中北大学胡立双副教授和胡双启教授组织编写并统稿。由中北大学胡立双及胡双启担任主编；中北大学刘洋和张清爽，中国兵器工业火炸药工程与安全技术研究院曾丹、王艳平、吕智星、刘晓莲、史晓茹和杜博文，甘肃银光化学工业集团有限公司何丹及山西北方兴安化学工业有限公司王慧男担任副主编。其他参与编写的人员有中国兵器工业火炸药工程与安全技术研究院的王立新、雷驰、阎翀、孙磊、孙铭泽、于琦、鲁月文、杨晓明、王俭龙及饶云鹏等。其中，第1章由胡立双、胡双启、刘洋、曾丹、王艳平、吕智星及刘晓莲撰写；第2章由刘洋撰写；第3章由胡立双、刘洋、张清爽、阎翀、鲁月文、王俭龙及饶云鹏撰写；第4章由胡立双撰写；第5、6、7章由胡立双及刘洋撰写；第8章由胡立双、刘洋、何丹、史晓茹、王慧男、杜博文及王立新撰写；第9章由胡立双、刘洋、雷驰、孙磊、孙铭泽、于琦及杨晓明撰写。硕士生郭蓉、雷超刚、张添淇、刘逸夫、李岩、吴禹衡、鲍雨露、邱玉、张曦、尚肖宇、段怡冰及王福星也参与了本书部分章节撰写，郭蓉还负责了本书的排版及校对工作，在此表示衷心感谢。

由于编者水平有限，书中疏漏之处在所难免，敬请读者批评指正。

编　者

目 录

CONTENTS

第1章
燃烧与爆炸概论

1.1 燃　　烧

1.1.1 燃烧本质

所谓燃烧，就是指可燃物与氧化剂作用发生的放热反应，通常伴有火焰、发光和发烟的现象。燃烧区的温度很高，使其中白炽的固体粒子和某些不稳定（或受激发的）中间物质分子内电子发生能级跃迁，从而发出各种波长的光；发光的气相燃烧区就是火焰，它的存在是燃烧过程中最明显的标志；由于燃烧不完全等原因，会使产物中混有一些微小颗粒，这样就形成了烟。

从本质上说，燃烧是一种氧化还原反应，但其放热、发光、发烟、伴有火焰等基本特征表明它不同于一般的氧化还原反应。例如，氢气在氯气中燃烧，氯原子得到一个电子被还原，而氢原子失去一个电子被氧化。在这个反应中，虽然没有氧气参与反应，但所发生的是一个激烈的氧化还原反应，并伴随有光和热的发生，这个反应也是燃烧。

电灯在照明时放出光和热，但未发生化学反应，不能称为燃烧。铜与稀硝酸反应，虽然有电子得失，但不产生光和热，也不能称为燃烧。综上所述，燃烧过程具有两个特征：①有新的物质产生（即燃烧是化学反应）；②伴随着发光放热现象。

1.1.2 燃烧条件

燃烧现象十分普遍，但其发生必须具备一定的条件。作为一种特殊的氧化还原反应，燃烧反应必须有氧化剂和还原剂参加，此外，还要有引发燃烧的能源。

（1）可燃物

无论是气体、液体、固体，还是金属、非金属、无机物、有机物，凡是能与空气中的氧气或其他氧化剂起燃烧反应的物质，均称为可燃物，如氢气、乙炔、酒精、汽油、木材、纸张等。

（2）助燃物

凡是与可燃物结合能导致和支持燃烧的物质，都叫作助燃物，如空气、氧气、氯气、氯酸钾、过氧化钠等。空气是最常见的助燃物，本书中如无特别说明，可燃物的燃烧都是指在空气中进行的。

（3）点火源

凡是能引起物质燃烧的点燃能源，统称为点火源，如明火、高温表面、摩擦与冲击、自燃发热、化学反应热、电火花、光热射线等。

上述三个条件通常被称为燃烧三要素。但是即使具备了燃烧三要素并且相互结合、相互作用，燃烧也不一定发生。要发生燃烧，还必须满足其他条件，如可燃物和助燃物要有一定的数量和浓度，点火源要有一定的温度和足够的能量等。燃烧能发生时，燃烧三要素可表示为封闭的三角形，通常称为着火三角形，如图 1－1（a）所示。经典的着火三角形一般足以说明燃烧得以发生和持续进行的原理。但是，根据燃烧的链式反应理论，很多燃烧的发生都有持续的游离基（自由基）作“中间体”，因此，着火三角形应扩大到包括一个说明游离基参加燃烧反应的附加维度，从而形成一个着火四面体，如图 1－1（b）所示。

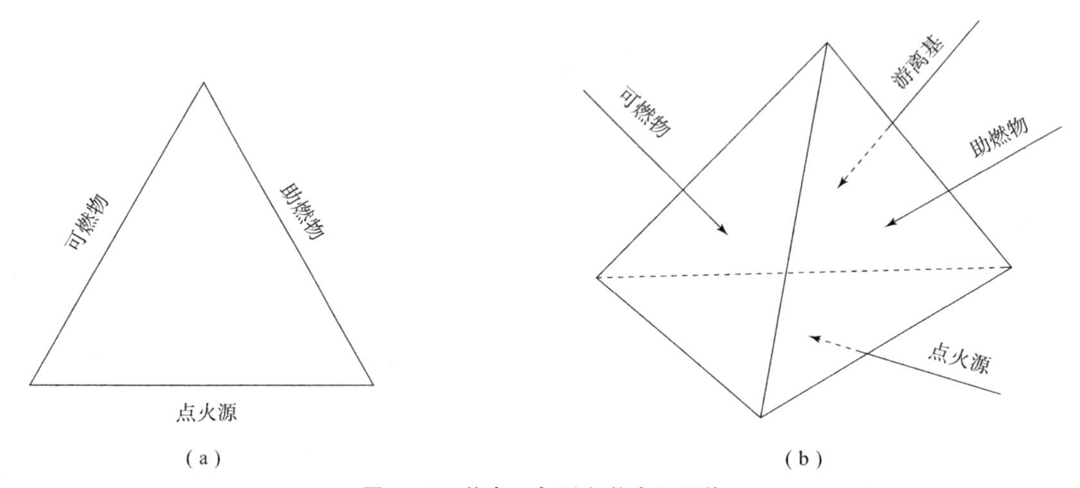

图 1－1　着火三角形和着火四面体

（a）着火三角形；（b）着火四面体

1.1.2.1　燃烧充分条件

可燃物、助燃物和点火源是构成燃烧的三个要素，缺少其中任何一个，燃烧都不能发生。然而，燃烧反应在温度、压力、组成和点火能等方面都存在着极限值。在某些情况下，如果可燃物未达到一定的含量、助燃物数量不够、点火源不具备足够的温度或热量，那么，即使具备了三个条件，燃烧也不会发生。例如，氢气在空气中的含量低于 4% 时，便不能点燃，而当空气中含氧量低于 14% 时，一般可燃物质便不会发生燃烧。又如，锻件加热炉燃烧煤炭时飞溅出的火星可以点燃油、棉、丝或刨花，但如果溅落在大块木材上，就会发现它很快熄灭了，不能引起木材的燃烧，这是因为火星虽然有超过木材着火的温度，但却缺乏足够的热量。实际上，燃烧反应在可燃物、氧化剂和点火源等方面都存在着极限值。因此，燃烧的充分条件有以下几方面。

（1）一定的可燃物含量

可燃气体或蒸气只有达到一定的含量时才会发生燃烧。例如，氢气的含量低于 4% 时，便不能点燃；煤油在 20 ℃时，接触明火也不会燃烧，这是因为在此温度下，煤油蒸气的数量还没有达到燃烧所需含量。

（2）一定的含氧量

几种可燃物质燃烧所需的最低含氧量见表 1－1。

表1-1 几种可燃物质燃烧所需的最低含氧量

可燃物名称	最低含氧量/%	可燃物名称	最低含氧量/%
汽油	14.4	乙炔	3.7
乙醇	15.0	氢气	5.9
煤油	15.0	大量棉花	8.0
丙酮	13.0	黄磷	10.0
乙醚	12.0	橡胶屑	12.0
二硫化碳	10.5	蜡烛	16.0

（3）一定的点火源能量

即能引起可燃物质燃烧的最小点火能。一些可燃物的最小点火能见表1-2。

表1-2 一些可燃物的最小点火能

物质名称	最小点火能/mJ	物质名称	最小点火能/mJ	
			粉尘云	粉尘
汽油	0.2	铝粉	10	1.6
氢（28%~30%）	0.019	合成醇酸树脂	20	80
乙炔	0.019	硼	60	—
甲烷（8.5%）	0.28	苯酚树脂	10	40
丙烷（5%~5.5%）	0.26	沥青	20	6
乙醚（5.1%）	0.19	聚乙烯	30	—
甲醇（2.24%）	0.215	聚苯乙烯	15	—
呋喃（4.4%）	0.23	砂糖	30	—
苯（2.7%）	0.55	硫黄	15	1.6
丙酮（5.0%）	1.2	钠	45	0.004
甲苯（2.3%）	2.5	肥皂	60	3.84
乙酸乙烯（4.5%）	0.7	—	—	—

（4）相互作用

燃烧的三个基本条件需相互作用，燃烧才能发生和持续进行。

综上所述，燃烧必须在充分的条件下才能进行，缺少其中任何一个，燃烧便不会发生。

1.1.2.2 燃烧条件应用

燃烧不仅需要一定的条件，而且燃烧条件是一个整体，无论缺少哪一个，燃烧都不能发生。人们掌握了燃烧条件，就可以了解灭火的基本原理。火灾发生的条件实质上就是燃烧的条件。对于已经进行的燃烧（火灾），只要消除其中任何一个条件，火灾便会终止，这就是燃烧条件的应用。

1. 灭火的基本原理

一切灭火措施，都是为了防止火灾发生和（或）限制燃烧条件互相结合、互相作用。从燃烧的条件出发，消除三要素之一，即为灭火的原理。

（1）控制可燃物和助燃物

根据不同情况采取不同措施，只要破坏燃烧的基础和助燃条件，即可防止形成燃爆介质。例如，用难燃或不燃材料代替易燃或可燃材料；用水泥代替木材建造房屋；用防火涂料处理可燃材料，以提高其耐火极限；在材料中掺入阻燃剂，进行阻燃处理，使易燃材料变成难燃或不燃材料；加强通风，降低可燃气体、蒸气和粉尘在空间的浓度，使其低于爆炸浓度下限；凡是在性质上抵触或能相互作用的物品，分开储运；对易燃易爆物质的生产，在密闭设备中进行；对有易燃物料的设备系统，停产后或检修前，用惰性气体吹洗置换；对乙炔生产、甲醇氧化、TNT 球磨等特别危险的工艺，可充装氮气保护等。

（2）控制和消除点火源

在人们生活、生产中，可燃物和空气是客观存在的，绝大多数可燃物即使暴露在空气中，若没有点火源作用，也是不能着火（爆炸）的。从这个意义上来说，控制和消除点火源是防止火灾的关键。

一般而言，实际生产、生活中经常出现的火源大致有以下几种：生产用火、生活用火、炉火、干燥装置、烟囱烟道、电器设备、机械设备、高温表面、自燃、静电火花、雷击和其他火源。根据不同情况，控制这些火源的产生和使用范围，采取严密的防范措施，严格动火用火制度，对于防火防爆十分重要。

（3）控制生产中的工艺参数

工业生产特别是化工生产中，正确控制各种工艺参数是防止火灾、爆炸的根本手段。根据燃烧原理和消防工作中的实践经验，实际工作中可采取下述基本措施：

为了严格控制温度，正确选用传热介质，并设置灵敏优质的控温仪表，不间断地冷却和搅拌，防止冲料起火；控制原料纯度，严格控制投料速度、投料配比、投料顺序，防止可燃物料跑、冒、滴、漏等。

（4）阻止火势扩散蔓延

一旦发生火灾，应想方设法迅速使火灾或爆炸限制在较小的范围内，不使新的燃烧条件形成，以免造成火势蔓延扩大。

限制火灾、爆炸扩散的措施，应在工艺设计开始就要加以统筹考虑。对于建筑物的布局、结构，以及防火防烟分区、工艺装置和各种消防设施的布局与配置等，不仅要考虑节约土地和投资，有利于生产、生活方便，而且要确保安全。

根据不同情况，可采取下列措施：在建筑物之间设置防火防烟分区、建筑防火墙、留防火间距；对危险性较大的设备和装置，采取分区隔离、露天布置和远距离操作的方法；在能形成爆炸介质的厂房、库房、工段，设泄压门窗、轻质屋盖，安装安全可靠的液封、水封井、阻火器、单向阀、阻火闸、火星熄灭器等阻火设备；装置一定的火灾自动报警、自动灭火设备或固定、半固定的灭火设施，以便及时发现和扑救初起火灾等。

2. 灭火方法

一切灭火方法都是为了破坏已经形成的燃烧条件，或者使燃烧反应中的游离基消失，以迅速熄灭或阻止物质的燃烧，最大限度地减少火灾损失。根据燃烧条件和灭火的实践经验，灭火的基本方法有以下四种。

（1）隔离法

隔离法是将未燃烧的物质与正在燃烧的物质隔开或疏散到安全地点，燃烧会因缺乏可燃物而停止。这是扑灭火灾比较常用的方法，适用于扑救各种火灾。

在灭火过程中，根据不同情况，可采取：关闭可燃气体、液体管道的阀门，以减少和阻止可燃物质进入燃烧区；将火源附近的可燃、易燃、易爆和助燃物品搬走；排除生产装置、容器内的可燃气体或液体；设法阻挡流散的液体；拆除与火源毗连的易燃建（构）筑物，形成阻止火势蔓延的空间地带；用高压密集射流封闭的方法扑灭井喷火灾等措施。

（2）窒息法

窒息法是隔绝空气或稀释燃烧区空气的氧含量，使可燃物得不到足够的氧气而停止燃烧。它适用于扑灭容易封闭的容器设备、房间、洞室、工艺装置或船舱内的火灾。

在灭火中，根据不同情况，可采取：用干砂、湿棉布、湿棉被、帆布、海草等不燃或难燃物捂盖燃烧物，阻止空气流入燃烧区，使已经燃烧的物质得不到足够的氧气而熄灭；用水蒸气或非可燃性气体（如 CO_2、N_2）灌注容器设备来稀释空气，条件允许时，也可采用水淹没的窒息方法灭火；密闭的建筑、设备的孔洞和洞室起火时，用泡沫覆盖在燃烧物上，使之得不到新鲜空气而窒息等措施。

（3）冷却法

冷却法是将灭火剂直接喷射到燃烧物上，将燃烧物的温度降到低于燃点，使燃烧停止；或者将灭火剂喷洒在火源附近的物体上，使其不受火焰辐射热的威胁，避免形成新的火点，将火灾迅速控制和扑灭。最常见的方法就是用水来冷却灭火。例如，一般房屋、家具、木柴、棉花、布匹等可燃物质都可以用水来冷却灭火。二氧化碳灭火剂的冷却效果也很好，可以用来扑灭精密仪器、文书档案等贵重物品的初期火灾。还可用水冷却建（构）筑物、生产装置、设备容器，以减弱或消除火焰辐射热的影响。但采用水冷却灭火时，应首先掌握“不见明火不射水”这个防止水损失的原则。当明火焰熄灭后，应立即减少水枪支数和水流量，防止水损失。同时，对于不能用水扑救的火灾，切忌用水灭火。

（4）抑制法

抑制法基于燃烧是一种连锁反应的原理，使灭火剂参与燃烧的连锁反应，它可以销毁燃烧过程中产生的游离基，形成稳定分子或低活性游离基，从而使燃烧反应停止，达到灭火的目的。采用这种方法的灭火剂，目前主要有 1211、1301 等卤代烷灭火剂和干粉灭火剂。但卤代烷灭火剂对环境有一定污染，特别是对大气臭氧层有破坏作用，生产和使用将会受到限制，各国正在研制灭火效果好且无污染的新型高效灭火剂来代替。

在火场上究竟采用哪种灭火方法，应根据燃烧物质的性质、燃烧特点和火场的具体情况以及消防器材装备的性能进行选择。有些火场，往往需要同时使用几种灭火方法，比如用干粉灭火时，还要采用必要的冷却降温措施，以防止复燃。

1.1.3　火灾分类

GB/T 4968—2008 根据可燃物的类型和燃烧特性，将火灾定义为以下六种不同的类别。

①A 类火灾。固体物质火灾。这些物质通常具有有机物性质，一般在燃烧时能产生灼热的余烬。

②B 类火灾。液体或可熔化的固体物质火灾。

③C 类火灾。气体火灾。

④D 类火灾。金属火灾。

⑤E 类火灾。带电火灾。物体带电燃烧的火灾。

⑥F 类火灾。烹饪器具内的烹饪物（如动、植物油脂）火灾。

1.1.4 燃烧形式及燃烧过程

燃烧按其要素构成的条件和瞬间发生的特点，分为闪燃、着火、自燃、爆炸 4 种类型。

1. 闪燃

各种液体的表面都有一定量的蒸气存在，蒸气的浓度取决于该液体的温度。可燃液体表面或容器内的蒸气与空气混合而形成混合可燃气体，遇火源即发生燃烧。在一定温度下，可燃性液体（包括少量可熔化的固体，如萘、樟脑、硫黄、石蜡、沥青等）蒸气与空气混合后，达到一定浓度时，遇点火源产生的一闪即灭的燃烧现象，叫作闪燃。

液体（和少量固体）产生闪燃现象的最低温度，称为闪点。闪点是衡量可燃液体危险性的主要依据。当可燃液体温度高于其闪点时，则随时都有被火点燃的危险。闪点这个概念主要适用于可燃性液体，某些固体（如樟脑和萘等）也能在室温下挥发或缓慢蒸发，因此也有闪点。闪燃现象的产生，是因为可燃性液体在闪燃温度下蒸发速度不快，蒸发出来的气体仅能维持瞬间的燃烧，来不及补充新的蒸气以维持稳定的燃烧，故燃一下就灭。

闪燃虽然是瞬间现象，但却具备燃烧的全部特征，因此，也是人们必须研究和掌握的一种燃烧类型。

2. 着火

可燃物质在与空气并存的条件下，遇到比其自燃点高的点火源便开始燃烧，并在点火源移开后仍能继续燃烧，这种持续燃烧的现象叫着火。一切物质的燃烧都是从它们的着火开始的。着火就是燃烧的开始，并通常以出现火焰为特征。

可燃物质开始着火所需的最低温度叫燃点，又称着火点或火焰点。

对于可燃性液体，燃点则是指液体表面上的蒸气与空气的混合物接触点火源后，出现有焰燃烧时间不少于 5 s。燃点对评价可燃固体和高闪点液体的危险性具有重要意义。

3. 自燃

可燃物在没有外部火花、火焰等点火源的作用下，因受热或自身发热并蓄热而发生的自然燃烧现象，叫作自燃。使可燃物发生自燃的最低温度，叫作自燃点。可燃物的自燃点越低，火灾危险性越大。自燃现象按热的来源不同，分为受热自燃和自热自燃（本身自燃）。

（1）受热自燃

可燃物质在外部热源作用下，使温度升高，当达到其自燃点时，即着火燃烧，这种现象称为受热自燃。可燃物质与空气一起被加热时，首先开始缓慢氧化，氧化反应产生的热使物质温度升高，同时，也有部分散热损失。若物质受热少，则氧化反应速度慢，反应所产生的热量小于热散失量，则温度不会再上升。若物质继续受热，氧化反应加快，当反应所产生的热量超过热散失量时，温度逐步升高，达到自燃点而自燃。在工业生产中，可燃物由于接触高温表面、加热或烘烤过度、冲击摩擦等，导致的自燃属于受热自燃。

（2）自热自燃

某些物质在没有外来热源影响下，由于物质内部所发生的化学、物理或生化过程而产生热量，这些热量在适当条件下会逐渐积聚，使物质温度上升，达到自燃点而燃烧，这种现象称为自热自燃。造成自热自燃的原因有氧化热、分解热、聚合热、发酵热等。自热自燃的物质可分为：自燃点低的物质（如磷、磷化氢）；遇空气、氧气发热自燃的物质；自然分解发热的物质（硝化棉）；易产生聚合热或发酵热的物质。能引起本身自燃的物质常见的有植物类、油脂类、煤、硫化铁及其他化学物质等。遇空气、氧气发热自燃的物质可分为如下几类。

①油脂类。油脂类自燃主要是由氧化作用造成的，但与所处环境有关。油脂盛于容器中或倒出成薄膜状时不能自燃。但如浸渍在棉纱、锯木屑、破布等物质中形成很大的氧化表面时，则能引起自燃。油脂的自燃能力与不饱和程度有关，不饱和的植物油（如亚麻油等）具有较大的自燃可能性，动物油次之，矿物油一般不能自燃。

②金属粉尘及金属硫化物类。如锌粉、铝粉、金属硫化物等。这类物质很危险，现以硫化铁为例说明之。在硫化染料、二硫化碳、石油产品与某些气体燃料的生产中，由于硫化氢的存在，使铁制设备或容器的内表面腐蚀而生成一层硫化铁。如容器或设备未充分冷却便敞开，则它与空气接触，便能自燃。如有可燃气体存在，则可形成火灾爆炸事故。硫化铁类自燃的主要原因是在常温下发生（与空气）氧化。其主要反应式如下：

$$FeS_2 + O_2 = FeS + SO_2 + 222.17\ kJ$$

$$2FeO + 0.5O_2 = Fe_2O_3 + 270.70\ kJ$$

$$Fe_2S_3 + 1.5O_2 = Fe_2O_3 + 3S + 585.76\ kJ$$

在化工生产中，由于硫化氢的存在，因此生成硫化铁的机会较多。例如设备腐蚀，在常温下：

$$2Fe(OH)_3 + 3H_2S = Fe_2S_3 + 6H_2O$$

在300 ℃左右

$$Fe_2O_3 + 4H_2S = 2FeS_2 + 3H_2O + H_2\uparrow$$

在310 ℃以上

$$2H_2S + O_2 = 2H_2O + 2S$$

$$Fe + S = FeS$$

③活性炭、木炭、油烟类。

④其他类，例如鱼粉、原棉、骨粉、石灰等。

产生聚合热、发酵热物质，例如，植物类产品、未充分干燥的干草、湿木屑等，由于水分的存在，植物细菌活动便产生热量，若散热条件不良，热量逐渐积聚而使温度上升，当达到70 ℃后，植物产品中的有机物便开始分解而析出多孔性炭，再吸附氧气继续放热，最后使温度升高到250～300 ℃而自燃。

4. 爆炸

可燃性气体、蒸气、液体雾滴、粉尘与空气（氧）的混合物发生的爆炸，实际上是带有冲击力的快速燃烧。根据传播速度不同，可以分为以下三个类型。

①爆燃。以亚声速传播的爆炸称为爆燃。

②爆炸。传播速度在每秒数十米级至声速之间变化，压力不激增，无多大声响，破坏力较小；可燃性气体、蒸气与空气混合物在接近爆炸上限或爆炸下限的爆炸都属于此种。

③爆轰。以强冲击波为特征，以超声速传播的爆炸称为爆轰，也称作爆震。这种爆炸的传播速度可达每秒数千米，压力激增，能引起“殉爆”，具有很大的破坏力。

气体爆炸性混合物处于特定浓度或处于高压下的爆炸属于此种。

1.2 爆　　炸

1.2.1 爆炸及其特征

1.2.1.1 爆炸现象

爆炸是指物质从一种状态，经过物理变化或化学变化，突然变成另一种状态，并放出巨大的能量，同时产生光和热或机械功。当物质从一种状态“突变”到另一种状态时，它的物理状态或化学成分发生急剧的转变，使其本身所具有的能量（位能）以极快的速度释放出来，使周围的物体遭受到猛烈的冲击和破坏。

雷电、火山爆发属于自然界的一种爆炸现象；工程建设中利用爆炸能量造福人类的爆炸是人为控制的爆炸；在生产活动中，发生的违背人们意愿的爆炸，叫事故性爆炸，如矿山井下瓦斯爆炸，锅炉、压力容器爆炸，粮食粉尘爆炸等。

上述几种爆炸现象，均有一个共同的特征，即在爆炸地点的周围压力骤增，使周围介质受到干扰，邻近的物质受到破坏，同时还伴有一定的声响。

1.2.1.2 爆炸特征

如上所述，爆炸是物质发生的一种急剧的物理、化学变化。在变化过程中伴有物质所含能量的快速释放，变为对物质本身、变化产物或周围介质的压缩能或运动能。爆炸时物系压力急剧增高。

通常爆炸表现有以下特征：

①爆炸的内部特征。大量气体和能量在有限的体积内突然释放或急剧转化，并在极短的时间内在有限体积中积聚，造成高温高压等非寻常状态，对邻近介质形成急剧的压力突跃和随后的复杂运动，显示出不寻常的移动或机械破坏效应。

②爆炸的外部特征。爆炸将能量以一定方式转变为原物质或产物的压缩能，随后物质由压缩态膨胀，在膨胀过程中做机械功，进而引起附近介质的变形、破坏和移动。同时，由于介质受振动而发生一定的声响。

例如，乙炔和氧气在储罐内混合进而发生爆炸时，大约在1/100 s内发生化学反应，同时释放出大量热能和二氧化碳、水蒸气等气体，能使罐内压力升高10～13倍，其爆炸威力可以使罐体升空20～30 m。

1.2.2 爆炸分类

工业生产中发生的爆炸事故分类方法很多，可以按照物质爆炸前后发生的变化分类（爆炸性质），也可以按照爆炸事故过程的类型分类，此外，还可以按照爆炸反应相、爆炸速度进行分类。

1.2.2.1　按爆炸性质分类

1. 物理爆炸

物理爆炸是指物质因状态或压力发生突变而形成的爆炸。它与化学爆炸的明显区别在于物理爆炸前和爆炸后物质的性质及化学成分并不改变。如轮胎充气过度导致的爆炸，只是发生了空气压力减小的变化；蒸汽锅炉超压爆炸也只是水蒸气压力发生变化；夏天中午液化气储罐暴晒导致压力过高，罐体破裂的爆炸也是物理爆炸。物理爆炸的共同原因是容器内气体压力超过了容器的承受能力，某部位发生破裂，内部物质迅速膨胀并释放大量能量。

2. 化学爆炸

化学爆炸是指物质以极快的反应速度发生放热的化学反应，并产生高温、高压所引起的爆炸。化学爆炸前后，物质的组分和性质发生了根本性的变化。如可燃气体或粉尘与空气形成的爆炸性混合物的爆炸、炸药等爆炸物的爆炸等。

化学爆炸按爆炸时物质发生的化学变化，又可分为简单分解爆炸、复杂分解爆炸和爆炸性混合物的爆炸三类。

①简单分解爆炸。该类爆炸物在爆炸时不一定发生燃烧反应，爆炸所需的能量是由爆炸物本身分解产生的。如乙炔银、雷汞等物质的爆炸反应即属于此类。这类物质极不稳定，受震动即可发生爆炸，是比较危险的爆炸性物质。某些气体由于分解产生很大的热量，在一定条件下也能产生分解爆炸，在受压的情况下更易发生爆炸，如高压储存的乙烯、乙炔发生的分解爆炸等。

②复杂分解爆炸。爆炸物质在外界强度较大的激发能（如爆轰波）的作用下，能够发生高速的放热反应，同时形成强烈压缩状态的气体成为引起爆炸的高温、高压气体源。这类物质爆炸时伴有燃烧现象，燃烧所需的氧由其本身分解时产生，爆炸后往往将附近的可燃物质点燃，引起火灾。许多炸药（含氧炸药）和一些有机过氧化物爆炸就属于此类，如硝化甘油的爆炸反应：

$$C_3H_5(ONO_2)_3 = 3CO_2 + 2.5H_2O + 1.5N_2 + 0.25O_2$$

③爆炸性混合物的爆炸。所有的可燃气体、蒸气、粉尘与空气所形成的爆炸性混合物的爆炸均属此类。这类物质的爆炸需要同时具备一定的条件（足够的爆炸物质的含量、氧含量及点火能量等），其危险性较前两类爆炸低，但由于普遍存在于工业生产的许多领域，它所造成的爆炸事故也较多，危害极大，如矿井瓦斯爆炸、工业粉尘爆炸等。

3. 核爆炸

原子核发生聚变（如氘、氚、锂核聚变）或裂变（U^{235}裂变）反应，释放出巨大能量而发生的爆炸为核爆炸。核爆炸可形成数百万到数千万摄氏度的高温，在爆炸中心区可产生数十万兆帕的高压，能量释放相当于数万到数千万吨 TNT 炸药的爆炸能量，同时还伴有大量热辐射和强光。此外，核爆炸还会产生各种对人类生存有害的放射性粒子，造成长时间区域性放射性污染，其破坏力要比物理和化学爆炸大得多。

1.2.2.2　按事故爆炸过程类型分类

爆炸事故总有一定的原因和过程。以系统安全工程学分析爆炸事故发生的原因，采取具体、准确、适用的爆炸防护措施，爆炸事故是可以避免或减轻的。按照事故爆炸过程的类型，可分为6种，即着火破坏型爆炸、泄漏着火型爆炸、自燃着火型爆炸、反应失控型爆炸、传热型蒸气爆炸、平衡破坏型蒸气爆炸。

①着火破坏型爆炸。容器、管道、塔槽等（以下称容器）内部的危险性物质，由于点火源给以能量，引起着火、燃烧、分解等化学反应，造成压力急剧上升，使容器爆炸破坏。

②泄漏着火型爆炸。容器内部的危险性物质，由于阀门打开或容器裂缝之类的破坏，泄漏到外部，与点火源接触而着火，引起爆炸火灾。

③自燃着火型爆炸。由于化学反应热的蓄积，使温度上升和反应速度加快，当温度升高到这种物质的着火温度时，发生自燃引起爆炸。

④反应失控型爆炸。化学反应热的蓄积，使温度上升和反应速度加快，引起物质的蒸气压或分解气体的压力急剧上升，从而引起容器破坏性爆炸。

⑤传热型蒸气爆炸。由于过热液体与其他高温物质接触时，发生快速传热，液体被加热，使之暂时处于过热状态，而引起伴随急剧汽化的蒸气爆炸。

⑥平衡破坏型蒸气爆炸。密闭容器内的液体在高压下保持蒸气压平衡时，如果容器破坏，蒸气喷出，因内压急剧下降而失去平衡，使液体暂时处于不稳定的过热状态。由于急剧汽化，残留的液体冲破容器壁，这种冲击压的作用使容器再次破坏，发生蒸气爆炸。

1.2.2.3 按爆炸反应相分类

①气相爆炸。包括可燃性气体和助燃性气体混合物的爆炸、物质的热分解爆炸、可燃性液体的雾滴所引起的爆炸（雾爆炸）、飞扬悬浮于空气中的可燃粉尘引起的爆炸等。其中，热分解爆炸是不需要助燃性气体的。

②液相爆炸。包括聚合爆炸、蒸发爆炸以及由不同液体混合所引起的爆炸。例如硝酸和油脂混合时引起的爆炸；熔融矿渣与水接触，由于过热而发生快速蒸发所引起的蒸气爆炸等。

③固相爆炸。包括爆炸性固体物质的爆炸，固体物质的混合、混融所引起的爆炸以及由于电流过载所引起的电缆爆炸等。

液相爆炸和固相爆炸又统称为凝聚相爆炸。

1.2.2.4 按爆炸速度分类

爆炸过程所形成的特征物质的传播速度称为爆炸速度。按照爆炸速度，爆炸可分为爆燃、爆炸和爆轰。

①爆燃，也称为轻爆，传播速度为每秒几十厘米至数米以下。这种爆炸的破坏力不大，声响也不太大。例如，无烟火药在空气中的快速燃烧、可燃气体混合物在接近爆炸浓度上限或下限时的爆炸等。

②爆炸，传播速度为每秒十几米至数百米。这种爆炸能在爆炸点引起压力的剧增，有较大的破坏力，有震耳的声响，爆炸产物传播速度很快而且可变。例如，可燃气体混合物在多数情况下的爆炸、火药遇到火源所引起的爆炸等。

③爆轰，传播速度为每秒数千米。发生爆轰时能在爆炸点引起极高压力，并产生超声速的“冲击波”。例如，TNT炸药的爆炸速度为6 800 m/s。

1.2.3 爆炸发生条件

爆炸发生的条件是复杂的，不同爆炸性物质的爆炸过程有其独有的特征。

1.2.3.1 物理爆炸发生条件

物理爆炸是一种极为迅速的物理能量因失控而释放的过程。在此过程中，体系内的物质以极快的速度把其内部所含有的能量释放出来，转变成机械功、光和热等能量形态。从物理爆炸发生的根本原因考虑，其发生条件可概括为：构成爆炸的体系内存有高压气体或在爆炸瞬间生成的高温高压气体或蒸气的急剧膨胀，爆炸体系和它周围的介质之间发生急剧的压力突变。锅炉爆炸、压力容器爆炸、水的大量急剧汽化等均属于此类爆炸。

1.2.3.2 化学爆炸发生的条件

形成化学爆炸的反应过程必须同时具备反应过程的放热性、反应过程的高速度、反应生成大量气体产物和能自动迅速传播四个条件。

1. 反应过程的放热性

这是化学反应能否成为爆炸反应的最重要的基本条件，也是爆炸过程的能量来源。如果没有这个条件，爆炸过程就不能发生，当然，反应也就不能自行延续。因此，也就不可能出现爆炸过程的自动传播。如草酸锌、草酸铅的分解反应：

$$ZnC_2O_4 = 2CO_2 + Zn - 20.5\ \text{kJ}$$

$$PbC_2O_4 = 2CO_2 + Pb - 69.9\ \text{kJ}$$

草酸锌、草酸铅的分解是吸热反应，它们需要外界提供热量，反应才能进行，所以它们不可能对外界做功，因而不能爆炸。又如硝酸铵的分解反应：

$$NH_4NO_3 = NH_3 + HNO_3 - 170.7\ \text{kJ（低温加热）}$$

$$NH_4NO_3 = N_2 + 2H_2O + 0.5O_2 + 126.4\ \text{kJ（用雷管引爆）}$$

硝酸铵低温加热的反应，是其用作化肥在农田里发生的缓慢分解反应，反应过程吸热，因此不能爆炸。当硝酸铵被雷管引爆时，则会发生快速的放热分解反应和猛烈爆炸，其是矿山爆破常用的一种炸药。

爆炸反应过程所放出的热量称为爆炸热（或爆热）。它是反应的定容热效应，是爆炸破坏能力的标志，同时也是炸药类物质的重要危险特性。一般常用炸药的爆热为3 700～7 500 kJ/kg；对于混合爆炸物来说，其爆热就是燃烧热。有机可燃物的燃烧热为48 000 kJ/kg左右。

2. 反应过程的高速度

混合爆炸物质是预先充分混合、氧化剂和还原剂充分接近的体系。许多炸药的氧化剂和还原剂共存于一个分子内，所以它们能够发生快速的逐层传递的化学反应，使爆炸过程以极快的速度进行，这是爆炸反应和一般化学反应的最重要的区别。一般化学反应也可以是放热反应，而且许多化学反应放出的热量甚至比爆炸物质爆炸时放出的热量大得多，但未能形成爆炸，其根本原因就在于反应速度慢。例如，1 kg 木材的燃烧热为16 700 kJ，它完全燃烧需要10 min；1 kg TNT 炸药爆炸热只有4 200 kJ，它的爆炸反应只需要几十微秒；两者所需的时间相差千万倍。由于爆炸物质的反应速度极快，实际上可以近似认为，爆炸反应所放出的能量来不及逸出，全部聚集在爆炸物质爆炸前所占据的体积内，从而造成了一般化学反应所无法达到的能量密度。正是由于这个原因，爆炸物质爆炸才具有巨大的功率和强烈的破坏作用。例如，1 kg 煤块和 1 kg 煤气的燃烧热都是 29 000 kJ，1 kg 的煤块完全燃烧约需 10 min，它是一种燃烧过程。而 1 kg 煤气和空气混合后，只需 0.2 s 即可烧完，却属于爆炸过程；同样，这些煤气和空气的混合气，在炸药引爆的条件下，只需 0.7 ms 就能反应完毕。根据功率与做功时间成反比的关系，可算出它们的功率如下：1 kg 发热量为 29 000 kJ 的煤块燃烧时发出的功率为 48 kW；1 kg 发热量为 29 000 kJ 的煤气和空气的混合气爆燃时发出的功率为 1.4×10^5 kW；1 kg 发热量为 29 000 kJ 的煤气和空气的混合气发生爆轰时发出的功率为 4.1×10^7 kW。这个例子清楚地说明爆炸过程的高速度与相应的释放反应热的高速度是爆炸过程的主要特征。

3. 反应生成大量气体产物

在大气压条件下，气体的密度通常比固体和液体物质要小得多。它具有可压缩性，有比固体和液体大得多的体积膨胀系数，是一种优良的工质。爆炸物质在爆炸瞬间生成大量气体产物，由于爆炸反应速度极快，它们来不及扩散膨胀，被压缩在爆炸物质原来所占有的体积内；爆炸过程中，在生成气态产物的同时，释放出大量的热量，这些热量来不及逸出，都加给了生成的气体产物，这样在爆炸物质原来所占有的体积内就形成了处于高温、高压状态的气体。这种气体作为工质，在瞬间膨胀就可以做功，由于功率巨大，对周围物体、设备、房屋就会造成巨大的破坏作用。例如，1 L 炸药在爆炸瞬间可以产生 1 000 L 左右的气体产物，它们被强烈地压缩在原有的体积内，再加上 3 000～5 000 ℃的高温，这样就形成了高温、高压气体源，在它们瞬间膨胀时，功率巨大，具有极强的破坏力。可见，爆炸过程中气体产物的生成是发生爆炸的重要条件。

在通常条件下，爆炸过程中生成气态产物也是发生爆炸作用的重要条件之一。可以通过一些不生成气体产物的强烈放热反应不具备爆炸作用，来说明生成气体产物是产生爆炸的必要条件。例如，铝热剂反应：

$$2Al+Fe_2O_3=Al_2O_3+2Fe+841\ kJ$$

此反应热效应很大，足以使产物加热到 3 000 ℃的高温，而且反应速度也相当快，但铝热剂并不具备爆炸能力，只是一种高热燃烧剂，根本原因是反应过程不能产生气体产物。由此充分说明爆炸过程中必须生成气态产物才能产生爆炸作用。

1.3 燃烧与化学爆炸间转化

无论是固体或液体爆炸物还是气体爆炸混合物，都可以在一定的条件下进行燃烧，但当条件变化时，它们又可以转化为爆炸，有时候要加以有益的利用，但有时候却应加以制止。

燃烧和爆炸都是迅速的氧化过程，它们的区别如下。

①一般燃料的燃烧需要外界供给助燃的氧，如果没有氧，燃烧反应就不可能进行。如煤炭在空气中燃烧；某些含氧的化合物（如硝基甲苯等）或混合物在缺氧的情况下虽然也能燃烧，但由于其含氧不足，隔绝空气后，燃烧就不完全或熄灭。而炸药的化学成分或混合物组分中含有丰富的氧元素或氧化剂，发生爆炸变化时，无须外界的氧参与反应，所以它是能

够发生自身燃烧反应的物质。爆炸反应的实质就是瞬间的剧烈燃烧反应。

②燃烧的传播是依靠传热进行的，因而燃烧的传播速度慢，一般是每秒几毫米到几百米，而爆炸的传播是依靠冲击波进行的，传播速度快，一般是每秒几百米到几千米。但是，对于可燃性气体、蒸气、粉尘与空气形成的爆炸性混合物，其燃烧与爆炸几乎是不可分的，往往是它被点火后首先燃烧，然后由于温度和压力的升高，使燃烧速度加快，因而连续产生无数个压缩波，这些压缩波在传播过程中叠加成冲击波，使尚未来得及燃烧的其余部分发生爆炸。瓦斯爆炸就是这种类型。

由于燃烧和化学性爆炸的主要区别在于物质的燃烧速度，所以火灾和爆炸的发展过程有显著的不同。火灾有初始阶段、发展阶段和衰弱熄灭阶段等过程，造成的损失随着时间的延续而加重，因此，一旦发生火灾，如能尽快地扑灭，即可减少损失。化学性爆炸实质上是瞬间的燃烧，通常是 1 s 之内，爆炸过程已经完成。由于爆炸威力所造成的人员伤亡、设备毁坏和厂房倒塌等巨大损失均发生在顷刻之间，猝不及防，因此，爆炸一旦发生，损失无从减免。

燃烧和化学性爆炸还存在这样的关系，即两者可随条件而转化。同一物质在一种条件下可以燃烧，在另一种条件下可以爆炸。例如，煤块只能缓慢地燃烧，如果将煤块磨成煤粉，再与空气混合就可能爆炸，这也说明了燃烧和化学性爆炸在实质上是相同的。

由以上的分析可知，燃烧与爆炸是爆炸物具有的紧密相关的两个特征。从安全技术角度来讲，防止爆炸物发生火灾与爆炸事故就成了紧密相关的问题了。一般来说，火灾与爆炸两类事故往往连续发生。大的爆炸之后常伴随有巨大的火灾；存在有爆炸性物质和燃爆混合物的场所，大的火灾往往创造了爆炸的条件，由火灾导致爆炸。因此，了解燃烧与爆炸的关系，从技术上杜绝一切由燃烧转化为爆炸的可能性，是防火防爆技术的一个重要方面。

1.4　燃爆危险物质种类

一般来说，凡是能够引起火灾或爆炸的物质就叫燃爆危险物质。燃爆危险物质根据其化学性质，归纳起来有 8 类。

可燃性气体或蒸气：在这一类中，有可燃性气体，如氢气、天然气、乙烯、乙炔、城市煤气等；可燃液化气，如液化石油气、液氨等；可燃液体的蒸气，如乙醚、酒精、苯等的蒸气。

可燃液体：是指有可燃性而在常温下为液体的物质，如汽油、煤油、酒精等。

可燃固体：纸、布、丝、棉等纤维制品及其碎片，木材、煤、沥青、石蜡、硫黄、树脂、柏油、重油、油漆、火柴等一般可燃物，以及木质建筑物、家具、涂漆物等，均属于这一类。

可燃粉尘：前面所说的可燃固体，以粉状或雾状分散在空气中时，这种空气有可能被点燃，发生粉尘爆炸。如空气中分散的煤粉、硫黄粉、木粉、合成树脂粉、铝粉、镁粉、重油雾滴等，都属于爆炸性粉尘。

爆炸性物质：区别于前面所述的爆炸性混合气体和爆炸性粉尘，具有爆炸性的固体或凝结状态的液体化合物统称为爆炸性物质。在这类物质中，最典型的是炸药，此外，还有各种有机过氧化合物、硝化纤维制品、硝酸铵、具有特定官能基团（如硝基、硝胺、硝酸酯）的化合物、氧化剂和可燃剂组成的化合物等。

自燃物质：这类物质在无任何外界火源的直接作用下，依靠自身发热，经过热量的积累逐渐达到燃点而引起燃烧。至于自行发热的原因，应考虑到分解热、氧化热、吸收热、聚合热、发酵热等。

在自行分解中，积蓄分解热能引起自燃的物质有：硝化棉、赛璐珞、硝化甘油等硝酸酯制品以及有机过氧化物制品；靠氧化热的积累而自燃的物质中有含不饱和油的破布、纸屑、脱脂酒槽、锅炉布等，油脂物、煤粉、橡胶粉、活性炭、硫化矿石、金属粉等；干草等物质是靠发酵产生热量的，当分解炭化后，干草可被积蓄的热量点燃。

此外，为方便起见，黄磷、还原铁、还原镍等与空气直接接触就能着火的低燃点物质，也叫作自燃物质。

忌水性物质：是指吸收空气中的潮气或接触水分时有着火危险或发热危险的物质。这类物质有金属钠、铝粉、碳化钙、磷化钙等，它们与水反应后，生成可燃性气体。其他一些物质，如生石灰、无水氯化铝、过氧化碱、苛性钠、发烟硫酸、三氯化磷等，与水接触时所放出的热量可将其邻近可燃物质引燃着火，均称为忌水性物质。

混合危险性物质：如果两种或两种以上物质，由于混合或接触而产生着火危险，则被叫作混合危险性物质。

混合物质引起的危险有如下三种情况。

第一种：物质混合后形成类似混合炸药的爆炸性混合物。作为混合性炸药的黑色炸药（硝酸钾、硫黄、木炭粉）、礼花（硝酸钾、硫黄、硫化砷）等就是这种情况。

第二种：物质混合时发生化学反应，形成敏感的爆炸性化合物。例如，硫酸等强酸与氯酸盐、高氯酸盐、高锰酸盐等混合时，会生成各种游离酸或无水物（如 Cl_2O_5、Cl_2O_7、Mn_2O_7），显出极强的氧化性能，当它们接触有机物时，会发生爆炸；将氯酸钾与氨、铵盐、银盐、铅盐等接触时，也产生具有爆炸性的氯酸铵、氯酸银、氯酸铅等。

第三种：物质混合的同时，引起着火或爆炸。如铬酐中注入乙醇时，立即开始燃烧；把漂白用的次氯酸钠粉末混合于溴酸或硫代硫酸钠粉末中时，也立即燃烧。

1.5 点火源的种类

燃烧三要素之一是点火源，如果没有点火源，则燃烧不可能发生，因此，全面了解点火源对于火灾和爆炸的安全防范是十分必要的。

归纳起来，大致有以下几种点火源。

（1）明火及高温表面

这里所指的明火主要包括如下几类：

生产火：与生产作业有直接关系的烟火，如喷灯、焊机、生产炉等能够动的烟火。

非生产火：与生产无直接关系的烟火，如暖炉、火柴、香烟等所产生的烟火。

火炉：如焙烧炉、加热炉、电炉等的烟火。

实际上，“严禁烟火”中的“烟火”就是指以上明火。

（2）摩擦与撞击

在燃烧爆炸性物质的制造、运输、储存过程中，特别是炸药，由于摩擦和撞击所引起的燃爆事故是比较多的，因此，工作中必须小心谨慎，做到轻拿轻放。

（3）电火花

根据放电原理，把电火花分为如下三种：

高电压的火花放电：当电极带高电压时，在电极周围部分空气的绝缘性被破坏，产生电晕放电；当电压继续升高时，出现火花放电，要使在一般空气中产生火花放电，需要 400 V 以上的电压。

短时间内的弧光放电：是指在开闭回路、断开线路、接触不良、短路、漏电、打坏灯泡等情况下发生的极短时间内的弧光放电。

接点上的微弱火花：是指在自动控制用的继电器接点上，或在电动机整流子或滑环等器件上，即使在低压情况下，随着接点的开闭，仍然产生用肉眼能看得见的微弱火花。

（4）静电

当两种物体互相接触后分离时，往往会产生静电。如皮带在滑动时或与皮带轮接触后，离开时均能产生静电；人坐在椅子上，座席和衣服之间的摩擦以及人行走时都会产生静电。虽然这种静电电流很小，但其所带的电压却很高，可产生 1 000 ~ 10 000 V 的高压，这种积聚的静电，当在空气中放电产生火花时，就有引起可燃物质着火的危险。在工厂中由静电造成的爆炸事故还是很多的，而且往往出乎意料。

带静电的物体放电时，产生的火花能量可用下式求得：

$$E=\frac{1}{2}QV=\frac{1}{2}CV^2$$

式中，Q——带电能量；

V——带电电压；

C——带电体的电容。

（5）雷电

雷电实质上是自然界的放电现象，雷电破坏（雷击）的方式分为直接雷击、感应雷击、雷击冲击电压侵入和球形雷击等，现分述如下。

直接雷击：雷云与地面上较高物体之间直接放电称为直接雷击。直接雷击的热效应和机械效应会使地面物体烧焦或破坏。

感应雷击：由于雷云的静电感应或放电时的电磁感应作用，使地面金属物体上聚集大量电荷，从而引起严重后果，这种雷击现象叫感应雷击。

雷电冲击电压侵入：当雷击室外架空线路或金属管道时，产生很高的冲击电压，并沿着线路和管道迅速传入室内，从而引起室内易燃物的燃烧甚至爆炸。当然，这种事故多发生在线路和管道没有良好避雷措施的情况下。

球形雷击：球形雷击是由特殊气体形成的一种特殊雷击现象。它是直径为 0. 2 ~ 10 m 的火球，能在地上滚动，也能从门、窗等通道进入室内，俗称“滚地雷”。球形雷击只在少数山区发生，平原地区罕见。

（6）自燃性物质自行发热

许多自燃性物质在环境温度适宜时能由本身的自行发热而产生自燃现象。

（7）机械和设备故障

在生产作业进行的过程中，有时机械设备会发生故障，如压药机压力控制失灵以致压力过大等，在瞬间就有可能发生事故。

（8）绝热压缩

绝热压缩的点燃现象在柴油机中广为应用。在柴油机中，当压缩比为13～14，压缩行程终点的压缩压力达到3.6 MPa左右时，绝热压缩作用能使气缸温度升高到500 ℃左右，这个温度已远远超过柴油的燃点，故立即能够点燃喷射在气缸内的柴油雾滴。

在爆炸性物质的处理过程中，如果其含有微小气泡，有可能受到绝热压缩，从而导致意想不到的爆炸事故；在急剧打开高压气体管线的阀门时，也可出现由绝热压缩引起的事故。

此外，光线和射线有时也能成为点火源。

点火源、危险性物质及火灾和爆炸之间的关系如图1－2所示。

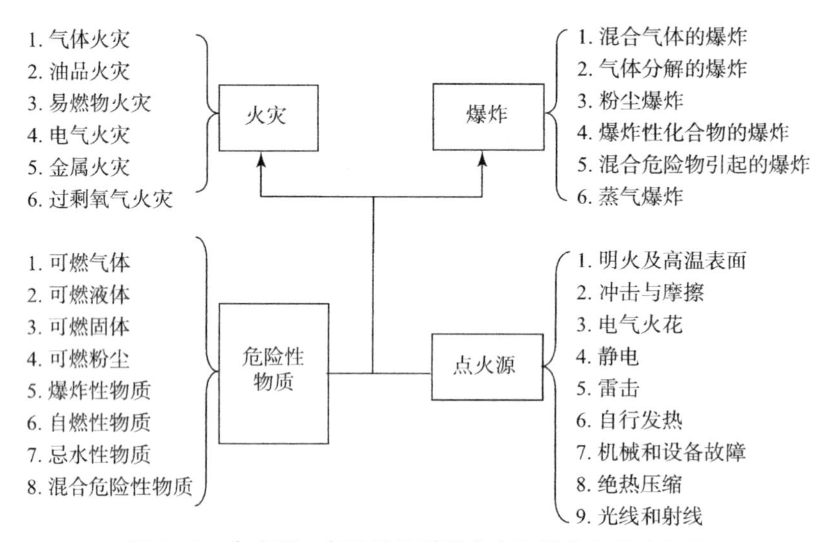

图1－2　点火源、危险性物质及火灾和爆炸之间的关系

1.6　习近平总书记对安全生产的六大要点和十句“硬话”

1. 习近平总书记关于安全生产重要论述的六大要点

①强化红线意识，实施安全发展战略。始终把人民群众的生命安全放在首位。发展绝不能以牺牲人的生命为代价，这要作为一条不可逾越的红线。大力实施安全发展战略，绝不要带血的GDP。城镇发展规划以及开发区、工业园的规划、设计和建设，都要遵循“安全第一”方针，把安全生产与转方式、调结构、促发展紧密结合起来，从根本上提高安全发展水平。

②抓紧建立健全安全生产责任体系。安全生产工作不仅政府要抓，党委也要抓。党委要管大事，发展是大事，安全生产也是大事，没有安全发展就不能实现科学发展，要抓紧建立健全“党政同责、一岗双责、齐抓共管”的安全生产责任体系，切实做到管行业必须管安

全、管业务必须管安全、管生产经营必须管安全。

③强化企业主体责任落实。所有企业都必须认真履行安全生产主体责任。善于发现问题，及时解决问题，采取有力措施，做到安全投入到位、安全培训到位、基础管理到位、应急救援到位。特别是中央企业一定要提高管理水平，给全国企业做表率。

④强化企业主体责任落实。要加大安全生产指标考核权重，实行安全生产和重大事故风险“一票否决”。加快安全生产法制化进程，严肃事故调查处理和责任追究。采用“四不两直”（不发通知、不打招呼、不听汇报、不用陪同和接待，直奔基层、直插现场）方式暗查暗访，建立安全生产检查工作责任制，实行谁检查、谁签字、谁负责。

⑤全面构建长效机制。安全生产要坚持标本兼治、重在治本，建立长效机制，坚持“常、长”二字，经常、长期抓下去。要做到警钟长鸣，用事故教训推动安全生产工作，做到“一厂出事故、万厂受教育，一地有隐患、全国受警示”。要建立隐患排查治理、风险预防预控体系，做到防患于未然。

⑥领导干部要敢于担当。安全生产责任重于泰山。领导干部不要幻想当太平官，要居安思危，临事而惧，有睡不着觉、半夜惊醒的压力。坚持命字在心、严字当头，敢抓敢管、敢于负责，不可有丝毫懈怠、半点疏忽。

2. 习近平总书记关于安全生产重要论述的十句“硬话”

①人命关天，发展决不能以牺牲人的生命为代价。这必须作为一条不可逾越的红线。

②落实安全生产责任制，要落实行业主管部门直接监管、安全监管部门综合监管、地方政府属地监管，坚持管行业必须管安全，而且要党政同责、一岗双责、齐抓共管。

③当干部不要当得那么潇洒，要经常临事而惧，这是一种负责任的态度。要经常有睡不着觉、半夜惊醒的情况，当官当得太潇洒，准要出事。

④对责任单位和责任人要打到疼处、痛处，让他们真正痛定思痛、痛改前非，有效防止悲剧重演。造成重大损失，如果责任人照样拿高薪，拿高额奖金，还分红，那是不合理的。

⑤安全生产必须警钟长鸣、常抓不懈、丝毫放松不得，否则就会给国家和人民带来不可挽回的损失。

⑥必须建立健全安全生产责任体系，强化企业主体责任，深化安全生产大检查，认真吸取教训，注重举一反三，全面加强安全生产工作。

⑦所有企业都必须认真履行安全生产主体责任，做到安全投入到位、安全培训到位、基础管理到位、应急救援到位，确保安全生产。

⑧安全生产，要坚持防患于未然。要继续开展安全生产大检查，做到“全覆盖、零容忍、严执法、重实效”。要采用不发通知、不打招呼、不听汇报、不用陪同和接待，直奔基层、直插现场，暗查暗访，特别是要深查地下油气管网这样的隐蔽致灾隐患。要加大隐患整改治理力度，建立安全生产检查工作责任制，实行谁检查、谁签字、谁负责，做到不打折扣、不留死角、不走过场，务必见到成效。

⑨要做到“一厂出事故、万厂受教育，一地有隐患、全国受警示”。

⑩血的教训极其深刻，必须牢牢记取。各生产单位要强化安全生产第一意识，落实安全生产主体责任，加强安全生产基础能力建设，坚决遏制重特大安全生产事故发生。

练 习 题

1. 燃烧的类型有哪几类？通过具体实例加以说明。

2. 燃烧的三要素是什么？论述如何通过控制三要素来防止工业生产中事故的发生。

3. 列举生产生活中常见的火灾种类，简要分析其发生原因，并具体给出各种预防、限制、灭火和疏散的相关措施。

4. 常见的爆炸类型有哪些？分析相应的灾害预防措施。

5. 通常容易发生燃爆危险的物质有哪些？在实际工业生产、储存、运输和使用过程中，如何预防燃爆事故的发生？

第 2 章

燃烧与爆炸化学基础

2.1 化学反应速率

着火条件的分析、火势发展快慢的估计、燃烧历程的研究及灭火条件的分析等，都要用到燃烧反应速率方程。此方程可以根据化学动力学理论得到。

2.1.1 反应速率基本概念

化学反应速率是指在化学反应中，单位时间内反应物质的浓度改变率，一般用符号 ω 表示。

假如在时刻 τ，反应物质的浓度为 c，在时间 $\mathrm{d}\tau$ 后，反应物浓度由于化学反应变为 $c-\mathrm{d}c$，则反应速率 ω[单位为 mol/(m³·s)]定义为

$$\omega = -\frac{\mathrm{d}c}{\mathrm{d}\tau} \tag{2-1}$$

式中，ω——反应速率，mol/(m^3·s)；

c——反应物（或生成物）的浓度，mol/m^3；

τ——发生变化的时间，s。

化学反应速率既可用单位时间内反应物浓度的减少来表示，也可用单位时间内生成物浓度的增加来表示。即在反应过程中，反应物浓度不断降低，而生成物的浓度不断升高。虽然用反应物浓度变化和用生成物浓度变化得出的反应速率值不同，但是它们之间存在单值计量关系，这种计量关系由化学反应式决定。

某一基元反应 $aA + bB \rightarrow eE + fF$，反应速率可写成

$$\omega_A = -\frac{\mathrm{d}c_A}{\mathrm{d}\tau} \quad \omega_B = -\frac{\mathrm{d}c_B}{\mathrm{d}\tau}$$

$$\omega_E = \frac{\mathrm{d}c_E}{\mathrm{d}\tau} \quad \omega_F = \frac{\mathrm{d}c_F}{\mathrm{d}\tau} \tag{2-2}$$

以上四个反应速率之间有如下关系

$$\frac{1}{a}\omega_A = \frac{1}{b}\omega_B = \frac{1}{e}\omega_E = \frac{1}{f}\omega_F \tag{2-3}$$

式（2-3）表明化学反应的反应物浓度的降低速率与生成物浓度的增加速率成正比关系，比例系数由化学反应计量比确定。

2.1.2 质量作用定律

化学计量方程式表达反应前后反应物与生成物之间的数量关系，但是，这种表达式描述的只是反应的总体情况，没有说明反应的实际过程，即未给出反应的中间过程。例如，H_2与O_2化合生成水的反应可用$2H_2+O_2=2H_2O$表达，但实际上H_2和O_2需要经过若干步反应才能转化为H_2O。

反应物分子在碰撞中一步转化为产物分子的反应，称为基元反应。一个化学反应从反应物分子转化为最终产物分子往往需要经历若干个基元反应才能完成。实验证明：对于单相的化学基元反应，在等温条件下，任何瞬间化学反应速率与该瞬间各反应物浓度的某次幂的乘积成正比。在基元反应中，各反应物浓度的幂次等于该反应物的化学计量系数。

这种化学反应速率与反应物浓度之间关系的规律，称为质量作用定律。其简单解释为：化学反应是由于反应物各分子之间碰撞后产生的，因此单位体积内的分子数目越多，即反应物浓度越大，反应物分子与分子之间碰撞次数就越多，反应进行得就越快，因此，化学反应速率与反应物的浓度成正比关系。

对于反应式$a\mathrm{A}+b\mathrm{B}\rightarrow e\mathrm{E}+f\mathrm{F}$，根据质量作用定律，可以得出其化学反应速率方程为

$$\omega = kc_{\mathrm{A}}^{a}c_{\mathrm{B}}^{b} \tag{2-4}$$

式中，k——比例常数，或称反应速率常数，其值等于反应物为单位浓度时的反应速率，数值k取决于反应的温度以及反应物的物理化学性质。

a、b——该化学反应的反应级数。

必须强调指出，质量作用定律只适用于基元反应，因为只有基元反应才能代表反应进行的真实途径。对于非基元反应，只有分解为若干个基元反应时，才能逐个运用质量作用定律。

2.1.3 阿伦尼乌斯定律

大量实验证明，反应温度对化学反应速率的影响很大，同时这种影响也很复杂，但是最常见的情况是反应速率随着温度的升高而加快。温度对反应速率的影响，集中反映在反应速率常数k上。阿伦尼乌斯提出了反应速率常数k与反应温度T之间有如下关系

$$k = k_0\exp\left(-\frac{E}{RT}\right) \tag{2-5}$$

式中，k——阿伦尼乌斯反应速率常数，$\mathrm{m^3/(mol\cdot s)}$；

k_0——取决于反应物系数的频率因子，$\mathrm{m^3/(mol\cdot s)}$；

E——反应物活化能，kJ/mol；

R——通用气体常数，$\mathrm{kJ/(mol\cdot K)}$；

T——温度，K。

在上式中，相对于$\exp\left(-\frac{E}{RT}\right)$，温度对$k_0$的影响可以忽略不计。

式（2-5）所表达的关系通常称为阿伦尼乌斯定律，它不仅适用于基元反应，而且适用于具有明确反应级数和速率常数的复杂反应。

将式（2-5）两边取对数，得

$$\ln k = -\frac{E}{RT}+\ln k_0$$

或
$$\lg k = -\frac{E}{2.303RT} + \lg k_0 \tag{2-6}$$

由上式看出，$\ln k$ 或 $\lg k$ 对$\frac{1}{T}$作图，可得到一条直线，由其斜率可求 E，由其截距可求 k_0。

根据质量作用定律和阿伦尼乌斯定律，式（2-4）可以改写为

$$\omega = k_0 c_A^a c_B^b \exp\left(-\frac{E}{RT}\right) \tag{2-7}$$

2.1.4　燃烧反应速率方程

假定在燃烧反应中，可燃物的浓度为 c_f，反应系数为 x；助燃物（主要指空气）的浓度为 c_{ox}，反应系数为 y；频率因子为 k_{0s}；活化能为 E_s；反应温度为 T_s。这样，依式（2-7）可写出燃烧反应速率方程，即

$$\omega_s = k_{0s} c_f^x c_{ox}^V \exp\left(-\frac{E_s}{RT_s}\right) \tag{2-8}$$

在处理某些燃烧问题时，常假定反应物的浓度为常数，因此，各种物质的浓度比也为常数，一种物质的浓度可由另一种物质的浓度来表示。例如，在方程（2-8）中，设 $c_{ox} = mc_f$，m 为常数，且反应级数为 n，即 $n = x + y$，这样方程（2-8）可表示为

$$\omega_s = k_{ns} c_f^n \exp\left(-\frac{E_s}{RT_s}\right) \tag{2-9}$$

式中，$k_{ns} = k_{0s} \cdot m^y$。

对于大多数的碳氢化合物的燃烧反应，反应级数都近似等于2，且 $x = y = 1$，因此，燃烧反应速率方程可写为

$$\omega_s = k_{0s} c_f c_{ox} \exp\left(-\frac{E_s}{RT_s}\right) \tag{2-10}$$

假定反应物的浓度为常数（反应级数都近似等于2），根据方程（2-9），燃烧反应速率方程可写为

$$\omega_s = k_{ns} c_f^2 \exp\left(-\frac{E_s}{RT_s}\right) \tag{2-11}$$

在实际工作中，用质量相对浓度表示物质的浓度时，使用起来比较方便。这样，方程（2-10）可表示为如下常见形式

$$\omega_s = k'_{0s} \cdot \rho_\infty^2 \cdot f_f \cdot f_{ox} \cdot \exp\left(-\frac{E_s}{RT_s}\right) \tag{2-12}$$

方程（2-11）可表示为如下形式

$$\omega_s = k'_{ns} \cdot \rho_\infty^2 \cdot f_f^2 \cdot \exp\left(-\frac{E_s}{RT_s}\right) \tag{2-13}$$

式（2-12）的推导过程为：

假定可燃物与助燃物的摩尔质量分别为 M_f、M_{ox}，质量浓度分别为 ρ_f、ρ_{ox}；燃烧反应过程的总质量浓度为 ρ_∞；可燃物与助燃物的质量相对浓度分别为 f_f、f_{ox}。根据质量浓度和摩尔浓度之间的关系，有

$$c_f = \frac{\rho_f}{M_f},\ c_{ox} = \frac{\rho_{ox}}{M_{ox}}$$

$$f_f = \frac{\rho_f}{\rho_\infty},\ f_{ox} = \frac{\rho_{ox}}{\rho_\infty}$$

则

$$c_f = \frac{f_f \cdot \rho_\infty}{M_f},\ c_{ox} = \frac{f_{ox} \cdot \rho_\infty}{M_{ox}}$$

将这两式代入方程（2－10），得

$$\omega_s = k_{0s} \cdot \frac{1}{M_f} \cdot \frac{1}{M_{ox}} \cdot \rho_\infty^2 \cdot f_f \cdot f_{ox} \cdot \exp\left(-\frac{E_s}{RT_s}\right)$$

令 $k'_{0s} = k_{0s} \cdot \frac{1}{M_f} \cdot \frac{1}{M_{ox}}$，上式就变为方程（2－12）的形式。

需要特别指出的是，由于燃烧反应都不是基元反应，而是复杂反应，因而都不严格服从质量作用定律和阿伦尼乌斯定律，所以，在上面的公式中，k_{0s}、k'_{0s}和 E_s 都不再具有直接的物理意义，它们只是由实验得出的表观数据。某些常见可燃烧物质的 k'_{0s}和 E_s列于表2－1中。

表2－1　常见可燃烧物质的 k'_{0s} 和 E_s

物质名称	k'_{0s} /[$\times 10^{12}$ L·(mol·s)$^{-1}$]	E_s/($\times 10^3$ kJ·mol^{-1})
丙烷＋空气	200（387 K）	129.58
甲烷＋空气	200（558 K）	121.22
丁烷＋氧气	54（400 K）	87.78
异辛烷＋空气	54（400 K）	16.72
正辛烷＋空气	54（400 K）	16.72
正己烷＋空气	54（400 K）	23.32
苯＋空气	54（400 K）	172.22
乙烯＋空气	54（400 K）	172.22
氨气＋氧气	24（400 K）	206.91
氨气＋空气	1.6（313 K）	41.80
氢气＋氧气	1.6（313 K）	75.24
氢气＋氟气	1.6（313 K）	209.00

上述燃烧反应速率方程式是根据气态物质推导出来的近似公式，从这一公式中可以得出一些有用结论。例如，在火灾现场，可燃物和氧气的浓度越低，燃烧反应速度越慢；火灾现场温度越低，燃烧反应速度越慢，这是冷却灭火法的依据；可燃物反应时活化能（用来破坏反应物分子内部化学键所需的能量）越高，燃烧反应速度越慢，等等。

相对于气态可燃物而言，液态和固态可燃物的燃烧反应过程更加复杂，这是因为其中伴有蒸发、熔融、裂解等现象。因此，质量作用定律和阿伦尼乌斯律用于描述这两类物质的燃烧反应，与实际情况相差就很远了。液态和固态可燃物的燃烧反应速率不能用上述方程来表达，而要用其他的表达形式。

2.1.5　化学反应速率影响因素

1. 温度对化学反应速率的影响

温度对反应速率的影响极为显著，升高温度可使大多数化学反应的速率加快。从速率方程看出，当反应物浓度一定时，升高温度对反应速率的影响，实质上是通过改变速率常数的值来实现的，因此，只要找出速率常数 k 与温度 T 之间的函数关系，就能了解温度对反应速率的影响。

由阿伦尼乌斯定律可知，化学反应速率与温度之间呈指数关系，因此，温度的变化对化学反应速率的影响也极为明显。当温度升高时，活化分子数将大幅度增加，从而使有效碰撞次数显著提高，导致化学反应速率加快。

如某一反应的活化能为 5×10^4 kJ/mol，当温度升高 10 K，即由常温 270 K 升高到 280 K 时，反应速率增加的倍数为

$$\frac{k_{280}}{k_{270}} = e^{\frac{E_a}{R}\left(\frac{280-270}{280\times270}\right)} = 2.2$$

即温度升高 10 K，反应速率增加了 2.2 倍，如果反应的活化能大，则温度对反应速率的影响更为明显。因此，范特霍夫（1844 年）根据实验总结出温度影响反应速率的一个近似规律：对于一般的化学反应，温度每升高 10 K，反应速率就增大为原来的 2～4 倍，即

$$\eta_T = \frac{k_{T+10\ \mathrm{K}}}{k_T} \approx 2 \sim 4 \tag{2-14}$$

式中，η_T——反应速率的温度因数；

k_T、$k_{T+10\ \mathrm{K}}$——温度 T 和 $T+10$ K 时的反应速率常数。

但应该指出，并非所有的化学反应都遵循此规律，有些化学反应的反应速率是随温度的升高而降低的。例如，有的反应当温度升高到某值后，反应速率剧增并迅速转为爆炸，火药、炸药类的燃烧反应或热分解反应就属于这类反应；而有的反应的速率则随反应温度的升高而降低，如 $NO + 0.5O_2 = NO_2$ 的反应就属于此类反应。

2. 压力对反应速率的影响

根据热力学知识，对于理想气体混合物（A 与 B 的混合物）中的任一组分，其状态方程式为

$$p_A V = n_A RT,\ p_B V = n_B RT \tag{2-15}$$

式中，p_A、p_B——两组分的分压力；

V——混合物的总体积；

n_A、n_B——两组分的物质的量，$n_A = c_A V$，$n_B = c_B V$。

则

$$p_A = c_A RT,\ p_B = c_B RT \tag{2-16}$$

由于

$$\omega \propto c_A^a c_B^b \tag{2-17}$$

所以，反应速率与反应物分压力 p_A、p_B 之间存在如下关系

$$\omega \propto p_A^a p_B^b \tag{2-18}$$

当系统的总压力 p 变化，而其中各组分物质的量的分数保持不变时，这些分压力也和 p 成比例变化。所以，当压力变化时，反应速率做如下的变化

$$\omega \propto p^{a+b} = p^n \tag{2-19}$$

即在一定温度及反应物浓度的条件下，反应速率与压力的 n 次方成正比。

2.2 燃烧空气量计算

空气中含有近21%（体积分数）的氧气，一般可燃物在其中遇到点火源就能燃烧。空气量或者氧气量不足时，可燃物就不能燃烧或者正在进行的燃烧将会逐渐熄灭。空气需要量作为燃烧反应的基本参数，表示一定量可燃物燃烧所需的空气质量或者体积。其计算是在可燃物完全燃烧的条件下进行的。

2.2.1 理论空气量

理论空气量是指单位量的燃料完全燃烧所需的最少的空气量，通常也称为理论空气需要量（常用 L_0 表示）。此时，燃料中的可燃物与空气中的氧完全反应，得到完全的氧化产物。

1. 固体和液体可燃物的理论空气需要量

一般情况下，对于固体和液体可燃物，习惯上用质量分数表示其组成，其成分为

$$C\% + H\% + O\% + N\% + S\% + A\% + W\% = 100\%$$

式中，C、H、O、N、S、A 和 W 分别表示可燃物中碳、氢、氧、氮、硫、灰分和水分的质量分数。其中，C、H 和 S 是可燃成分；N、A 和 W 是不可燃成分；O 是助燃成分。

计算理论空气量，应该首先计算燃料中可燃元素（C、H、S 等）完全燃烧所需的氧气量。因此，要依据这些元素完全燃烧的计量方程式。C、H 和 S 完全燃烧的总体方程如下

$$C + O_2 = CO_2$$

$$2H_2 + O_2 = 2H_2O$$

$$S + O_2 = SO_2$$

由以上计量方程式可知，1 kg 的 C 完全燃烧需要的 O_2 为 8/3 kg。同理，1 kg 的 H_2 完全燃烧需要的 O_2 为 8 kg，1 kg 的 S 完全燃烧需要 1 kg 的 O_2。

因此，1 kg 可燃物完全燃烧时需要的氧气量 G_{0,O_2} 为

$$G_{0,O_2} = \left(\frac{8}{3}C + 8H + S - O\right) \times 10^{-2}\,(\mathrm{kg/kg}) \tag{2-20}$$

假定计算中涉及的气体是理想气体，以及 1 kmol 气体在标准状态下的体积为 22.4 m^3。这样，1 kg 可燃物完全燃烧所需氧气的体积为

$$V_{0,O_2} = \frac{G_{0,O_2}}{32} \times 22.4 = 0.7 \times \left(\frac{8}{3}C + 8H + S - O\right) \times 10^{-2}\,(\mathrm{m^3/kg}) \tag{2-21}$$

因此，1 kg 可燃物完全燃烧时所需空气的体积为

$$V_{0,\mathrm{air}} = \frac{V_{0,O_2}}{0.21} = \frac{0.7}{0.21} \times \left(\frac{8}{3}C + 8H + S - O\right) \times 10^{-2}\,(\mathrm{m^3/kg}) \tag{2-22}$$

［**例1**］求 5 kg 木材完全燃烧所需的理论空气量。已知木材的组分（质量分数）为：

C—43%，H—7%，O—41%，N—2%，W—6%，A—1%。

解：依据上述有关公式，燃烧 1 kg 此木材所需理论氧气体积为

$$V_{0,O_2} = 0.7 \times \left(\frac{8}{3} \times 43 + 8 \times 7 - 41\right) \times 10^{-2} = 0.91(m^3/kg)$$

因此，燃烧 5 kg 此木材所需理论空气体积为

$$5 \times \frac{0.91}{0.21} = 21.67(m^3)$$

2. 气体可燃物的理论空气量

对于气体可燃物，习惯上用体积分数表示其组成，其成分为

$$CO\% + H_2\% + \sum C_nH_m\% + H_2S\% + CO_2\% + O_2\% + N_2\% + H_2O\% = 100\%$$

式中，CO、H_2、C_nH_m、H_2S、CO_2、O_2、N_2、H_2O 分别表示气态可燃物中各成分的体积分数；C_nH_m表示碳氢化合物的通式。

可燃物中各可燃成分完全燃烧的反应方程式如下

$$CO + \frac{1}{2}O_2 = CO_2$$

$$H_2 + \frac{1}{2}O_2 = H_2O$$

$$H_2S + \frac{3}{2}O_2 = H_2O + SO_2$$

$$C_nH_m + \left(n + \frac{m}{4}\right)O_2 = nCO_2 + \frac{m}{2}H_2O$$

从以上反应方程式可以得出：完全燃烧 1 mol 的 CO 需要 1/2 mol 的 O_2，根据理想气体状态方程，则燃烧 1 m^3的 CO 需要 1/2 m^3 O_2。同理，完全燃烧 1 m^3的 H_2、H_2S、C_nH_m分别需要 1/2 m^3、3/2 m^3和 $(n+m/4)m^3$的 O_2，因此，每 1 m^3可燃物完全燃烧时，需要的氧气体积为

$$V_{0,O_2} = \left[\frac{1}{2}CO + \frac{1}{2}H_2 + \frac{3}{2}H_2S + \sum\left(n + \frac{m}{4}\right)C_nH_m - O_2\right] \times 10^{-2}(m^3/m^3) \quad (2-23)$$

每 1 m^3可燃物完全燃烧的理论空气体积需要量为

$$V_{0,air} = \frac{V_{0,O_2}}{0.21} = 4.76 \times \left[\frac{1}{2}CO + \frac{1}{2}H_2 + \frac{3}{2}H_2S + \sum\left(n + \frac{m}{4}\right)C_nH_m - O_2\right] \times 10^{-2}(m^3/m^3) \quad (2-24)$$

［**例 2**］求 1 m^3焦炉煤气燃烧所需的理论空气量。已知焦炉煤气的组成（体积分数）为：CO—6.8%，H_2—57%，CH_4—22.5%，C_2H_4—3.7%，CO_2—2.3%，N_2—4.7%，H_2O—3%。

解：由碳氢化合物通式得

$$\sum\left(n + \frac{m}{4}\right)C_nH_m = \left(1 + \frac{4}{4}\right) \times 22.5 + \left(2 + \frac{4}{4}\right) \times 3.7 = 56.1$$

因此，完全燃烧 1 m^3这种煤气所需理论空气体积为

$$V_{0,air} = 4.76 \times \left(\frac{1}{2} \times 6.8 + \frac{1}{2} \times 57 + 56.1\right) \times 10^{-2} = 4.19(m^3/m^3)$$

2.2.2 实际空气量和过量空气系数

在实际燃烧过程中，供应的空气量（$V_{\alpha,air}$）往往不等于燃烧所需的理论空气量（$V_{0,air}$）。实际供给的空气量与燃烧所需的理论空气量的比值称为过量空气系数 α，即

$$V_{\alpha,air} = \alpha \cdot V_{0,air} \tag{2-25}$$

α 值一般在 1~2 之间，各态物质完全燃烧时的经验值为：气态可燃物 $\alpha = 1.02 \sim 1.2$；液态可燃物 $\alpha = 1.1 \sim 1.3$；固态可燃物 $\alpha = 1.3 \sim 1.7$。常见可燃物燃烧所需空气量见表 2-2。

表 2-2　常见可燃物燃烧所需空气量

物质名称	空气需要量		物质名称	空气需要量	
	$m^3 \cdot m^{-3}$	$kg \cdot m^{-3}$		$m^3 \cdot m^{-3}$	$kg \cdot m^{-3}$
乙炔	11.9	15.4	丙酮	7.35	9.45
氢气	2.38	3.00	苯	10.25	13.20
一氧化碳	2.38	3.00	甲苯	10.30	13.30
甲烷	9.52	21.30	石油	10.80	14.00
丙烷	23.8	30.60	汽油	11.10	14.35
丁烷	30.94	40.00	煤油	11.50	14.87
水煤气	2.20	2.84	木材	4.60	5.84
焦炉气	3.68	4.76	干泥煤	5.80	7.50
乙烯	14.28	18.46	硫	3.33	4.30
丙烯	21.42	27.70	磷	4.30	5.56
丁烯	28.56	36.93	钾	0.70	0.90
硫化氢	7.14	9.23	萘	10.00	12.93

当 $\alpha = 1$ 时，表示实际供给的空气量等于理论空气量。从理论上讲，此时燃料中的可燃物质可以全部氧化，燃料与氧化剂的配比符合化学反应方程式的当量关系。此时的燃料与空气量之比称为化学当量比。

当 $\alpha > 1$ 时，表示实际供给的空气量多于理论空气量，在实际的燃烧装置中，绝大多数情况下均采用这种供气方式，因为这样既可以节省燃料，也具有其他的有益作用。

无论是 $\alpha = 1$ 还是 $\alpha > 1$，燃料都是完全燃烧，其主要的区别在于燃烧以后所形成产物成分比例上的不同。当 $\alpha > 1$ 时，燃料与氧化剂反应完成以后，产物中还残留部分未参加反应的氧化剂。这在分析燃烧产物时应该注意。

当 $\alpha < 1$ 时，表示实际供给的空气量少于理论空气量。这种燃烧过程不可能是完全的，燃烧产物中尚剩余可燃物质，而氧气却消耗完毕，这样势必造成燃料浪费。但是，在某些情况下，如点火时，为使点燃成功，往往多供应燃料。一般情况下，应当避免 $\alpha < 1$ 的情况。

综上所述，过量空气系数 α 是表明在由液体或者气体燃料与空气组成的可燃混合气中燃料和空气比的参数，其数值对于燃烧过程有很大影响，α 过大或者过小都不利于燃烧的进行。

2.3　燃烧产物及其计算

生成新物质是燃烧反应的基本特征之一。燃烧产物是燃烧反应的新生成物质，它的危害很大。关于燃烧产物的计算，主要包括产物量计算、产物百分组成计算及产物密度计算等。而燃烧产物的组成和生成量不仅与燃烧的完全程度有关，而且与过量空气系数 α 有关，因此，应该根据具体情况分为完全燃烧和不完全燃烧两种情况分别进行讨论。

2.3.1　燃烧产物组成及其毒害作用

1. 燃烧产物组成

由于燃烧而生成的气体、液体和固体物质，叫作燃烧产物，它有完全燃烧产物和不完全燃烧产物之分。所谓完全燃烧，是指可燃物中 C 变成 CO_2、H 变成 H_2O、S 变成 SO_2、N 变成 N_2；而 CO、NH_3、醇类、酮类、醛类、醚类等是不完全燃烧产物。

燃烧产物主要以气态形式存在，其成分主要取决于可燃物的组成和燃烧条件。大部分可燃物属于有机化合物，它们主要由碳、氢、氧、氮、硫、磷等元素组成。在空气充足的条件下，燃烧产物主要是完全燃烧产物，不完全燃烧产物量很少；如果空气不足或温度较低，不完全燃烧产物量相对增多。

氮气在一般条件下不参加燃烧反应，而呈游离状态（N_2）析出，但在特定条件下，氮气也能被氧化生成 NO 或与一些中间产物结合生成 HCN 等。表 2－3 列出了建筑火灾中常见的可燃物及其燃烧产物。

表 2－3　建筑火灾中常见的可燃物及其燃烧产物

可燃物	燃烧产物	可燃物	燃烧产物
所有含碳类可燃物	CO_2、CO	尼龙、三聚氰胺塑料等	NH_3、HCN
聚氨酯、硝化纤维等	NO、NO_2	聚苯乙烯	苯
硫及含硫类（橡胶）可燃物	SO_2、S_2O_3、H_2S	羊毛、人造丝等	羧酸类（甲酸、乙酸、已酸）
磷类物质	P_2O_5、PH_3	木材、酚醛树脂、聚酯	醛类、酮类
聚氯乙烯、氟塑料等	HF、HCl、Cl_2	高分子材料热分解	烃类

在燃烧产物中，有一类特殊的物质——烟。它是由燃烧或热解作用所产生的悬浮于大气中能被人们看到的产物。烟的主要成分是一些极小的炭黑粒子，其直径一般在 10^{-7}~10^{-4} cm 之间，大直径的粒子容易由烟中落下来成为烟尘或炭黑粒子。

炭黑粒子的形成过程十分复杂。例如碳氢可燃物在燃烧过程中会因受热裂解而产生一系列中间产物，中间产物还会进一步裂解成更小的“碎片”，这些小“碎片”会发生脱氢、聚合、环化等反应，最后形成石墨化炭黑粒子，构成了烟。

炭黑粒子的形成受氧气供给情况、可燃物分子结构及其分子中碳氢比值等因素的影响。氧气供给充分，可燃物中的碳主要与氧气反应生成 CO_2或 CO，炭黑粒子生成少，甚至不生成炭黑粒子；芳香族有机物属于环状结构，它们的生炭能力比直链的脂肪族有机物要高；可燃物分子中碳氢比值大的，生炭能力强。

2. 燃烧产物毒害作用

在火场上，燃烧产物的存在具有极大的毒害作用，主要体现在如下几个方面。

（1）缺氧、窒息作用

在火灾现场，由于可燃物燃烧消耗空气中的氧气，使空气中的氧含量远远低于人们生理正常所需的数值，从而给人体造成危害。表2-4列出了氧浓度下降对人体的危害。

表2-4　氧浓度下降对人体的危害

氧浓度/%	对人体的危害情况	氧浓度/%	对人体的危害情况
16~14	呼吸和脉搏加快，引起头疼	10~6	意识不清，引起痉挛，6~8 min死亡
14~10	判断力下降，全身虚脱，发绀	<6	为5 min致死浓度

二氧化碳是许多可燃物燃烧的主要产物。空气中CO_2含量过高会刺激呼吸系统，引起呼吸加快，从而产生窒息作用。表2-5列出了不同浓度的CO_2对人体的影响。

表2-5　不同浓度的CO_2对人体的影响

CO_2浓度/%	对人体的影响情况	CO_2浓度/%	对人体的影响情况
1~2	有不适感	5	呼吸困难，30 min产生中毒症状
3	呼吸中枢受刺激，呼吸加快，脉搏加快，血压上升	6	呼吸急促，呈困难状态
4	头痛、眩晕、耳鸣、心悸	7~10	数分钟意识不清，出现紫斑，死亡

（2）毒性、刺激性及腐蚀性作用

燃烧产物中含有多种毒性和刺激性气体，在着火的房间等场所，这些气体的含量极易超过人们生理正常所允许的最低浓度，造成中毒或刺激性危害。另外，有的产物本身或其水溶液具有较强的腐蚀性作用，会造成人体组织坏死或化学灼伤等危害。下面介绍几种典型产物的毒害作用。

①一氧化碳（CO）。这是一种毒性很大的气体，火灾中CO引起的中毒死亡占很大比例。这是由于它能从血液的氧血红素里取代氧而与血红素结合生成羟基化合物，从而使血液失去输氧功能。表2-6列出了不同浓度CO对人体的影响。

表2-6　不同浓度CO对人体的影响

CO浓度/%	对人体的影响情况	CO浓度/%	对人体的影响情况
0.04	2~3 h内有轻度前头痛	0.32	20 min内头痛、眩晕、呕吐、痉挛，10~15 min致死
0.08	1~2 h内前头痛，呕吐，2.5~3 h内后头痛	0.64	1~2 min头痛、眩晕、呕吐、痉挛，10~15 min致死
0.16	45 min内头痛、眩晕、呕吐、痉挛，2 h失明	1.28	1~3 min致死

②二氧化硫（SO_2）。这是一种含硫可燃物（如橡胶）燃烧时释放出的产物。SO_2有毒，

它是大气主要污染物之一。它能刺激人的眼睛和呼吸道，引起咳嗽，甚至导致死亡。同时，SO_2极易形成一种酸性的腐蚀性溶液。表 2 – 7 列出了不同浓度的 SO_2对人体的影响。

表 2 –7　不同浓度的 SO_2对人体的影响

SO_2浓度		对人体的影响情况
%	mg/L	
0. 000 5	0. 014 6	长时间作用无危险
0. 001 ~ 0. 002	0. 029 ~ 0. 058	气管感到刺激，咳嗽
0. 005 ~ 0. 01	0. 146 ~ 0. 293	1 h 内无直接危险
0. 05	1. 46	短时间内有生命危险

③氯化氢（HCl）。HCl 是一种具有较强毒性和刺激性的气体。由于它能吸收空气中的水分成为酸雾，因此具有较强的腐蚀性，在浓度较高场合会强烈刺激人的眼睛，引起呼吸道发炎和肺水肿。表 2 – 8 列出了不同浓度的 HCl 对人体的影响。

表 2 –8　不同浓度的 HCl 对人体的影响

HCl 浓度/($\times 10^{-6}$)	对人体的影响情况	HCl 浓度/($\times 10^{-6}$)	对人体的影响情况
0. 5 ~ 1	有轻微刺激性	35	短时间对咽喉有刺激
5	对鼻腔有刺激，伴有不快感	50	短时间忍受的临界浓度
10	对鼻腔有强烈刺激，不能忍耐 30 min 以上	1 000	有生命危害

④氰化氢（HCN）。这是一种剧毒气体，主要是聚丙烯腈、尼龙、丝、毛发等蛋白质物质的燃烧产物。HCN 可以任何比例与水混合形成剧毒的氢氰酸。表 2 – 9 列出了不同浓度的 HCN 对人体的影响。

表 2 –9　不同浓度的 HCN 对人体的影响

HCN 浓度/($\times 10^{-6}$)	对人体的影响情况	HCN 浓度/($\times 10^{-6}$)	对人体的影响情况
18 ~ 36	数小时后出现中毒症状	135	30 min 致死
45 ~ 54	耐受 0. 5 ~ 1 h 无大的损害	181	10 min 致死
110 ~ 125	0. 5 ~ 1. 1 h 有生命危险或致死	270	立即死亡

⑤氮的氧化物。氮的氧化物主要有 NO 和 NO_2，是硝化纤维等含氮有机化合物的燃烧产物，硝酸和含硝酸盐类物质的爆炸产物中也含有 NO、NO_2等。它们都是毒性和刺激性气体，能刺激呼吸系统，引起肺水肿，甚至死亡。表 2 – 10 列出了氮氧化合物对人体的影响。

此外，H_2S、P_2O_5、PH_3、Cl_2、HF、NH_3等气体产物和苯、羟酸、醛类、酮类等液体产物以及烟尘粒子也都有一定的毒性、刺激性、腐蚀性。

表2-10　氮氧化合物对人体的影响

氮氧化合物含量		对人体的影响情况
%	mg/L	
0.004	0.19	长时间作用无明显反应
0.006	0.29	短时间气管感到刺激
0.010	0.48	短时间刺激气管、咳嗽，继续作用对生命有危险
0.025	1.20	短时间可迅速致死

（3）高温气体热损伤作用

人体对高温环境的忍耐性是有限的。有关资料表明，温度在65 ℃时，可短时忍受；在120 ℃时，短时间内将产生不可恢复的损伤；温度进一步升高，损伤时间则会更短。在着火房间内，高温气体的温度可达数百摄氏度；在地下建筑物中，温度高达1 000 ℃以上。因此，高温气体对人的热损伤作用是非常严重的。

2.3.2　完全燃烧时产物量计算

当燃料完全燃烧时，烟气的组成及体积可由反应方程式并根据燃料的元素组成或者成分组成求得。计算中涉及的产物主要有CO_2、H_2O、SO_2、N_2和水蒸气，烟气生成量也是按单位量燃料来计算的。

1. 固体和液体燃料燃烧的烟气量计算

已知可燃物的成分为C% + H% + O% + N% + S% + A% + W% = 100%，根据完全燃烧的化学反应式，1 kg碳完全燃烧时能生成11/3 kg的CO_2，表示为标准状态下的体积为$\frac{11}{3}\times\frac{22.4}{44}=\frac{22.4}{12}$（$m^3$），所以，1 kg可燃物完全燃烧时生成$CO_2$的体积为

$$V_{0,CO_2}=\frac{22.4}{12}\times\frac{C}{100}(m^3/kg)$$

同理，1 kg可燃物完全燃烧时生成SO_2、H_2O和N_2的体积分别为

$$V_{0,SO_2}=\frac{22.4}{32}\times\frac{S}{100}$$

$$V_{0,H_2O}=\frac{22.4}{2}\times\frac{H}{100}+\frac{22.4}{18}\times\frac{W}{100}$$

$$V_{0,N_2}=\frac{22.4}{28}\times\frac{N}{100}+\frac{79}{100}\times V_{0,air}$$

至此，得到理论烟气量为

$$\begin{aligned}V_{0,P}&=V_{0,CO_2}+V_{0,SO_2}+V_{0,H_2O}+V_{0,N_2}\\&=\left(\frac{C}{12}+\frac{S}{32}+\frac{H}{2}+\frac{W}{18}+\frac{N}{28}\right)\times\frac{22.4}{100}+\frac{79}{100}\times V_{0,air}(m^3/kg)\end{aligned}\tag{2-26}$$

将式（2-22）代入上式，得

$$V_{0,P}=(8.89C+3.33S+32.26H+1.24W+0.8N-2.63O)\times10^{-2}(m^3/kg)$$

2. 气体燃料燃烧的烟气量计算

气体可燃成分为 $CO\% + H_2\% + \sum C_nH_m\% + H_2S\% + CO_2\% + O\% + N_2\% + H_2O\% = 100\%$。根据完全燃烧的化学反应方程式，每 1 m^3 可燃物燃烧生成的 CO_2、SO_2、H_2O 和 N_2 的体积分别是

$$V_{0,CO_2} = (CO + CO_2 + \sum nC_nH_m) \times 10^{-2} (m^3/m^3)$$

$$V_{0,SO_2} = H_2S \times 10^{-2} (m^3/m^3)$$

$$V_{0,H_2O} = \left(H_2 + H_2O + H_2S + \sum \frac{m}{2} C_nH_m\right) \times 10^{-2} (m^3/m^3)$$

$$V_{0,N_2} = N_2 \times 10^{-2} + 0.79 V_{0,air} (m^3/m^3)$$

因此，燃烧产物的总体积为

$$V_{0,P} = V_{0,CO_2} + V_{0,SO_2} + V_{0,H_2O} + V_{0,N_2}$$
$$= \left[CO + CO_2 + H_2 + H_2O + 2H_2S + N_2 + \sum \left(n + \frac{m}{2}\right) C_nH_m\right] \times 10^{-2} + 0.79 V_{0,air} \quad (m^3/m^3) \tag{2-27}$$

将式（2-24）代入上式，得

$$V_{0,P} = \left[\sum (4.76n + 1.44m) C_nH_m + 2.88CO + CO_2 + 2.88H_2 + 7.64H_2S + H_2O + N_2 - 3.76O_2\right] \times 10^{-2} (m^3/m^3) \tag{2-28}$$

以上计算是空气消耗系数 $\alpha = 1$ 时的情况，因此是理论燃烧产物量。当 $\alpha > 1$ 时，燃烧产物中 CO_2、SO_2、H_2O 的体积不变，N_2的体积会增加，同时还有一定体积的 O_2，总体积相应增加。有关计算公式如下

$$V_{\alpha,N_2} = \frac{N_2}{100} + \alpha \times 0.79 \times V_{0,air} (\text{气体可燃物}) (m^3/m^3) \tag{2-29}$$

$$V_{\alpha,N_2} = \frac{N_2}{28} \times \frac{22.4}{100} + \alpha \times 0.79 \times V_{0,air} (\text{固、液体可燃物}) (m^3/m^3) \tag{2-30}$$

$$V_{\alpha,O_2} = (\alpha - 1) \times 0.21 \times V_{0,air} (m^3/m^3 \text{ 或 } m^3/kg) \tag{2-31}$$

$$V_{\alpha,P} = V_{0,P} + (\alpha - 1) \times V_{0,air} (m^3/m^3 \text{ 或 } m^3/kg) \tag{2-32}$$

2.4　燃烧热及温度计算

放热是燃烧反应的重要特征，放出的热量是由可燃物中的化学能经燃烧反应转换而来的，它使燃烧产物的温度得以升高。

2.4.1　热容

热容是指在没有相变和化学反应的条件下，一定量的物质温度升高 1 ℃所需的热量。如果该物质的物质的量为 1 mol，则此时的热容称为摩尔热容，单位为 J/(mol · K)；如果该物质的质量为 1 kg，则此时的热容称为质量热容，又称比热容，单位为 J/(kg · K)。

1. 恒压热容、恒容热容

由于热是途径变量，与途径有关，同量的物质在恒压过程和恒容过程中温度升高 1 K 所

需的热量是不相同的，因此，恒压热容和恒容热容的大小不同，现分别进行介绍。

（1）恒压热容

在恒压条件下，一定量的物质温度升高1 K所需的热量称为恒压热容，用c_p表示。假定n mol物质在恒压下由T_1升高到T_2所需要的热量为Q_p，则

$$Q_p = n \cdot \int_{T_1}^{T_2} c_p \mathrm{d}T \tag{2-33}$$

物质在不同温度下每升高1 K所需的热量是不同的。因此，热容是温度的函数，具体函数形式有多种，较为普遍的形式如下

$$c_p = a + bT + cT^2 \tag{2-34}$$

式中，a、b和c都是由实验测定的特性常数。表2-11给出了不同气体的a、b和c值。

表2-11　不同气体a、b和c的值

气体名称	a	$b\times10^3$	$c\times10^6$	温度范围/K
氧气	28.17	6.297	-0.749 4	273～3 800
氮气	27.32	6.226	-0.950 2	273～3 800
水蒸气	29.16	14.49	-2.022	273～3 800
二氧化硫	25.76	57.91	-38.09	273～1 800
一氧化碳	26.537	7.683 1	-1.172	300～1 500
二氧化碳	26.75	42.258	-14.25	300～1 500
氢气	26.88	4.347	-0.326 5	273～3 800
氨气	27.55	25.627	-9.900 6	273～1 500
甲烷	14.15	75.496	-17.99	298～1 500

（2）恒容热容

在恒容条件下，一定量的物质温度升高1 K所需的热量称为恒容热容，用c_V表示。

在恒压条件下，物质升温时，体积要膨胀，结果使物质对环境做功，内能也相应地增加。因此，一定量的物质在同样温度下，温度升高1 K时，恒压过程比恒容过程需要多吸收热量，即$c_p > c_V$。

对于理想气体，$c_p - c_V = nR$，n为气体物质的量，R为普适气体常数。对固体和液体，因为升温时体积膨胀不大，所以$c_p = c_V$。气体的恒压热容与恒容热容之比称为热容比，用K表示，即$K = \frac{c_p}{c_V}$，不同物质的热容比不同，空气的热容比为1.4。

2. 平均热容

用热容与温度间的具体函数关系计算恒压热容虽然比较精确，但是计算过程复杂，实际计算中常采用平均恒压热容。平均恒压热容是在恒压条件下，一定量的物质从温度T_1升高到T_2时平均每升高1 K所需的热量，用$\bar{c}_p$表示。平均热容$\bar{c}_p$和恒压热容c_p的关系为

$$\bar{c}_p = \frac{\int_{T_1}^{T_2} c_p \mathrm{d}T}{T_2 - T_1} \tag{2-35}$$

有平均热容 $\bar{c}_p$，热量的计算可不用积分，即

$$Q_p = n \cdot \bar{c}_p(T_2 - T_1) \tag{2-36}$$

由于物质的热容与温度有关，所以，从式（2-35）可知平均热容的数值与温度范围有关。各种气体的平均恒压热容（温度为 773～2 773 K）见表 2-12，单位 kJ/(Nm^3·K)，Nm^{3}表示标准立方米。

表 2-12　各种气体的平均恒压热容　　kJ·(Nm^3·K)$^{-1}$

温度 T/K	$\bar{c}_p(CO_2)$	$\bar{c}_p(N_2)$	$\bar{c}_p(O_2)$	$\bar{c}_p(H_2O)$	$\bar{c}_p$[空气（干）]
773	1.988 7	1.327 6	1.398 0	1.589 7	1.342 7
873	2.041 1	1.350 2	1.416 8	1.615 3	1.356 5
973	2.088 4	1.353 6	1.434 4	1.691 2	1.370 8
1 073	2.131 1	1.367 0	1.449 9	1.698 0	1.384 2
1 173	2.169 2	1.379 6	1.465 6	1.695 7	1.387 6
1 273	2.203 5	1.391 7	1.477 5	1.722 9	1.409 7
1 373	2.234 9	1.403 4	1.489 2	1.7501	1.421 4
1 473	2.263 8	1.414 3	1.500 5	1.776 9	1.432 7
1 573	2.289 8	1.425 2	1.510 6	1.802 8	1.443 2
1 673	2.313 6	1.434 8	1.520 2	1.828 0	1.452 8
1 773	2.335 4	1.444 0	1.529 4	1.852 7	1.462 0
1 873	2.355 5	1.452 8	1.537 8	1.876 1	1.470 8
1 973	2.374 3	1.461 2	1.546 2	1.900 0	1.478 8
2 073	2.391 5	1.468 7	1.554 1	1.921 3	1.486 7
2 173	2.407 4	1.475 8	1.561 7	1.942 3	1.493 9
2 273	2.422 1	1.482 5	1.569 2	1.962 8	1.501 0
2 373	2.435 9	1.489 2	1.575 9	1.982 4	1.507 2
2 473	2.448 4	1.495 1	1.583 0	2.005 0	1.513 5
2 573	2.460 2	1.501 0	1.589 7	2.018 9	1.519 4
2 673	2.471 0	1.506 4	1.596 4	2.035 6	1.525 3
2 773	2.481 1	1.511 4	1.602 7	2.052 8	1.530 3

2.4.2　燃烧热和热值计算

1. 基本概念

在化学反应过程中，系统在反应前后的化学组成发生变化，同时伴随着系统内能分配的变化，后者表现为反应后生成物所含能量总和与反应物所含能量总和间的差异。此能量差值以热的形式向环境散发或者从环境吸收，这就是反应热。它与反应时的条件有关，在定温定压过程中，反应热等于系统焓的变化。

化学反应中由稳定单质反应生成某化合物时的反应热，称为该化合物的生成热。在 0.101 3 MPa 和指定温度下，由稳定单质生成 1 mol 某物质的恒压反应热，称为该物质的标准生成热，用 $\Delta H^0_{f,m}$ 表示。

燃烧反应是可燃物和助燃物作用生成稳定产物的一种化学反应，此反应的反应热称为燃烧热。最常见的助燃物是氧气，在 0.101 3 MPa 和指定温度下，1 mol 某物质完全燃烧时的恒压反应热，称为该物质的标准燃烧热，用 $\Delta H^0_{c,m}$ 表示。表 2－13 和表 2－14 给出了某些物质的标准生成热和标准燃烧热。

表 2－13　物质的标准生成热（0.101 3 MPa、25 ℃）　　kJ · mol⁻¹

物质名称	$\Delta H^0_{f,298}$	物质名称	$\Delta H^0_{f,298}$	物质名称	$\Delta H^0_{f,298}$
一氧化碳	－110.52	氧气	0	甲苯（气）	50.00
二氧化碳	－393.51	氮气	0	甲醇（气）	－200.7
甲烷	－74.81	炭（石墨）	0	甲醇（液）	－238.7
乙炔	226.7	炭（钻石）	1.897	乙醇（气）	－235.1
苯（气）	82.93	水（气）	－241.82	乙醇（液）	－277.7
苯（液）	48.66	水（液）	－285.83	丙酮（液）	－248.2
乙烯	52.26	乙烷	－84.68	甲酸（液）	－424.72
氢气	0	丙烷	－103.8	乙酸（液）	－484.5

表 2－14　物质的标准燃烧热（0.101 3 MPa、25 ℃）　　kJ · mol⁻¹

物质名称	$\Delta H^0_{c,298}$	物质名称	$\Delta H^0_{c,298}$	物质名称	$\Delta H^0_{c,298}$
氢气	285.83	乙炔	1 299.6	丙酮（液）	1 790.4
一氧化碳	283.0	苯（液）	3 267.5	乙酸（液）	874.54
甲烷	890.31	苯乙烯	4 437	萘（固）	5 153.9
乙烷	1 559.8	甲醇（液）	726.51	氯甲烷	689.10
乙烯	1 411.0	乙醇（液）	1 366.8	硝基苯（液）	3 091.2

2. 燃烧热计算

在整个化学反应过程中保持恒压或恒容，并且系统没有做任何非体积功时，化学反应热只取决于反应的开始和最终状态，与过程的具体途径无关，这一规律称作盖斯定律，它是热化学中一个很重要的定律。根据盖斯定律，任一反应的恒压反应热等于产物生成热之和减去反应物生成热之和，即

$$Q_p = \Delta H = \left(\sum V_i \Delta H^0_{f\cdot 298\cdot i}\right)_{\text{产物}} - \left(\sum V_j \Delta H^0_{f\cdot 298\cdot j}\right)_{\text{反应物}} \tag{2-37}$$

据上式可求物质的标准燃烧热。该式中，V_i 是 i 组分在反应式中的系数。

［**例 3**］求乙醇在 25 ℃下的标准生成热。

$$C_2H_5OH(l) + 3O_2(g) \rightarrow 2CO_2(g) + 3H_2O(l)$$

解：查表 2－13 得

$$\Delta H^0_{f\cdot 298\cdot CO_2(g)} = -393.51\ kJ/mol \quad \Delta H^0_{f\cdot 298\cdot H_2O(l)} = -285.83\ kJ/mol$$

$$\Delta H^0_{f\cdot 298\cdot C_2H_5OH(l)} = -277.7\ kJ/mol \quad \Delta H^0_{f\cdot 298\cdot O_2(g)} = 0$$

利用式（2-37），得

$$Q_p = \Delta H^0_{298} = [2\times(-393.51)+3\times(-285.83)]-[1\times(-277.7)+0] = -1\ 366.8(kJ/mol)$$

根据标准生成热的定义，乙醇的标准生成热即为 1 366.8 kJ/mol。

气态混合物的燃烧热可用下式粗略计算，即

$$\Delta H^0_{c\cdot m} = \sum V_i \Delta H^0_{c\cdot m\cdot i} \tag{2-38}$$

式中，V_i——混合物中 i 组分的体积分数；

$\Delta H^0_{c\cdot m\cdot i}$——$i$ 组分的燃烧热，kJ/mol。

［**例 4**］求焦炉煤气的标准燃烧热。焦炉煤气的组成（体积分数）为：CO—6.8%，H_2—57%，CH_4—22.5%，C_2H_4—3.7%，CO_2—2.3%，N_2—4.7%，H_2O—3%。

解：查表 2-14 得各可燃组分的标准燃烧热分别为：

$$\Delta H^0_{c\cdot 298\cdot CO(g)} = 283.0\ kJ/mol$$

$$\Delta H^0_{c\cdot 298\cdot H_2(g)} = 285.83\ kJ/mol$$

$$\Delta H^0_{c\cdot 298\cdot CH_4(g)} = 890.31\ kJ/mol$$

$$\Delta H^0_{c\cdot 298\cdot C_2H_4(g)} = 1\ 411.0\ kJ/mol$$

该煤气的标准燃烧热为

$$\Delta H^0_{c\cdot 298} = 283\times 0.068 + 285.83\times 0.57 + 890.31\times 0.225 + 1\ 411\times 0.037 = 434.69(kJ/mol)$$

3. 热值计算

热值是燃烧热的另一种表示形式，在实际中常用。所谓热值，是指单位质量或者单位体积的可燃物完全燃烧所发出的热量，通常用 Q 表示。对于液体和固体可燃物，表示为质量热值 Q_m(kJ/kg)；对于气态可燃物，表示为体积热值 Q_V(kJ/m^3)。

某些物质燃烧放出的热量，既可用燃烧热表示，也可用热值表示，对于液态和固态可燃物，两者之间的换算关系为

$$Q_m\ (kJ/kg) = \frac{1\ 000\cdot \Delta H_c}{M} \tag{2-39}$$

对于气态可燃物，为

$$Q_V\ (kJ/m^3) = \frac{1\ 000\cdot \Delta H_c}{22.4} \tag{2-40}$$

式中，M——液态或固态可燃物的摩尔质量；

ΔH_c——可燃物的燃烧热，kJ/mol。

如果可燃物中含有水分和氢元素，热值有高、低热值之分。高热值（Q_H）就是可燃物中的水和氢燃烧生成的水以液态存在时的热值，而低热值（Q_L）就是可燃物中的水和氢燃烧生成的水以气态存在时的热值。在研究火灾的燃烧中，常用低热值。

有很多可燃物，其分子结构很复杂，摩尔质量很难确定，如石油、煤炭、木材等，它们燃烧放出的热量一般只用热值表示，并且通常用经验公式计算。最常用的有门捷列夫

公式

$$Q_H = 4.18 \times [81C + 300H - 26 \times (O + N - S)] (kJ/kg) \tag{2-41}$$

$$Q_L = Q_H - 6 \times (9H + W) \times 4.18 (kJ/kg) \tag{2-42}$$

式中，C、H、O、N、S 和 W——可燃中碳、氢、氧、氮、硫和水的质量分数。

某些气体的热值列于表 2－15。

表 2－15　某些气体的热值　　$kJ \cdot m^{-3}$

气体名称	热值		气体名称	热值	
	高	低		高	低
氢气	12 700	10 753	丙烷	93 720	83 470
乙炔	57 873	55 856	丁烯	115 050	107 530
甲烷	39 861	35 823	丁烷	121 340	108 370
乙烯	62 354	58 321	戊烷	149 790	133 890
乙烷	65 605	58 160	一氧化碳	12 694	—
丙烯	87 030	81 170	硫化氢	25 522	24 016

2.4.3　燃烧温度计算

可燃物在燃烧时放出的热量，一部分被火焰辐射掉，大部分消耗在加热燃烧产物上。可燃物燃烧产生的烟气所达到的温度称为可燃物的燃烧温度。

在实际建筑火灾中，着火房间内高温气体可达数百摄氏度；在地下建筑物中，温度高达 1 000 ℃以上。因此，研究火灾中烟气温度有重要的实际意义。

在实际火灾中，物质的燃烧温度不是固定不变的，而是随着可燃物种类、氧气供给情况、散热条件等因素的变化而有较大的变化。为了比较不同物质的燃烧温度，对燃烧条件作统一规定如下：

①燃烧的初始温度为 298 K。

②可燃物与空气按化学当量比配比。

③燃烧是完全燃烧。

④燃烧在等压下进行，因为可燃物在火场上燃烧时，燃烧产物不断向周围扩散膨胀，所以火场上压力变化不大，基本保持初始压力。

⑤燃烧是绝热的，即燃烧反应放出的热量全部转变为燃烧产物的焓增。这个条件可理解为由于燃烧反应的速度较快，以至于反应系统产生热量的速度远远大于其向周围环境散失热量的速度，因此损失于环境中的热量可忽略不计。

在以上规定的条件下计算出的燃烧温度，称为理论燃烧温度，又称绝热燃烧温度。在理论燃烧温度的基础上，如果不考虑燃烧产物的高温分解，则此时得出的温度称为量热计燃烧温度。如果燃烧是在 $\alpha = 1$ 的完全燃烧情况下进行的，并且可燃物和空气的初始温度均为 0 ℃，则此时得到的温度称为理论发热温度。而在实际火灾中测定的温度称为实际燃烧温度。

从理论上说，当 $\alpha = 1$ 且完全燃烧时，燃烧温度最高；当 $\alpha < 1$ 时，由于燃料过剩，导

致燃烧不完全，使燃料的化学能不能充分放出，从而使燃烧温度降低；当 $\alpha>1$ 时，供给的空气量过多，而燃料释放的热量却基本上为确定值，因而燃烧温度也要降低。

根据热平衡理论，结合公式 $Q_p = n \cdot \int_{T_1}^{T_2} c_p \mathrm{d}T$，可得到理论燃烧温度的计算公式为

$$Q_L = \sum n_i \cdot \int_{298}^{T} c_{pi} \mathrm{d}T \tag{2-43}$$

式中，Q_L——可燃物质的低热值；

n_i——第 i 种产物的物质的量；

c_{pi}——第 i 种产物的恒压热容。

上述方法计算的结果比较精确，但是上式积分的结果为三次方程，因此，要想得到具体的解比较麻烦。为此，采用平均恒压热容 $\bar{c}_{pi}$，根据式（2－36）得出求解燃烧温度的公式为

$$Q_p = \sum V_i \cdot \bar{c}_{pi} \cdot (T - 298) \tag{2-44a}$$

或者

$$Q_L = \sum V_i \cdot \bar{c}_{pi} \cdot (t - 298) \tag{2-44b}$$

式中，V_i——第 i 种产物的体积。

因为产物的恒压平均热容 $\bar{c}_{pi}$ 取决于温度，而理论燃烧温度 t 是未知数，所以 $\bar{c}_{pi}$ 也是未确定值。在具体计算时，通常先假定一个理论燃烧温度 t_1，查出相应的 $\bar{c}_{pi}$，代入上述公式，求出相应的 Q_{L1}；然后假定第二个理论燃烧温度 t_2，求出相应的 $\bar{c}_{pi}$ 和 Q_{L2}；最后用插值法求出理论燃烧温度 t，即

$$t = t_1 + \frac{t_2 - t_1}{Q_{L2} - Q_{L1}} \cdot (Q_L - Q_{L1}) \tag{2-45}$$

某些物质的燃烧温度见表 2－16。

表 2－16　某些物质的燃烧温度

物质名称	燃烧温度/℃	物质名称	燃烧温度/℃	物质名称	燃烧温度/℃
甲烷	1 800	丙酮	1 000	钠	1 400
乙烷	1 895	乙醚	2 861	石蜡	1 427
丙烷	1 977	原油	1 100	一氧化碳	1 680
丁烷	1 982	汽油	1 200	硫	1 820
戊烷	1 977	煤油	700～1 030	二硫化碳	2 195
己烷	1 965	重油	1 000	液化气	2 110
苯	2 032	烟煤	1 647	天然气	2 020
甲苯	2 071	氢气	2 130	石油气	2 120
乙炔	2 127	煤气	1 600～1 850	磷	900
甲醇	1 100	木材	1 000～1 177	氨气	700
乙醇	1 180	镁	3 000		

通常为了计算方便，假定燃烧前可燃物和空气的初始温度为 0 ℃，则式（2－50）变为

$$Q_L = \sum V_i \cdot c_{pi} \cdot t \tag{2-46}$$

［**例 5**］已知木材的组成（质量分数）为：C—43%，H—7%，O—41%，N—2%，W—6%，A—1%，试求其理论燃烧温度。

解：1 kg 木材的燃烧产物中各种组分的生成量分别为

$$V(CO_2)=0.803\ m^3,\quad V(H_2O)=0.856\ m^3,\quad V(N_2)=3.433\ m^3$$

由式（2－42）可得，1 kg 木材燃烧放出的低热值 $Q_L = 16\ 993$ kJ。

设 $t_1 = 1\ 900$ ℃，查得 CO_2、H_2O 和 N_2 的平均恒压热容分别为

$$\bar{c}_p(CO_2) = 2.407\ 4,\quad \bar{c}_p(H_2O) = 1.942\ 3,\quad \bar{c}_p(N_2) = 1.475\ 8$$

将以上数据代入式（2－44b），得

$$Q_{L1} = 1\ 900 \times (0.803 \times 2.407\ 4 + 0.856 \times 1.942\ 3 + 3.433 \times 1.475\ 8) = 16\ 458\ (kJ)$$

因为 $Q_L > Q_{L1}$，所以 $t > t_1$。再设 $t_2 = 2\ 000$ ℃，查得相应的平均恒压热容分别为

$$\bar{c}_p(CO_2) = 2.422\ 1,\quad \bar{c}_p(H_2O) = 1.962\ 8,\quad \bar{c}_p(N_2) = 1.482\ 5$$

将以上数据代入式（2－44b），得

$$Q_{L2} = 2\ 000 \times (0.803 \times 2.422\ 1 + 0.856 \times 1.962\ 8 + 3.433 \times 1.482\ 5) = 17\ 429\ (kJ)$$

因为 $Q_{L1} < Q_L < Q_{L2}$，所以 $t_1 < t < t_2$，利用式（2－45）求得木材理论燃烧温度为

$$t = 1\ 900 + \frac{2\ 000 - 1\ 900}{17\ 429 - 16\ 458} \times (16\ 933 - 16\ 458) = 1\ 949\ (℃)$$

练　习　题

1. 已知木材的组成（质量分数）为：C—47%，H—5%，O—40%，N—2%，W—5%，A—1%。试求在 151.988 kPa（1.5 atm），25 ℃的条件下，燃烧 5 kg 这种木材实际需要的空气体积。

2. 已知煤气成分（体积分数）为：C_2H_4—4.8%，H_2—37.2%，CH_4—26.7%，C_3H_6—1.3%，CO—4.6%，CO_2—10.7%，N_2—12.7%，O_2—2.0%。假定 $p = 101.325$ kPa，$T = 273$ K，空气处于干燥状态，试求燃烧 1 m^3 煤气：

（1）理论空气量的体积（m^3）；

（2）总燃烧产物的体积（m^3）。

3. 求 5 kg 木材在 25 ℃下燃烧的发热量。木材的组成见题 1。

4. 求苯（C_6H_6）在 25 ℃下的标准燃烧热。

第3章

着火理论

所谓着火，是指在极短时间内预混可燃物（可燃物和氧化剂的混合物）从较低的化学反应速度达到较高化学反应速度的过程。燃烧学上将可燃物的着火方式分为自燃和点燃（强迫点火）两种，而自燃又可分为热自燃着火（或称热自燃）和化学自燃着火（或称化学自燃）。

热自燃：如果将可燃物和氧化剂的混合物预先均匀地加热，随着温度的升高，当混合物加热到某一温度时，便会自动着火（这时着火发生在混合物的整个容积中），这种着火方式习惯上称为热自燃。

化学自燃：例如，火柴受摩擦而着火；炸药受撞击而爆炸；金属钠在空气中的自燃；烟煤因堆积过高而自燃等。这类着火现象通常不需要外界加热，而是在常温下由于自身的化学反应发生的，因此习惯上称为化学自燃。

点燃：指由于从外部能源，如电热线圈、电火花、炽热质点、点火火焰等得到能量，使混合气的局部受到强烈的加热而着火。这时火焰就会在靠近点火源处被引发，然后依靠燃烧波传播到整个可燃混合物中，这种着火方式习惯上称为阴燃。大部分火灾都是阴燃所致。

必须指出，上述着火分类方式，并不能十分恰当地反映出三种着火方式之间的联系和差别。例如，化学自燃和热自燃都是既有化学反应的作用，又有热的作用；而热自燃和点燃的差别只是整体加热和局部加热的不同而已，绝不是“自动”和“受迫”的差别。另外，火灾有时也称爆炸，热自燃也称热爆炸。这是因为此时着火的特点与爆炸类似，其化学反应速度随时间激增，反应过程非常迅速，因此，在燃烧学中，“着火”“自燃”“爆炸”的实质是相同的，只是在不同场合叫法不同而已。

3.1 谢苗诺夫热自燃理论

任何反应体系中的可燃混合气，一方面，会进行缓慢氧化而放出热量，使体系温度升高；另一方面，体系又会通过器壁向外散热，使体系温度下降。热自燃理论认为，着火是反应放热因素与散热因素相互作用的结果。如果反应放热因素占优势，体系就会出现热量积聚，温度升高，反应加速，发生自燃；相反，如果散热因素占优势，体系温度下降，不能自燃。因此，研究有散热情况下燃料自燃的条件就具有很大的实际意义。

3.1.1 热自燃理论

假设有一体积为 V m^3、表面积为 S m^2 的容器，其中充满了均匀的可燃气体混合物，其

浓度为 c mol/m^3，容器的壁温为 T_0 K，容器内的可燃气体混合物正以速度 ω mol/(m^3 · s)进行反应。化学反应所放出的热量，一部分用于加热气体混合物，使反应系统的温度升高，另一部分则通过容器壁传给了环境。

为了使问题简化便于研究，谢苗诺夫采用“零维”模型，假设：

①容器壁的温度 T_0 保持不变。

②反应系统的温度和浓度都是均匀的。

③预混可燃气的反应热 ΔH J/mol 为常数。

对于上述系统，单位时间内因化学反应而释放的热量为

$$\dot{q}_g = \Delta HVk_n c^n \exp\left(-\frac{E}{RT}\right) \tag{3-1}$$

式中，k_n——反应速度常数。

在单位时间内通过容器壁而损失的热量可用下式表示（温度不高时，辐射损失可以忽略不计）

$$\dot{q}_1 = hS(T - T_0) \tag{3-2}$$

式中，h——表面换热系数，W/(m^2 · K)；

S——容器的表面积，m^2；

T——某时刻 τ 时容器内混合物的温度，K；

T_0——容器壁温，K。

1. 不同壁温 T_0 对着火的影响

在反应初期，c 与反应开始前的最初浓度 c_0 很相近，ΔH、V、k_n 均为常数，因此放热速度 $\dot{q}_g$ 和混合气温度 T 之间的关系是指数函数关系，散热速度 $\dot{q}_1$ 为温度的线性函数，其斜率为 hS，如图 3－1 中直线所示，随着器壁的温度 T_0 的升高，直线向右方移动。

当放热速度小于散热速度时，反应物的温度会逐渐降低，显然不可能引起着火。反之，如放热速度大于散热速度，则混合气总有可能着火。可见，反应由不可能着火转变为可能着火必须经过一点，即 $\dot{q}_g = \dot{q}_1$，这就是着火的必要条件。但 $\dot{q}_g = \dot{q}_1$ 还不是着火的充分条件，这从下面的分析可以看出。

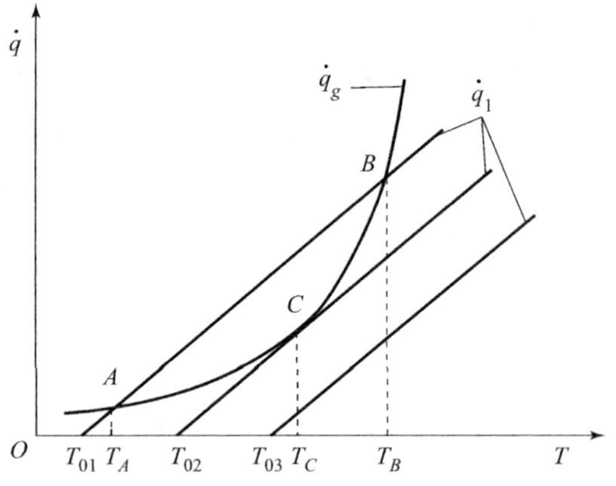

图 3－1　混合气在容器中的放热和散热速度

（1）当 $T_0 = T_{01}$ 时

当容器壁的温度为 T_{01} 时，放热曲线与散热曲线相交于 A 及 B 两点。在这两点上均满足 $\dot{q}_g = \dot{q}_1$ 的条件，但都还不是着火点。A 点表示系统处于稳定的热平衡状态。如果温度稍升高，此时散热速度超过放热速度，系统的温度便会自动降低而回到 A 点的稳定状态；如果温度从 A 点稍降低，此时 $\dot{q}_g > \dot{q}_1$，系统的温度便会上升而重新回到 A 点，系统会在 A 点长期进行等温反应，不可能导致着火。相反，B 点表示系统处于不稳定的热平衡状态。只要温度有微微的降低，系统的放热速度即小于散热速度，结果使系统降温而回到 A 点；如果温度有微微的升高，则 $\dot{q}_g < \dot{q}_1$，系统温度将不断上升，结果导致着火。但是这一点也不是着火温

度，因为如果系统的初温是 T_{01}，它就不可能自动加热而越过 A 点到达 B 点。除非有外来的能源将系统加热，使系统的温度上升达到 B 点，否则，系统总是处于 A 点的稳定状态。所以，B 点不是混合气的自动着火温度，而是混合气的强制着火温度。在混合气绝热压缩中，例如，在柴油机中就可以遇到这种情况，这时气缸壁的温度并不高，但混合气被强烈压缩而加热到强制着火温度。

由上述可知，一定的混合气反应系统在一定的压力（或浓度）下，只能在某一定的容器壁温度（或外界温度）下由缓慢的反应转变为迅速的自动加热而导致着火。

（2）当 $T = T_{02}$ 时

当容器壁的温度为 T_{02} 时，曲线 $\dot{q}_g$ 与 $\dot{q}_1$ 或相切于 C 点，即在 C 点反应放热量与系统散热量之间达到了平衡。但是，该点仍然是一种不稳定工况，在 $T < T_C$ 时，由于 $\dot{q}_g > \dot{q}_1$，预混可燃气将自动升温至 T_C，当系统温度达到 T_C 后，只要有微小的扰动使系统温度略有升高，则依然存在 $\dot{q}_g > \dot{q}_1$，使预混可燃气升温，最终导致着火。因此，C 点就是预混可燃气从缓慢氧化状态发展到自燃着火状态的过渡点，是热自燃着火发生的临界点，C 点所对应的温度 T_C 称为着火温度，相应的 T_{02} 即为可能引起可燃混合物燃爆的最低温度，称为自燃温度。从初始温度升高到着火温度 T_C 所需的时间称为燃爆感应期。

由此看来，着火温度的定义不仅包括此时放热系统的放热速度和散热速度相等，还包括了两者随温度而变化的速度应相等这一条件，即

$$(\dot{q}_g)_C = (\dot{q}_1)_C \tag{3-3}$$

$$\left(\frac{\mathrm{d}\dot{q}_g}{\mathrm{d}T}\right)_C = \left(\frac{\mathrm{d}\dot{q}_1}{\mathrm{d}T}\right)_C \tag{3-4}$$

（3）当 $T = T_{03}$ 时

由于系统的初始温度较高，化学反应速度较大，因此，反应放热量始终大于系统散热量，所以系统内热量不断积累，温度持续升高，化学反应速度急剧增大，最后总会达到自燃着火。

由此可以看出，混合气的着火温度不是一个常数，它随混合气的性质、压力（浓度）、容器壁的温度和导热系数以及容器的尺寸变化。换句话说，着火温度不仅取决于混合气的反应速度，而且取决于周围介质的散热速度。下面讨论两个有关的问题。

2. 不同散热强度对着火的影响

如图3－2所示，当换热系数为 h_1 时，反应系统将稳定在下交点处，即可燃混合物处于低温的氧化区。当换热系数增加到 h_3 时，可燃混合物燃烧释放的热量永远大于向环境散发的热量，使可燃混合物的温度不断升高而导致高温燃烧区域发生爆燃现象。当换热系数为 h_2 时，散热线与放热曲线相切，相应于切点处的状态条件，即为临界着火条件。

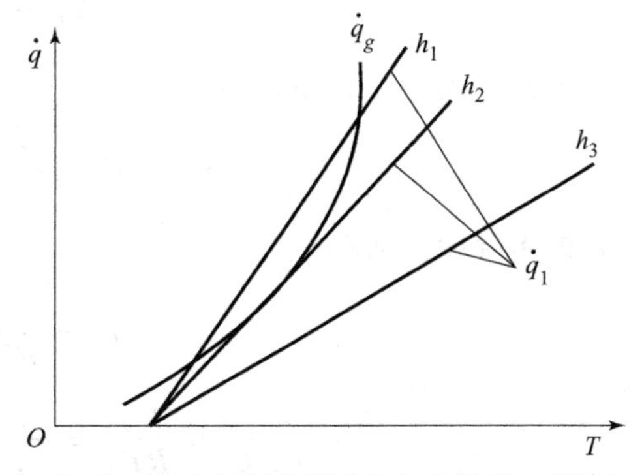

图3－2　着火时谢苗诺夫热平衡的第二种表示

3. 不同压力对着火的影响

如果不改变可燃混合物向外界环境的散热

条件，而改变容器内可燃混合物的压力，则反应速度将随着压力的增加而增加，反应的放热强度也随压力的增加而增加。如图 3－3 所示，可燃混合物在不同压力的情况下，也存在着放热曲线 $\dot{q}_g$ 与散热曲线 $\dot{q}_1$ 相切的情况，即存在临界着火条件的可燃混合物压力。当压力低于临界压力时，可燃混合物将停留在低温的氧化区；当压力高于临界压力时，可燃混合物将被引向高温的燃烧区域，即发生燃烧现象。

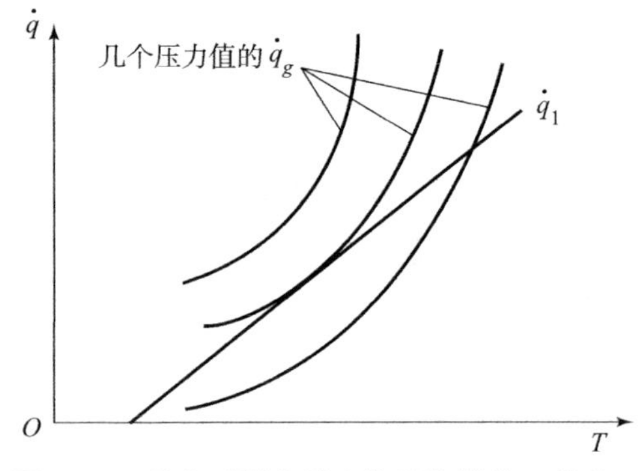

图 3－3　着火时谢苗诺夫热平衡的第三种表示

临界着火条件实际上是一种极限情况。当可燃混合物的放热总比散热大时，由于热量的不断积累，使可燃混合物的温度不断升高，反应速度自动增加，最后导致爆燃，所以，临界着火条件也是可燃混合物的反应从缓慢的反应自动转变到剧烈反应的临界条件。

由上述分析可知，可燃混合物的着火温度不仅由可燃物的性质决定，而且与周围介质的环境温度、换热条件、容器的形状和尺寸等因素有关。

3.1.2　临界着火条件定量关系

如图 3－1 所示，临界点 C 是混合物从稳态反应过渡到爆炸反应的标志。假定化学反应速度服从阿伦尼乌斯定律，则式（3－3）和式（3－4）变成如下的方程式

$$\Delta HVk_0c_{\mathrm{f}}^a c_{\mathrm{ox}}^b \exp\left(-\frac{E}{RT_C}\right) = hS(T_C - T_0) \tag{3-5}$$

$$\Delta HVk_0c_{\mathrm{f}}^a c_{\mathrm{ox}}^b \exp\left(-\frac{E}{RT_C}\right)\left(\frac{E}{RT_C^2}\right) = hS \tag{3-6}$$

式中，c_{f}——可燃物的物质的量浓度，mol/m^3；

c_{ox}——氧化剂的物质的量浓度，mol/m^3。

两式相除，得

$$T_C - T_0 = \frac{RT_C^2}{E} \tag{3-7}$$

将上式代入式（3－5），得

$$\Delta HVk_0c_{\mathrm{f}}^a c_{\mathrm{ox}}^b \exp\left(-\frac{E}{RT_C}\right) = \frac{hSRT_C^2}{E} \tag{3-8}$$

对理想气体，则有

$$c_{\mathrm{f}} = \frac{p_{\mathrm{f}}}{RT_C} = \frac{x_{\mathrm{f}} \cdot p_C}{RT_C} \tag{3-9}$$

$$c_{\mathrm{ox}} = \frac{p_{\mathrm{ox}}}{RT_C} = \frac{x_{\mathrm{ox}} \cdot p_C}{RT_C} = \frac{(1 - x_{\mathrm{f}}) \cdot p_C}{RT_C} \tag{3-10}$$

式中，p_C、p_{f}、p_{ox}——总压、可燃物及氧化剂的分压；

x_{f}、x_{ox}——燃料和氧化剂的摩尔分数。

将式（3 -9）、式（3 -10）代入式（3 -8），整理得

$$\frac{\Delta HVk_0x_C^n}{R^{n+1}T_C^{n+2}}x_f^a(1-x_f)^{n-a}\exp\left(-\frac{E}{RT_C}\right)=\frac{hS}{E} \tag{3-11}$$

或

$$\frac{p_C^n}{T_C^{n+2}}=\frac{hSR^{n+1}\exp\left(\dfrac{E}{RT_C}\right)}{\Delta HVk_0x_f^a(1-x_f)^{n-a}E} \tag{3-12}$$

式中，n——反应级数，$n=a+b$。

式（3 -12）两边取对数，得

$$\ln\left(\frac{p_C}{T_C^{\frac{n+2}{n}}}\right)=\frac{1}{n}\ln\frac{hSR^{n+1}}{\Delta HVk_0x_f^a(1-x_f)^{n-a}E}+\frac{E}{nRT_C} \tag{3-13}$$

该方程称为谢苗诺夫方程。以 $\ln\left(\frac{p_C}{T_C^{\frac{n+2}{n}}}\right)$ 为纵坐标，以 $\frac{1}{T_C}$ 为横坐标，可得到一条斜率为 $\frac{E}{nR}$ 的直线，如图 3 -4 所示。

从上面的讨论可知，谢苗诺夫理论为测量反应活化能提供了一个巧妙的方法。

如果 h、S、ΔH、V、k_0 和 x_f 为已知，也可在平面图上得到方程（3 -13）中 p_C 与 T_C 的关系直线，以分割能够着火的状态和不能着火的状态，如图 3 -5 所示。

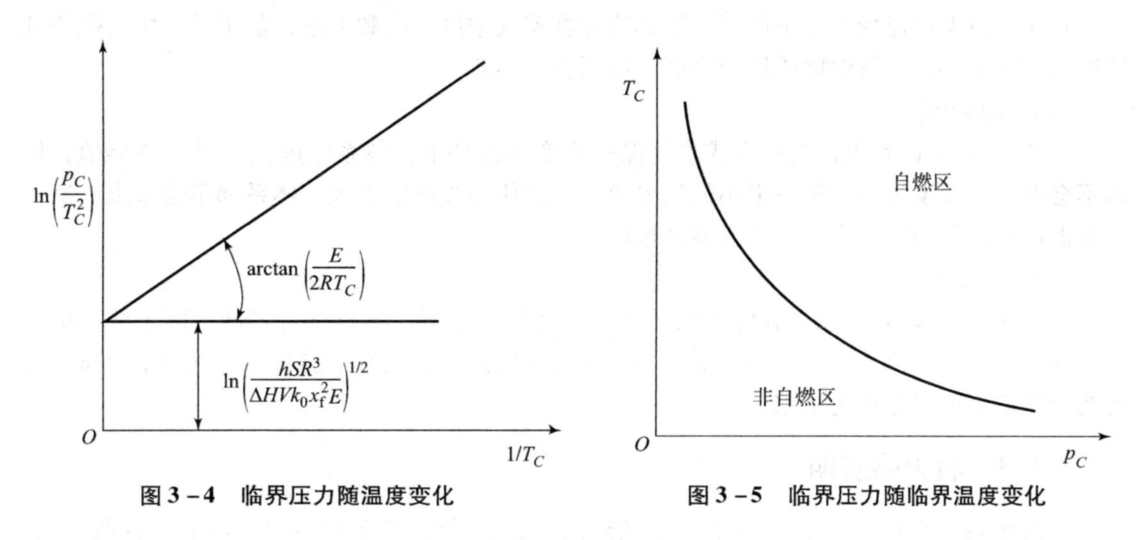

图 3 -4　临界压力随温度变化　　图 3 -5　临界压力随临界温度变化

图 3 -5 表明，临界温度 T_C 是临界压力的强函数。在低压时，自燃着火温度很高；反之，在高压时，自燃着火温度较低。

同理，若保持总压力不变，由方程（3 -11）可得出自燃着火温度 T_C 和可燃气体浓度 x_f 的函数关系。以 T_C 为纵坐标，x_f 为横坐标，可得到一条曲线。T_C 和 x_f 的实际曲线关系如图 3 -6 所示。

如果保持着火温度 T_C 不变，由方程式（3 -11）同样可得自燃着火压力 p_C 与可燃气体浓度 x_f 的实际曲线关系，如图 3 -7 所示。

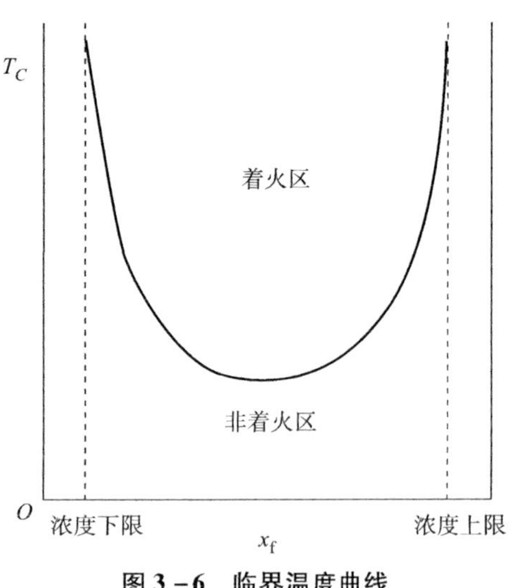

图 3－6　临界温度曲线

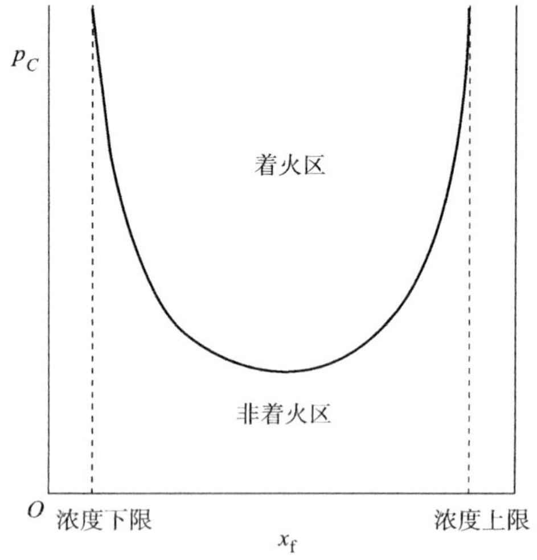

图 3－7　临界压力曲线

从图 3－6 和图 3－7 可以看出，自燃着火存在一定的极限，超过极限，就不能着火。这些极限包括浓度极限、温度极限、压力极限。

（1）浓度极限

在压力或温度保持不变条件下，可燃物存在着火浓度下限和上限，如果体系中可燃物的浓度太大或太小，不管温度或压力多高，体系都不会着火。

（2）温度极限

由图 3－6 可以看出，在压力或浓度保持不变的条件下，体系温度低于某一临界值，体系不会着火；温度再低于某一更小的临界值，不论压力或浓度多大，体系都不会着火。这一临界温度值就称为该压力下的自燃温度极限。

（3）压力极限

由图 3－7 可以看出，在温度或浓度保持不变的条件下，体系压力降低，两个浓度极限相互靠近，使着火范围变窄；再降低压力，任何浓度的混合气均不能自燃。这一临界压力就称为该温度下的自燃压力极限。

3.1.3　着火感应期

在满足热自燃着火条件的情况下，预混可燃气从开始反应到发生着火所需的这段时间，称为热自燃着火的感应期或孕育时间 τ，其物理意义为系统内预混可燃气从初始温度 T_0 升高到着火温度 T_C 所需要的时间。

为了近似计算热自燃着火的感应期，可以假设在感应期内系统积累的热量全部用于提高预混可燃气的温度，因此有

$$\dot{q}_g - \dot{q}_1 = \rho c_V V \frac{\mathrm{d}T}{\mathrm{d}t} \tag{3-14}$$

式中，ρ——预混可燃气的密度；

c_V——预混可燃气的定容比热容。

图 3－8 所示是根据上式绘制的热自燃着火发生前后温度随时间的变化曲线，分析该曲

线可以发现，在达到着火温度 T_{0C}前，由于反应放热速度与系统散热速度之间的差值越来越小，所以温升曲线是减速的，即 $d^2T/dt^2<0$；而在发生热自燃着火之后，反应加速，反应放热速度与散热速度之间的差值越来越大，系统温度骤增，温升曲线是加速的，即 $d^2T/dt^2>0$。因此，从反应开始到拐点的那一段时间就是感应期 τ。

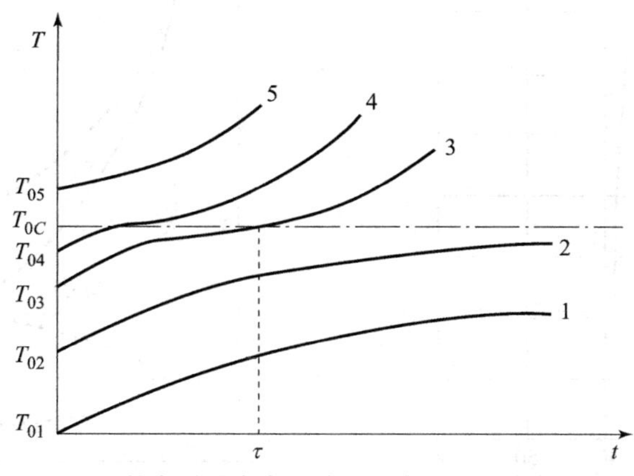

图3-8 热自燃着火发生前后温度随时间的变化曲线

对于曲线1、2来说，由于初始温度 T_{01}、T_{02}过低，反应放热速度始终小于系统散热速度，因此，不可能发生热自燃着火，预混可燃气将始终处于缓慢氧化状态，感应期 τ 无限长。

随着初始温度的提高，化学反应速度增大，反应放热速度开始大于系统散热速度，热量在系统中积累，使预混可燃气温度一直提高到着火温度 T_C，发生热自燃着火，如曲线3、4。从 T_{03}升高到 T_{0C}所需要的时间，就是感应期 τ，初始温度越高，感应期 τ 越短。

值得注意的情况是曲线5，此时初始温度比着火温度还要高，但是系统温度不会立即骤然升高，仍然要经历一段缓慢温升阶段才会发生着火，也就是说，存在一个着火延滞时间，只不过图3-8无法表示出来。

影响热自燃着火的所有因素对感应期都有不同程度的影响，例如，系统压力降低或者反应物浓度降低都将使感应期 τ 延长。

3.2 链式反应理论

谢苗诺夫的热力着火理论在前面已做了简要的分析讨论。它表明自燃的发生主要是感应期内分子热运动的结果。热运动使热量不断积累，活化分子不断增加，以致造成反应的自行加速。这一理论可以阐明可燃混合气自燃过程中不少现象。很多碳氢化合物燃料在空气中自燃的实验结果（如着火界限）也符合这一理论。但是，也有不少现象与实验结果是热力着火理论无法解释的，例如，氢气与空气可燃混合气的着火浓度界限的实验结果（图3-9）正好与热力着火理论对双分子反应的分析结果相反；在低压下，一些可燃混合气，如 H_2+O_2 和 $CO+O_2$ 等，其着火的临界压力与温度的关系曲线（图3-10的虚线）也不像热力着火理论所提出的那样单调地下降（图3-10的实线），而是呈S形，有两个或两个以上的着火界限，出现了“着火半岛”现象。这些情况都说明着火并非在所有情况下都是由于放热的积累而引起的。

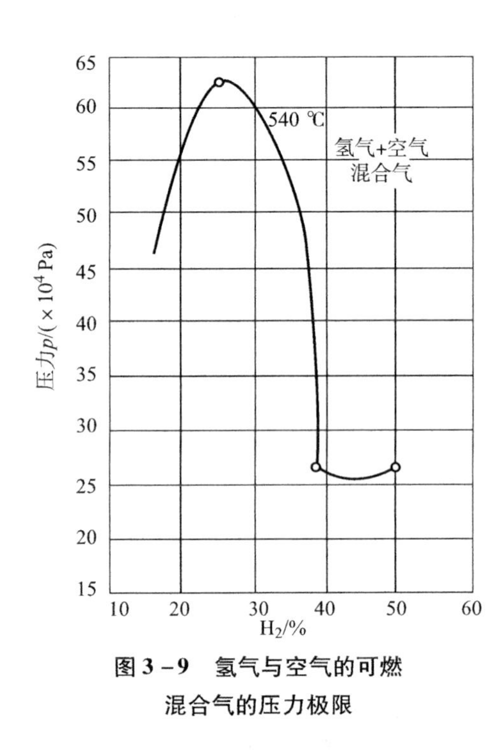

图 3－9　氢气与空气的可燃混合气的压力极限

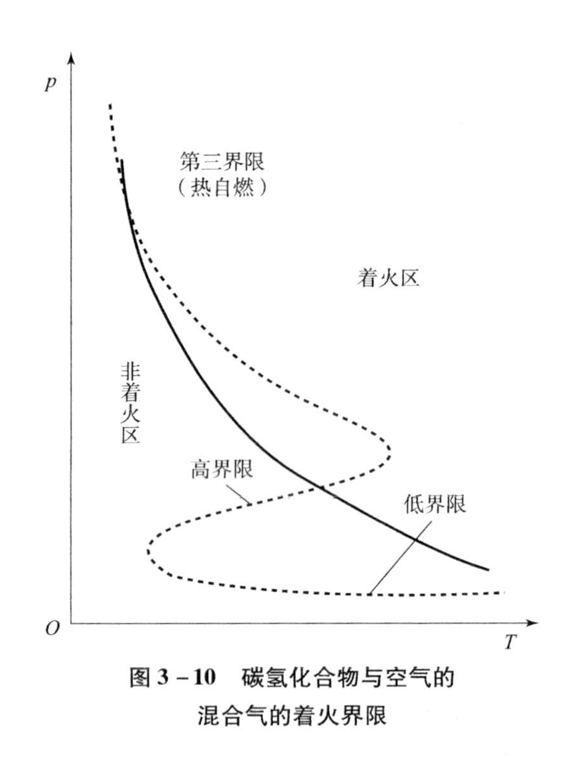

图 3－10　碳氢化合物与空气的混合气的着火界限

链式自燃理论认为，使反应自动加速并不一定仅仅依靠热量积累，也可以通过链式反应的分支，迅速增加活化中心来使反应不断加速直至着火爆炸。链式反应过程能以很快的速度进行，其原因是每一个基元反应或链式反应中的每一步都会产生一个或一个以上的活化中心，这些活化中心再与反应系统中的反应物进行反应。这些基元反应的反应活化能很小，一般在 40 kJ/mol 以下，比通常的分子与分子间化合的活化能（如 160 kJ/mol）要小得多。离子、自由根、原子间相互化合时，其活化能就更小，几乎接近零。

3.2.1　链式自燃着火条件

对于简单反应，随着反应的进行，反应物浓度降低，反应速度逐渐减小。但在某些复杂的反应中，反应速度却随生成物浓度的增加而自动增加。链式反应就属于后一类型，其反应速度受到中间某些不稳定产物浓度的影响，在某种外加能量使反应产生活化中心后，链的传播就不断进行下去，活化中心的数目因分支而不断增多，反应速度急剧加快，导致着火爆炸。但是，在链式反应过程中，不但有导致活化中心形成的反应，也有使活化中心消灭和链中断的反应，因此，链式反应的速度能否增长导致着火爆炸，还取决于这两者之间的关系，即活化中心浓度增加的速度。

在链式反应中，导致活化中心浓度增加有两个因素：一是热运动；二是链式分支。另外，在反应的任何时刻都存在活化中心销毁的可能，它的速度也与活化中心本身浓度成正比。

1. 链式反应中的化学反应速度

链式反应理论认为，反应自动加速并不一定要依靠热量的积累，也可以通过链式反应逐渐积累自由基的方法使反应自动加速，直至着火。系统中自由基数目能否发生积累是链式反应过程中自由基增长因素与自由基销毁因素相互作用的结果。只要自由基增长因素占优势，系统就会发生自由基积累。

链引发过程中，由于引发因素的作用，反应分子会分解成自由基。自由基的生成速度用 ω_1 表示，由于引发过程是个困难过程，故 ω_1 一般比较小。

链传递过程中，对于支链反应，自由基数目将增加，例如，氢氧反应中 H· 在链传递过程中一个生成三个，显然 H· 的浓度 c 越大，自由基数目增长越快。设在链传递过程中自由基增长速度为 ω_2，$\omega_2 = fc$，f 为分支链生成自由基的反应速度常数。由于分支过程是由稳定分子分解成自由基的过程，需要吸收能量，因此温度对 f 的影响很大。温度升高，f 值增大，即活化分子的百分数增大，ω_2 也就随之增大。链传递过程中，因分支链引起的自由基增长速度 ω_2 在自由基数目增长中起主导作用。

链终止过程中，自由基与器壁相碰撞或者自由基之间相复合而失去能量，变成稳定分子，自由基本身随之销毁。设自由基销毁速度为 ω_3。自由基浓度 c 越大，碰撞机会越多，销毁速度 ω_3 越大，即 ω_3 正比于 c，写成等式为 $\omega_3 = gc$，g 为链终止反应速度常数。由于链终止反应是复合反应，不需要吸收能量（实际上是放出较小的能量）。在着火条件下，g 相对于 f 值较小，因此可认为温度对 g 的影响较小，将 g 近似看作与温度无关。

整个链式反应中，自由基数目随时间变化的关系为

$$\frac{\mathrm{d}c}{\mathrm{d}t} = \omega_1 + \omega_2 - \omega_3 = \omega_1 + (f - g)c \tag{3-15}$$

令 $\varphi = f - g$，则上式可以写为

$$\frac{\mathrm{d}c}{\mathrm{d}t} = \omega_1 + \varphi c \tag{3-16}$$

设 $t = 0$ 时，$c = 0$，对上式积分，可得

$$c = \frac{\omega_1}{\varphi}(\mathrm{e}^{\varphi t} - 1) \tag{3-17}$$

如果以 a 表示在链传递过程中一个自由基参加反应生成最终产物的分子数（如氢氧反应的链传递过程中，消耗一个 H·，生成 2 个 H_2O 分子，$a = 2$），那么反应速度即最终产物的生成速度为

$$\omega_{产} = a\omega_2 = afc = \frac{af\omega_1}{\varphi}(\mathrm{e}^{\varphi t} - 1) \tag{3-18}$$

2. 链式反应着火条件

在链引发过程中，自由基生成速度很小，可以忽略。引起自由基数目变化的主要因素是链传递过程中链分支引起的自由基增长速度 ω_2 和链终止过程中的自由基销毁速度 ω_3，ω_2 与温度关系密切，而 ω_3 与温度关系不大。不难理解，随着温度的升高，ω_2 越来越大，自由基更容易积累，系统更容易着火。下面分析不同温度下 ω_2 和 ω_3 的相对关系，从而得出着火条件。

①系统温度较低时，ω_2 较小，ω_3 相对 ω_2 而言较大，因此，$\varphi = f - g < 0$。根据式（3－18），反应速度为

$$\omega_{产} = \frac{af\omega_1}{-|\varphi|}(\mathrm{e}^{-|\varphi|t} - 1) = \frac{af\omega_1}{-|\varphi|}\left(\frac{1}{\mathrm{e}^{|\varphi|t}} - 1\right) \tag{3-19}$$

因为

$$t \to \infty, \frac{1}{\mathrm{e}^{|\varphi|t}} \to 0$$

所以

$$\omega_{产} \to \frac{af\omega_1}{|\varphi|} = 常数 = \omega_0 \tag{3-20}$$

这说明，当 $\varphi<0$ 时，自由基数目不能积累，反应速度不会自动增加，而只能趋向某一定值，因此系统不会着火。

②随着系统温度升高，ω_2 加快，ω_3 可视为不随温度变化，这就可能出现 $\omega_2=\omega_3$ 的情况。根据式（3－16），反应速度将随时间呈线性增加。

因为

$$\frac{\mathrm{d}c}{\mathrm{d}t}=\omega_1,\ c=\omega_1 t$$

所以

$$\omega_{产}=a\omega_2=afc=af\omega_1 t \tag{3-21}$$

由于反应速度是线性增加，而不是加速增加，所以系统不会着火。

③系统温度进一步升高，ω_2 进一步增大，则有 $\omega_2>\omega_3$，即 $\varphi=f-g>0$。根据式（3－20），反应速度 $\omega_{产}$ 随时间呈指数形式加速增长，因此系统会发生着火。

若将上述三种情况画在 $\omega_{产}-t$ 图上，则很容易找到着火条件。如图3－11所示，只有当 $\varphi>0$ 时，即分支链形成的自由基增长速度 ω_2 大于链终止过程中自由基销毁速度 ω_3 时，系统才可能着火。

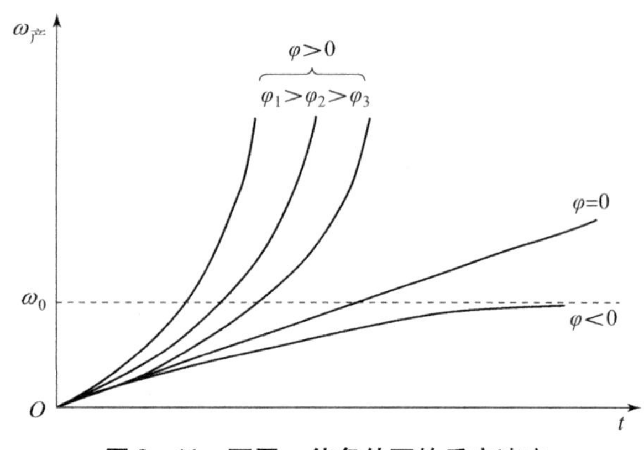

图3－11　不同 φ 值条件下的反应速度

$\varphi=0$ 是临界条件，此时对应的温度为自燃温度。在此自燃温度以上，只要有链引发发生，系统就会自发着火。

3.2.2　链式反应理论中着火感应期

链式反应中的着火感应期有以下三种情况。

①当 $\varphi<0$ 时，系统的化学反应速度趋向于一个常数，系统化学反应速度不会自动增加，系统不会着火，着火感应期 $\tau=\infty$。

②当 $\varphi>0$ 时，着火感应期 τ 的大小可由下列关系式得到

$$\omega_{产}=\frac{af\omega_1}{\varphi}(\mathrm{e}^{\varphi t}-1)$$

当 φ 较大时，$\varphi\approx f$，并相应地可略去上式中的1。若将上式取对数，得

$$\tau=\frac{1}{\varphi}\ln\frac{\omega_{产}}{a\omega_1}$$

实际上，$\ln\frac{\omega_{产}}{a\omega_1}$随外界影响变化很小，可以认为是常数，所以有

$$\tau=\frac{常数}{\varphi} 或 \tau\varphi=常数 \tag{3-22}$$

③当 $\varphi=0$ 时，是一种极限情况，其着火感应期是指 $\omega_{产}=\omega_0$ 时的时间。

3.2.3 着火半岛现象

前文已述，对于如氢气－氧气混合气之类的可燃混合气，在低压情况下，可出现两个甚至三个爆炸界限（着火界限），形成著名的“着火半岛现象”（图3－12）。从图中可以看出，氢氧反应存在着三个着火界限，现用链式反应着火理论进行简单解释。

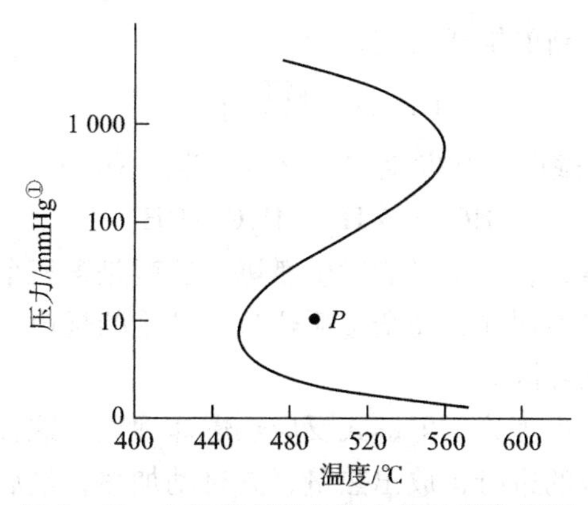

图3－12 氢氧化学计量混合物的爆炸极限

1. 着火低界限

设低界限和高界限之间有一点 P，当保持系统温度不变而降低系统的压力时，P 点向下垂直移动。此时压力很低，气体很稀薄，自由基扩散较快，氢自由基很容易与器壁碰撞，自由基销毁主要发生在器壁上。压力越低，自由基销毁速度越大，当压力下降到某一数值后，自由基销毁速度有可能大于链传递过程中由于链分支而产生的自由基增长速度，于是系统由爆炸转为不爆炸，爆炸区与非爆炸区之间就出现了链自燃的低界限。如果在混气中加入惰性气体，则能阻止氢自由基向容器壁扩散，导致下限下移，换句话说，就使其更容易着火。从图中还可看出，若提高混合气的温度，可使其临界着火压力更低，也即两者互成反比。谢苗诺夫把这一关系归纳为

$$p_i=Ae^{\frac{B}{T_i}} \tag{3-23}$$

式中，A、B——常数，它们的值与活化中心、反应的物质、不可燃添加剂的性质及器壁形状、尺寸有关；

p_i——着火压力；

① 1 mmHg = 133.332 4 Pa。

T_i——着火温度。

实际上，式（3－23）就是着火低界限的表达式。

2. 着火高界限

如果保持系统温度不变而升高系统压力，P 点则向上垂直移动。这时因氢气－氧气混合气体压力较高，自由基在扩散过程中，与气体内部大量稳定分子碰撞而消耗掉自己的能量，自由基结合成稳定分子，因此，自由基主要销毁在气相中。混合气压力增加，自由基气相销毁速度增加，当混合气压力增加到某一值时，自由基销毁速度可能大于链传递过程中因链分支而产生的自由基增长速度，于是系统由爆炸转为不爆炸，爆炸区与非爆炸区之间就出现了链自燃的着火高界限。谢苗诺夫把该界限表达为

$$p_i = A'e^{\frac{-B'}{T_i}} \tag{3-24}$$

式中，A'、B'——常数。

3. 第三爆炸界限

压力再增高，又会发生新的链式反应，即

$$H\cdot + O_2 \xrightarrow{\text{高压}} HO_2\cdot$$

$HO_2\cdot$ 会在未扩散到器壁前，又发生如下反应而生成 $OH\cdot$

$$HO_2\cdot + H_2 \rightarrow H_2O + OH\cdot$$

导致自由基增长速度增大，于是又能发生燃爆，这就是第三个燃爆界限，此时该界限的放热大于散热，属于一种热力爆炸，完全遵循热自燃理论的规律。因此，着火半岛现象中的第三界限本质上就是热自燃界限。

目前还提出了第三种着火理论，即链式反应热爆炸理论。这种理论认为，反应的初期可能是链式反应，但随着反应的进行，放出热量，并自动加热，最后变为纯粹的热爆炸。

3.3 强迫着火

强迫着火也称点燃，一般指用炽热的高温物体引燃火焰，使混合气的一小部分着火形成局部的火焰核心，然后这个火焰核心把邻近的混合气点燃，这样逐层依次地引起火焰传播，从而使整个混合气燃烧起来。强迫着火要求点火源发出的火焰能传至整个容积，因此着火的条件不仅与点火源有关，还与火焰的传播有关。强迫着火与自发着火的区别在于以下几个方面。

第一，强迫着火仅仅在混合气局部（点火源附近）进行，而自发着火则在整个混合气空间进行。

第二，自发着火是全部混合气都处于环境温度包围下，由于反应自动加速，使全部可燃混合气体的温度逐步提高到自燃温度而引起的。强迫着火时，混合气处于较低的温度状态，为了保证火焰能在较冷的混合气体中传播，点火温度一般要比自燃温度高得多。

第三，可燃混合气能否被点燃，不仅取决于炽热物体附面层内局部混合气能否着火，还取决于火焰能否在混合气中自行传播。因此，强迫着火过程要比自发着火过程复杂得多。

强迫着火过程和自发着火过程一样，两者都具有依靠热反应和（或）链式反应推动的自身加热与自动催化的共同特征，都需要外部能量的初始激发，也有点火温度、点火延迟和

点火可燃界限问题。但它们的影响因素却不同，强迫着火比自发着火影响因素复杂，除了可燃混气的化学性质、浓度、温度和压力外，还与点火方法、点火能和混合气体的流动性质有关。

3.4 其他着火理论

近代用链式反应理论来解释燃烧的实质，而在此理论之前，曾有燃烧的分子碰撞理论、活化能理论和过氧化物理论等。

3.4.1 分子碰撞理论

燃烧的分子碰撞理论认为，燃烧的氧化反应是由可燃物和助燃物两种气体分子的相互碰撞引起的。众所周知，气体的分子都是处于急速运动的状态中，并且不断地彼此相互碰撞，当两个分子发生碰撞时，则有可能发生化学反应。但是，用这种理论解释燃烧的氧化反应时，其可能性非常微小。例如，氢气和氯气的混合物在常温下避光储存于容器中，它们的分子彼此碰撞达 10 亿次之多，但察觉不到任何反应；可是，若把这种混合物置于日光照射下，虽然不改变其温度和压力，但两者却可以极快的速度进行反应，生成氯化氢并呈现出光和热的燃烧现象，甚至能引发爆炸。由此可见，气态下物质的反应速度并不能仅以分子碰撞次数的多少来加以解释。这是因为在相互碰撞的分子间会产生一般的排斥力，只有在它们的动能极高时，才能在分子的组成部分产生显著的振动，引起键能减弱，有可能使分子的各部位重排，也即有可能影响化学反应。这种动能，就其大小而言，接近键的破坏能，因而至少是 2.1 ~ 41.8 kJ/mol。这就意味着一切反应必须在极高的温度下才能发生，因为 41.8 kJ/mol 的活化能相当于 1 200 ~ 1 400 ℃的反应温度。如果这种观点正确，那么燃烧与氧化反应应该是非常困难的，因为 O ═O 双键的破坏能是 49 kJ/mol，而 C—H 键的破坏能为 33.5 ~ 41.8 kJ/mol。但是，实验证明，最简单的碳氢化合物的燃烧、氧化反应在 300 ℃左右就可以进行。以上推证否定了这种见解，即可燃物质的燃烧是其分子与氧分子直接作用而生成最终氧化产物的过程。

3.4.2 活化能理论

为了使可燃物和助燃物两种气体分子间产生氧化反应，仅仅依靠两种分子发生碰撞还不够，正如前面所说，在互相碰撞的分子间会产生一般的排斥力。在通常的条件下，这些分子没有足够的能量来发生氧化反应，只有当一定数量的分子获得足够的能量以后，才能在碰撞时引起分子的组成部分产生显著的振动，使分子中的原子或原子群之间的结合减弱，分子各部分的重排才有可能，也即有可能引起化学反应。这些具有足够能量，在碰撞时会发生化学反应的分子，称为活性分子。活性分子所具有的能量要比普通分子的平均能量高出一定值。使普通分子变为活性分子所必需的能量，称为活化能。

图 3 - 13 中的纵坐标表示所研究系统的分子能量，横坐标表示反应过程，A 点表示系统开始时的能量状态。当系统接受转入活性状态 B 所必需的能量 E_1 后，将会发生反应，并且系统将在减弱能量 E_2 的情况下进入结束状态 C。能量差（$E_1 - E_2 = -Q$）为此反应的热效应。

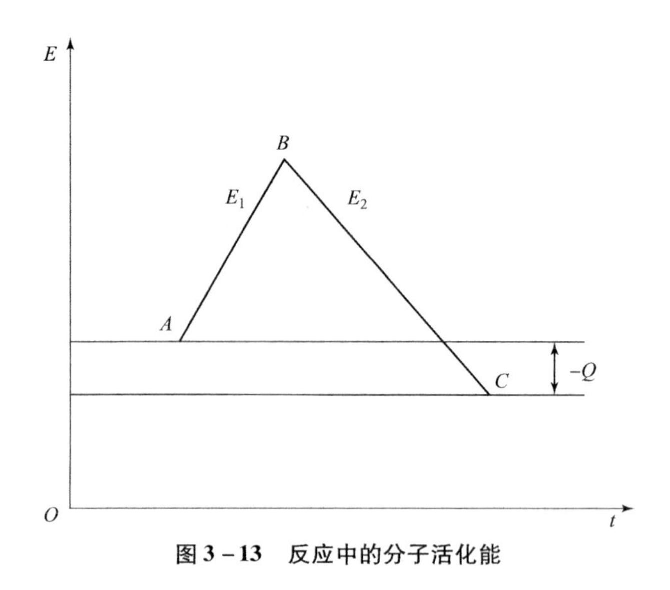

图 3-13　反应中的分子活化能

活化能理论指出了可燃物和助燃物两种气体分子发生氧化反应的可能性及其条件。

3.4.3　过氧化物理论

过氧化物理论认为，分子在各种能量（热能、辐射能、电能、化学反应能等）的作用下可以被活化。比如，在燃烧反应中，首先是氧分子（O ═O）在热能作用下活化，被活化的氧分子的双键之一断开，形成过氧基—O—O—，这种基能结合于被氧化物质的分子上而形成过氧化物。

$$A + O_2 = AO_2$$

在过氧化物的成分中，有过氧基—O—O—，这种基中的氧原子比游离氧分子中的氧原子更不稳定。因此，过氧化物是强烈的氧化剂，不仅能氧化形成过氧化物的物质 A，而且能氧化用分子氧很难氧化的物质 B。

$$AO_2 + A = 2AO$$

$$AO_2 + B = AO + BO$$

例如，氢气与氧气的燃烧反应，通常直接表达为

$$2H_2 + O_2 = 2H_2O$$

根据过氧化物理论，先是氢气和氧气生成过氧化氢，而后才是过氧化氢与氢气反应生成 H_2O。其反应式如下

$$H_2 + O_2 = 2H_2O_2$$

$$H_2O_2 + H_2 = 2H_2O$$

有机过氧化物通常可看作过氧化氢 H—O—O—H 的衍生物，其中，有一个或两个氢原子被烃基所取代而成为 H—O—O—R 或 R—O—O—R。所以，过氧化物是可燃物质被氧化时的最初产物，它们是不稳定的化合物，能够在受热、撞击、摩擦等情况下分解而产生自由基和原子，从而又促进了新的可燃物质的氧化。

过氧化物理论在一定程度上解释了为何物质在气态下有被氧化的可能性。它假定氧分子只进行单键的破坏，这比双键的破坏要容易一些。因为破坏 1 mol 氧的单键只需要 29.3 ~

33 kJ 的能量。但是若考虑到 C—H 键也必须破坏，氧分子必须与碳氢化合物反应而形成过氧化物，则氧化过程还是很困难的。因此，巴赫又提出了另一种说法，即易氧化的可燃物质具有足以破坏氧中单键所需的“自由能”，所以不是可燃物质本身而是它的自由基被氧化，这种观点就是近代关于氧化作用的链式反应理论的基础。

练　习　题

1. 可燃物有哪几种着火方式？它们有什么相同点和不同点？

2. 用谢苗诺夫热自燃理论解释着火条件及机理。

3. 利用放热曲线和散热曲线的位置关系，分析说明谢苗诺夫热自燃理论中着火的临界条件。

4. 什么是热自燃着火感应期？当初始温度远远高于着火温度时，是否还存在感应期？为什么？

5. 强迫着火与自发着火的区别是什么？

第 4 章

气体燃烧与爆炸

在石油化工企业的生产中，会产生各种各样的可燃气体，可燃气体也经常作为这些企业生产过程中的原料。而在人们的日常生活中，可燃气体随处可见。可燃气体燃烧会引起爆炸，在特定条件下还会引起爆轰，对建筑设施、工业设备等会造成严重破坏，同时，还会危及人身安全。因此，研究气体的燃烧及爆炸规律，对于预防此类事故及事故发生后的救灾都具有重要意义。

4.1　层流预混火焰传播机理

如果在静止的可燃混合气中的某处发生了化学反应，则随着时间的推移，此反应将在混合气中传播，根据反应机理的不同，可出现缓燃和爆震两种形式。火焰正常传播是依靠导热和分子扩散使未燃混合气温度升高，并进入反应区而引起化学反应，从而使燃烧波不断向未燃混合气中推进。这种传播形式的速度一般不大于 1～3 m/s。传播是稳定的，在一定的物理、化学条件下（例如温度、压力、浓度、混合比等），其传播速度是一个不变的常数。而爆震波的传播不是通过传热、传质发生的，它是依靠激波的压缩作用使未燃混合气的温度不断升高而引起化学反应，使燃烧波不断向未燃混合气推进。这种形式的传播速度很高，常大于 1 000 m/s。这与正常火焰传播速度形成了明显的对照，其传播过程也是稳定的。下面用化学流体力学的观点来进一步阐明这个问题。

为了研究其基本特点，考察一种最简单的情况，即一维定常流动的平面波，即假定混合气的流动（或燃烧波的传播速度）是一维的稳定流动；忽略黏性力及体积力；假设混合气为完全气体，其燃烧前后的定压比热容 c_p 为常数，其相对分子质量也保持不变。反应区相对于管子的特征尺寸（如管径）是很小的，与管壁无摩擦、无热交换。在分析过程中，不是分析燃烧波在静止可燃混合气中的传播，而是把燃烧波驻定下来，混合气不断向燃烧波流来，则燃烧波相对于无穷远处可燃混合气的流速 u_∞ 就是燃烧波的传播速度，其物理模型如图 4－1 所示。

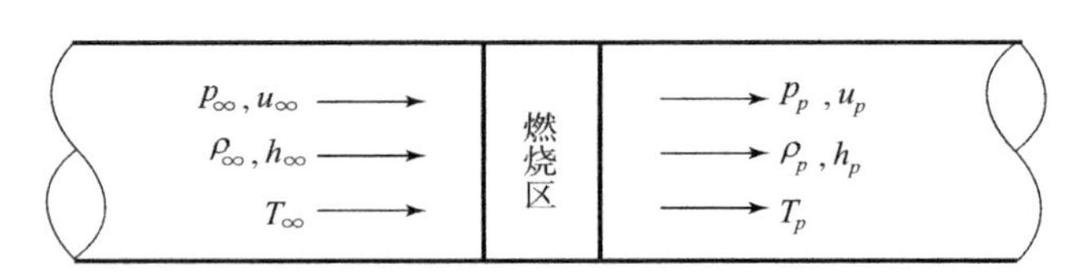

图 4－1　燃烧过程物理模型

根据以上假设，可得如下守恒方程：

①连续方程。

$$\rho_p u_p = \rho_\infty u_\infty = m = 常量 \tag{4-1}$$

式中，下标“∞”表示燃烧波上游无穷远处的可燃混合气的参数；下标“p”表示燃烧波下游无穷远处的燃烧产物的参数。

②动量方程。由于忽略了黏性力与体积力，则动量方程为

$$p_p + \rho_p u_p^2 = p_\infty + \rho_\infty u_\infty^2 = 常量 \tag{4-2}$$

③能量方程。由于忽略了黏性力、体积力以及无热交换，则能量方程可简化为

$$h_p + \frac{u_p^2}{2} = h_\infty + \frac{u_\infty^2}{2} = 常量 \tag{4-3}$$

状态方程（完全气体）为

$$p = \rho RT$$

或

$$p_p = \rho_p R_p T_p,\ p_\infty = \rho_\infty R_\infty T_\infty$$

④状态的热量方程。不变化定压比热容的热量方程为

$$h_p - h_{p*} = c_p(T_p - T_*), h_\infty - h_{\infty *} = c_p(T_\infty - T_*) \tag{4-4}$$

式中，h_{p*}——在参考温度 T_* 时的焓（包括化学焓）。

由式（4-3）、式（4-4）得

$$c_p T_p + \frac{u_p^2}{2} - (\Delta h_{\infty p})_* \approx c_p T_\infty + \frac{u_\infty^2}{2} \tag{4-5}$$

式中，$(\Delta h_{\infty p})_* = h_{p*} - h_{\infty *} = Q$（单位质量可燃混合气的反应热），因此，式（4-5）可改写为

$$c_p T_p + \frac{u_p^2}{2} - Q = c_p T_\infty + \frac{u_\infty^2}{2} \tag{4-6}$$

由式（4-1）、式（4-2）得

$$p_\infty + \frac{m^2}{\rho_\infty} = p_p + \frac{m^2}{\rho_p} \tag{4-7}$$

或

$$\frac{p_p - p_\infty}{\dfrac{1}{\rho_p} - \dfrac{1}{\rho_\infty}} = -m^2 = -\rho_\infty^2 u_\infty^2 = -\rho_p^2 u_p^2 \tag{4-8}$$

式（4-8）在图4-2上是一直线，其斜率为 $-m^2$，此直线称为瑞利（Rayleigh）线，它是在给定初态 p_∞ 和 ρ_∞ 的情况下，过程终态 p_p 和 ρ_p 间应满足的关系。

另外，由式（4-4）、式（4-6）、式（4-8）得

$$\begin{aligned} h_p - h_\infty &= c_p T_p - c_p T_\infty - Q \\ &= \frac{u_\infty^2}{2} - \frac{u_p^2}{2} = \frac{m^2}{2}\left(\frac{1}{\rho_\infty^2} - \frac{1}{\rho_p^2}\right) = \frac{m^2}{2}\left(\frac{1}{\rho_\infty} - \frac{1}{\rho_p}\right)\left(\frac{1}{\rho_\infty} + \frac{1}{\rho_p}\right) \\ &= \frac{1}{2}(p_p - p_\infty)\left(\frac{1}{\rho_\infty} + \frac{1}{\rho_p}\right) \end{aligned} \tag{4-9}$$

利用状态方程及下式（γ 是比热比，它是描述气体热力学性质的一个重要参数，定义为定压

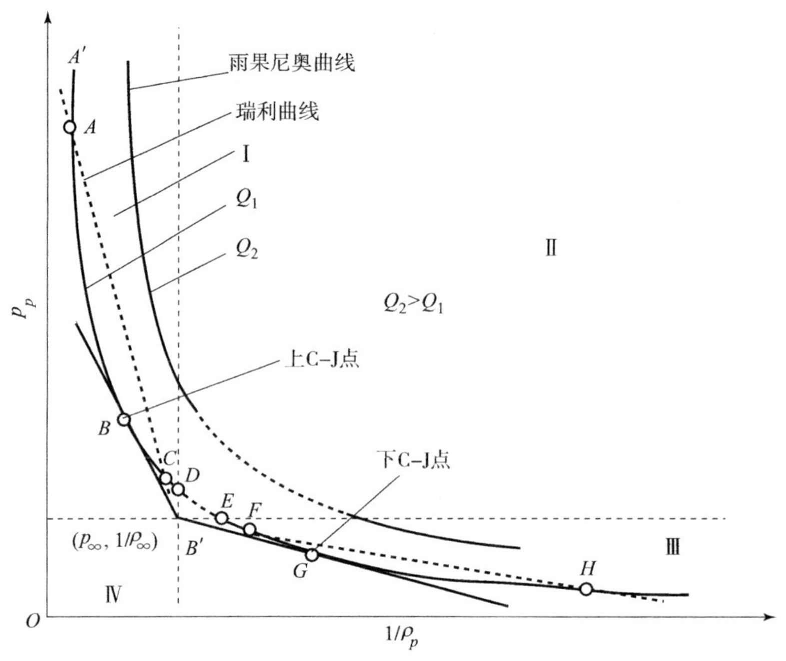

图 4－2　燃烧状态图

比热容 c_p 与定容比热容 c_V 之比）

$$c_p/R = \frac{\gamma}{\gamma - 1}$$

消去温度，得

$$\frac{\gamma}{\gamma - 1}\left(\frac{p_p}{\rho_p} - \frac{p_\infty}{\rho_\infty}\right) - \frac{1}{2}(p_p - p_\infty)\left(\frac{1}{\rho_\infty} + \frac{1}{\rho_p}\right) = Q \tag{4－10}$$

式（4－10）称为雨果尼奥（Hugoniot）方程，它在图 4－2 上的曲线为雨果尼奥曲线，它是在消去参量 m 之后，在给定初态 p_∞、ρ_∞ 及反应热 Q 的情况下，终态 p_p 和 ρ_p 之间的关系。

此外，由式（4－8）可得

$$u_\infty^2\left(\frac{1}{\rho_\infty} - \frac{1}{\rho_p}\right) = \frac{p_p - p_\infty}{\rho_\infty^2}$$

即

$$u_\infty^2 = \frac{1}{\rho_\infty^2}\left(\frac{p_p - p_\infty}{1/\rho_\infty - 1/\rho_p}\right)$$

因为声速 c_∞ 可写成

$$c_\infty^2 = \gamma R T_\infty = \gamma p_\infty \frac{1}{\rho_\infty}$$

所以可得

$$\gamma Ma_\infty^2 = \left(\frac{p_p}{p_\infty} - 1\right)\Big/\left(1 - \frac{1/\rho_p}{1/\rho_\infty}\right) \tag{4－11}$$

或

$$\gamma Ma_p^2 = \left(1 - \frac{p_\infty}{p_p}\right) \bigg/ \left(\frac{1/\rho_\infty}{1/\rho_p} - 1\right) \tag{4-12}$$

式中，Ma——马赫数。

一旦混合气的初始状态（p_∞，ρ_∞）给定，则最终状态（p_p，ρ_p）必须同时满足式（4-8）和式（4-10），即在图4-2上瑞利直线与雨果尼奥曲线的交点就是可能达到的终态。现在将瑞利直线（m 不同时，可得一组直线）和雨果尼奥曲线（Q 不同时可得一组曲线）同时画在图上，如图4-2所示。分析图4-2可得出如下一些重要结论：

①图4-2中，（p_∞，$1/\rho_\infty$）是初态，通过（p_∞，$1/\rho_\infty$）点分别作 p_p 轴、$1/\rho_p$ 轴的平行线（即图中互相垂直的两条虚线），则将（p_∞，$1/\rho_\infty$）平面分成4个区域（Ⅰ、Ⅱ、Ⅲ、Ⅳ）。过程的终态只能发生在Ⅰ区、Ⅲ区，不可能发生在Ⅱ区、Ⅳ区。这是因为由式（4-8）可知，瑞利直线的斜率为负值，因此，通过（p_∞，$1/\rho_\infty$）点的两条虚直线是瑞利直线的极限状况，这样，雨果尼奥曲线中的 DE 段（以虚线表示）是没有物理意义的，所以整个Ⅱ区、Ⅳ区是没有物理意义的，终态不可能落在这两个区内。

②交点 A、B、C、D、E、F、G、H 是可能的终态。区域Ⅰ是爆震区，而区域Ⅲ是缓燃区。因为在Ⅰ区中，$1/\rho_p < 1/\rho_\infty$，$p_p > p_\infty$，即经过燃烧波后气体被压缩，速度减慢。此外，由式（4-11）可知，这时等式右边分子的值要比1大得多，而分母小于1，这样等式右边的数值肯定要比1.4大得多，若取 $\gamma = 1.4$，则得 $Ma_\infty > 1$，由此可见，这时燃烧波是以超声速在混合气中传播的，因此，Ⅰ区是爆震区。相反，在Ⅲ区，$1/\rho_p > 1/\rho_\infty$，$p_p < p_\infty$，即经过燃烧波后气体膨胀，速度增加。同时，由式（4-11）可知，这时等式右边的分子绝对值小于1，而其分母绝对值大于1，因此，等式右边的值将小于1，这样使 $Ma_\infty < 1$，所以这时燃烧波是以亚声速在混合气中传播的，该区称为缓燃区。

③瑞利直线与雨果尼奥曲线分别相切于 B、G 两点。B 点称为上 C-J 点，具有终点 B 的波称为 C-J 爆震波。AB 段称为强爆震，BD 段称为弱爆震。在绝大多数实验条件下，自发产生的都是 C-J 爆震波，但人工的超声速燃烧可以造成强爆震波。EG 段为弱缓燃波，GH 段称为强缓燃波。实验指出，大多数的燃烧过程是接近于等压过程的，因此，强缓燃波不能发生，有实际意义的将是 EG 段的弱缓燃波，而且是 $Ma_\infty \approx 0$。

④当 $Q = 0$ 时，雨果尼奥曲线通过初态（p_∞，$1/\rho_\infty$）点，这就是普通的气体力学激波。

4.2 可燃性混合气体的燃烧与爆炸

典型案例：台湾高雄市气体混合爆炸

2014年7月31日晚间8时46分，高雄市前镇区凯旋路与二圣路口路面冒白烟，有浓厚的“瓦斯味”，消防队员洒水稀释，22时20分，岗山西街水沟盖连续炸开、喷火，市政府仍未采取疏散措施，晚间23时57分发生连环大气爆。据报道，此次爆炸事故共造成30人遇难，310人受伤。

事故直接原因：事故是台湾高雄市华运仓储到荣化大社厂间输送丙烯管线破损，丙烯气体泄漏到路旁的侧沟，沿着雨水下水道蔓延，在相对密闭的有限空间内集聚，与空气混合，体积比达到 2%～11.7% 的爆炸极限，遇火源引发连环爆炸。

事故间接原因：市政下水道内欣高瓦斯和电信等单位多条管线同沟敷设，由于轻轨施工造成了管线破损，丙烯气体在水沟盖处窜出，碰到火源时起火爆炸。

4.2.1 气体的燃烧形式

气体的燃烧形式可分为扩散燃烧和预混合燃烧。

扩散燃烧，是指可燃性气体流入大气中时，在可燃性气体和助燃性气体的接触面上所发生的燃烧。可燃性气体从高压容器及其装置中泄漏喷出后燃烧以及由喷管喷出的煤气在空气中点燃都是典型的扩散燃烧的例子。扩散燃烧受可燃性气体与空气或氧气之间的混合扩散速度影响，可燃性气体的扩散速度越大或者气体的紊流越严重，燃烧速度也就越大。

预混合燃烧，是指可燃性气体和助燃性气体预先混合成一定浓度范围内的混合气体引起的燃烧。它是一种由点火源产生的火焰在混合气体中向前传播的现象，即所谓的火焰传播。在这种情况下，已燃气体和未燃气体的交界面有火焰产生，并进行着复杂的化学反应，出现高温和强光。此时，火焰在未燃的混合气体中进行传播的速度称为燃烧速度。已燃烧的气体因高温而使体积膨胀，使未燃气体沿着火焰行进的方向流动，所以，从外部见到的火焰速度大都呈加速状态，而未燃气体的流动速度与燃烧速度之和便是火焰速度。

在一定条件下，燃烧速度对于可燃性气体是一个固定的常数。一般的可燃性气体，在常温下的燃烧速度为 40～50 cm/s，而氢气、乙炔等气体的燃烧速度则大得多。各种混合气体的最大燃烧速度见表 4－1。火焰速度随未燃气体的流动速度不同而变化。在管道或风筒中，火焰速度很大，其值可达每秒数米；当火焰进一步加速而转为爆轰时，速度可高达 1 800～2 000 m/s。

表 4－1 各种混合气体的最大燃烧速度

混合气	燃料配比/%	燃烧速度/（$cm \cdot s^{-1}$）
甲烷－空气	9.96	33.8
乙烷－空气	6.28	40.1
丙烷－空气	4.54	39.0
丁烷－空气	3.52	37.9
戊烷－空气	2.92	38.5
己烷－空气	2.51	38.5
乙烯－空气	2.26	38.6
丙烯－空气	7.4	68.3
一氧化碳－空气	51.0	45.0
氢气－空气	43.0	270
乙炔－空气	10.2	163
苯－空气	3.34	40.7

续表

混合气	燃料配比/%	燃烧速度/（cm·s^{-1}）
二硫化碳－空气	2.65	57.0
甲醇－空气	12.3	55.0
甲烷－氧气	33.0	330
丙烷－氧气	15.1	360
一氧化碳－氧气	77.0	108
氢气－氧气	70.0	890

预混合气体在大气中着火时，因为燃烧气体能自由膨胀，所以在火焰速度较小时，几乎不产生压力波及爆炸声响；而当火焰速度很快时，将可能产生压力波及爆炸声，此种情况称为爆燃，但它仍远比在密闭容器中产生的压力要低得多；但当火焰速度进一步加快时，则可向爆轰转变而形成强大的冲击波，给周围环境造成强大的破坏。

在密闭容器内的混合气体一旦着火，火焰便在整个容器内迅速传播，使整个容器中充满着高压气体，内部压力在短时间内急剧上升。但如果不形成爆轰，其最高压力一般不超过初压的 10 倍。

气体火灾与爆炸灾害大部分是由预混合燃烧引起的，因此，以下将着重讨论之。

4.2.2　理论氧含量与理论混合比

可燃性气体正好完全燃烧所需的氧气量称为理论氧含量。所谓完全燃烧，就是在碳氢化合物燃烧时，分子中的碳完全生成 CO_2，氢气反应后全部生成 H_2O。例如，氢气的燃烧反应常用下式表示

$$2H_2 + O_2 \rightarrow 2H_2O$$

即 2 mol 的氢气完全燃烧需要 1 mol 的氧气，若按质量计算，则 1 kg 的氢气需要 7.9 kg 的氧气；当助燃性气体是空气时，若氧气的浓度为 21%（体积比），则 1 kg 氢气完全燃烧需要 34.22 kg 空气。

在常温常压下，可燃性气体在空气中完全燃烧时，空气中的可燃性气体的浓度 C 称为理论混合比或完全燃烧组分。

若可燃性气体的分子式用 $C_nH_mO_\lambda F_k$ 来表示（F 代表卤族元素），则燃烧反应可表示为

$$C_nH_mO_\lambda F_k + \left(n + \frac{m-k-2\lambda}{4}\right)O_2 \rightarrow nCO_2 + \frac{m-k}{2}H_2O + kHF \tag{4-13}$$

式中，n、m、λ、k——可燃性物质中碳、氢、氧及卤族元素的原子数。

如果空气中的氧气浓度为 20.95%，那么，理论混合比 C_0 可按下式计算

$$C_0 = \frac{100}{1 + 4.773\left(n + \frac{m-k-2\lambda}{4}\right)}\%\ （体积） \tag{4-14}$$

对于链烷烃类气体，理论混合比 C_0 可按下式计算

$$C_0 = \frac{20.95}{0.2095 + n_0}\%\ （体积） \qquad (4-15)$$

式中，n_0——1 mol 可燃性气体完全燃烧时所需氧气的物质的量。

当空气中可燃性气体浓度低于理论混合比时，生成物虽然相同，但燃烧速度变慢，至某一浓度以下时，火焰便不再传播；若可燃性气体浓度高于理论混合比，其碳元素不能氧化成二氧化碳而只能氧化成一氧化碳，这便是不完全燃烧，这时火焰的传播速度变小，甚至在某一浓度上没有火焰传播。像这样使火焰不再传播的浓度极限，称为爆炸极限或燃烧极限。

在爆炸性混合气体中，火焰蔓延速度主要取决于混合物的组成，其他因素的影响较小。例如，同一组成的混合物，在狭窄的管子内着火后，火焰只是缓慢地蔓延；若在一定大小的密闭容器中着火，燃烧可以加速到使压力急剧提高而转为爆轰。

爆炸性混合气体在某一点着火后，火焰是以一层一层同心球面的形式往各方向蔓延的。火焰蔓延的速度，开始只有每秒若干米或者还要小一些；若条件适合，火焰会加速传播，则在达到每秒数百米甚至数千米时，就形成了爆炸。因此，可燃性混合气体的爆炸，是一个由燃烧向爆炸的转变过程。

从机理上来说，爆炸性混合气体发生爆炸的原因可以用热爆炸理论和链反应理论来解释。所谓热爆炸理论，就是当燃烧反应在一定空间进行时，如果放热量大于散热量，则反应温度不断提高，而温度提高又加快了反应速度，这样最后就发展成爆炸。很显然，按照这种理论，反应时的热效应是判断物质能否爆炸的重要条件。但是，对于某些可燃性气体混合物的爆炸反应，反应热总共只有 35 kJ/mol，氮气和氢气的反应热虽然高达 105 kJ/mol，但它们的混合物却不爆炸，而且在无催化作用下也不生成氨气，这种现象只能用化学动力学观点来说明，也可以说只有用链反应观点才能解释清楚。

4.2.3 爆炸极限

1. 爆炸极限理论

可燃性气体或蒸气与空气组成的混合物，并非在任何混合比下都可以爆炸。同时，混合的比例不同，燃烧的速度（这里指火焰蔓延速度）也不同。由实验得知，当混合物中可燃性气体浓度接近理论混合比时，燃烧最快或最剧烈；当浓度比理论混合比的浓度有所减小或增加时，火焰蔓延速度会降低，当浓度低于或高于某一极限值，火焰便不再蔓延。可燃性气体或蒸气与空气组成的混合物能使火焰蔓延的最低浓度，称为该气体或蒸气的爆炸下限；同样，能使火焰蔓延的最高浓度，称为该气体或蒸气的爆炸上限。爆炸下限与爆炸上限之间的范围称为爆炸范围。浓度在上限以上或下限以下的混合物不会着火或爆炸，但应注意，浓度在上限以上的混合物放置在空气中并不意味着是安全的。

爆炸极限一般可用可燃性气体或蒸气在混合物中的体积分数来表示，有时也用单位体积中可燃物的含量来表示［克/立方米（g/m^3）或毫克/升（mg/L）］。

混合物浓度在爆炸下限以下时，即使含有过量空气，空气的冷却作用也会阻止火焰的蔓延。浓度在爆炸上限以上时，即使含有过量的可燃物质，但如果空气非常不足（主要是氧气不足），火焰也不能蔓延；但此时若补充空气，同样有发生火灾或爆炸的危险，故对浓度在上限以上的混合气体，不能认为是安全（可靠）的。

燃烧与爆炸从化学反应角度上来看是没有什么区别的，当混合气体燃烧爆炸时，其波面上的反应式如下

$$A + B \rightarrow C + D + Q$$

式中，A、B——反应物；

C、D——生成物；

Q——反应热（燃烧热）。

A、B、C、D 不一定是稳定分子，也可以是原子或自由基。反应前后的能量变化如图4-3所示。图中的Ⅰ是反应物（A+B），当给予活化能 E 时，成为活化状态Ⅱ，反应结果变为状态Ⅲ，其生成物为（C+D），此时放出的能量 W，反应热 $Q = W - E$。

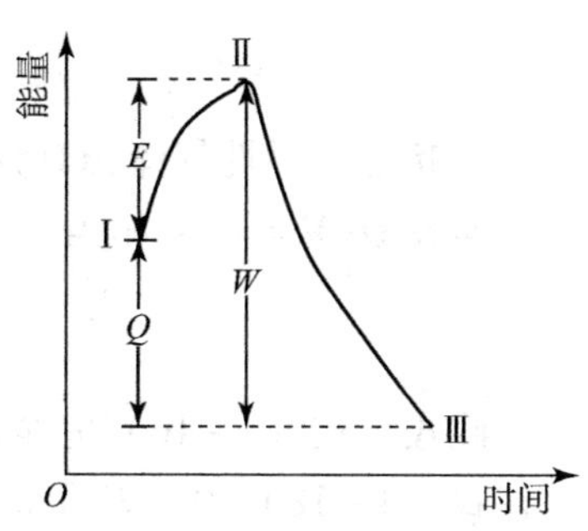

图4-3　反应前后的能量变化

如将燃烧波的基本反应浓度记为 n（每单位体积内发生反应的分子数），则单位体积放出的能量为 nW。如燃烧波连续不断，放出的能量作为新反应中的活化能，令 α 为活化概率（$\alpha \leqslant 1$），则第二批分子单位体积内得到活化的基本反应数为 $\alpha nW/E$，第二批分子再放出能量为 $\alpha nW^2/E$，前后两批分子反应时放出的能量比为

$$\beta = \frac{\alpha nW^2/E}{nW} = \alpha W/E = \alpha(1 + Q/E)$$

现在探讨 β 的数值。当 $\beta < 1$ 时，表示反应系统在受能量激发后，放热越来越少，也就是说，引起反应的分子数越来越少，最后反应停止，不能形成燃烧或爆炸；当 $\beta = 1$ 时，表示反应系统在受能量激发后能均衡发热，有一定数量的分子将持续进行反应，这就是决定爆炸极限的条件；当 $\beta > 1$ 时，表示放热量越来越大，反应分子越来越多，最终形成爆炸。

在爆炸极限时，$\beta = 1$，即

$$\alpha(1 + Q/E) = 1$$

设爆炸下限为 L_F（体积分数），并假定活化概率 α 正比于 L_F，即

$$\alpha = kL_F$$

式中，k——常数。由此得下式

$$\frac{1}{L_F} = k(1 + Q/E) \approx kQ/E \tag{4-16}$$

这就是爆炸下限的公式。由此可见，下限 L_F 与反应热 Q 及活化能 E 均有关系。

如果各可燃性气体的活化能变化不大，则有如下近似公式成立

$$L_F Q = C \tag{4-17}$$

式中，C——常数。

上式说明，下限 L_F 与可燃性气体的分子燃烧热 Q 成反比。也就是说，分子燃烧热越大，下限则越低。除甲烷外，烷烃 $L_F Q$ 值为1 000～1 200。

对其他可燃性气体，亦有此常数。醇类、醚类、酮类、烯烃类等，该常数接近1 000；而氯代烷烃和溴代烷烃类，该常数值较高，这是由于引入了卤素原子而大大提高了爆炸下

限。但对于氢气、乙炔等可燃性气体，就不适用了。

以毫克/升（mg/L）为单位来表示的爆炸下限和以体积分数为单位表示的爆炸下限，在20 ℃时的换算关系为

$$L_F(\text{mg/L}) = \frac{L_F}{100} \times \frac{1\,000M}{22.4} \times \frac{273}{273+20} = L_F \frac{M}{2.4}$$

将式（4－16）代入上式，得

$$\frac{1}{L_F}(\text{mg/L}) = 2.4kQ/(ME)$$

式中，M 是可燃性气体相对分子质量。

假设 $Q/M = q$，q 相当于每克可燃性气体的燃烧热，并令 $2.4k = k'$，则

$$\frac{1}{L_F}(\text{mg/L}) = k'q/E \tag{4-18}$$

此式与式（4－16）完全同形，只不过在式（4－16）中 Q 表示分子燃烧热（kJ/mol），而在式（4－18）中 q 表示每克物质的发热量（kJ/g）。以烃类为例，它们的分子燃烧热 Q 随烃链的长度不同而不同，但每克燃烧热 q 是大致相同的。当用发热量来表示燃烧热时，$q =$ 42～46 kJ/g 基本上是一定的。

另外，在这些烃类中，活化能 E 也可以假定为具有相同的值，则式（4－18）的右项变为定值，因此，用毫克/升（mg/L）单位表示的这些气体的爆炸下限值基本上是全部相同的。对脂肪烃和芳香烃，大体上有

$$L_F = 40 \sim 45 \text{ mg/L} \tag{4-19}$$

因此，有

$$L_F q = 1.7 \sim 2.1 \text{ mJ/m}^3 \tag{4-20}$$

换言之，所谓爆炸下限，就是单位体积的混合气体为了达到一定的极限发热量所需的可燃性气体浓度。

2. 爆炸极限的计算

（1）按理论混合比计算

爆炸性气体完全燃烧时的理论混合比 C_0 可以用来确定链烷烃类的爆炸下限，其计算公式为

$$L_F = 0.55C_0 \tag{4-21}$$

式中，0.55——常数；

C_0——可燃性气体完全燃烧时的理论混合比。

根据验证结果，将此式所得计算值与实验值比较，误差不超过10%。

以甲烷为例，其燃烧反应为

$$CH_4 + 2O_2 \rightarrow CO_2 + 2H_2O$$

根据式（4－14），得

$$C_0 = \frac{100}{1 + 4.773 \times \left(1 + \frac{4}{4}\right)}\% = 9.48\%$$

或由式（4－15），得

$$C_0 = \frac{20.95}{0.2095 + 2}\% = 9.48\%$$

由式（4-21），得

$$L_下 = 0.55C_0 = 0.55 \times 9.48\% = 5.2\%$$

此值与实验值5.0%相差不超过10%。

此式亦可用来估算链烷烃以外的其他有机可燃性气体的爆炸下限，但当估算 H_2、C_2H_2 以及含 N_2、Cl_2、S等的有机可燃性气体时，出入较大，不可以应用。

（2）利用1 mol可燃气在爆炸反应中所需氧原子摩尔数 N 进行计算

某些单纯有机化合物（气体或蒸气）的爆炸极限可用下述经验公式估算。

$$L_下 = \frac{100}{4.76(N-1)+1}\% \tag{4-22a}$$

$$L_上 = \frac{400}{4.76N+4}\% \tag{4-22b}$$

式中，N——1 mol可燃气在燃烧反应中所需氧原子摩尔数。

以乙烷为例，其爆炸反应为

$$C_2H_6 + 3.5O_2 \rightarrow 2CO_2 + 3H_2O$$

由乙烷爆炸反应方程式可知，$N=7$，代入式（4-22a）和式（4-22b），得

$$L_下 = \frac{100}{4.76(N-1)+1}\% = \frac{100}{4.76\times(7-1)+1}\% = 3.38\%$$

$$L_上 = \frac{400}{4.76N+4}\% = \frac{400}{4.76\times7+4}\% = 10.72\%$$

此法计算误差较大。

（3）用爆炸下限计算爆炸上限

在25 ℃，101.325 kPa下，用体积分数表示的爆炸上限和爆炸下限之间有如下关系

$$L_上 = 7.1L_下^{0.56} \tag{4-23}$$

在爆炸上限附近不伴有冷火焰时，此式的简单关系式为

$$L_上 = 6.5\sqrt{L_下} \tag{4-24}$$

将式（4-21）代入，得

$$L_上 = 4.8\sqrt{C_0} \tag{4-25}$$

（4）根据脂肪族碳氢化合物的含碳原子数计算爆炸极限

脂肪族碳氢化合物爆炸极限的计算，也可以根据其所含碳原子数 n 与其爆炸上、下限之间的关系求得。

$$\frac{1}{L_下} = 0.1347n + 0.04343 \tag{4-26}$$

$$\frac{1}{L_上} = 0.10337n + 0.05151 \tag{4-27}$$

（5）根据闪点计算爆炸极限

对于可燃性液体的蒸气，其爆炸下限可以根据该液体的闪点，查该温度（闪点）下易

燃液体的饱和蒸气压进行求取。

$$L_{下}=100p_{闪}/p_{总} \tag{4-28}$$

式中，$p_{闪}$——闪点下液体的饱和蒸气压；

$p_{总}$——混合气体总压力。

（6）复杂组成的可燃性混合气体的爆炸极限

对于两种或两种以上的可燃性气体或蒸气的混合物，其爆炸极限可根据查特里法则进行计算。

$$L_m = \frac{100}{\dfrac{V_1}{L_1}+\dfrac{V_2}{L_2}+\cdots+\dfrac{V_i}{L_i}}\% \tag{4-29}$$

式中，L_m——混合气体的爆炸极限（体积分数），%；

L_1，L_2，…，L_i——形成混合气体的各单独组分的爆炸极限（体积分数），%；

V_1，V_2，…，V_i——各单独组分在混合气体中的浓度（体积分数），%，$V_1+V_2+\cdots+V_i=100\%$。

查特里法则是一个经验公式，但它可以用爆炸极限理论公式来证明：

已知$\dfrac{1}{L}=k(1+Q/E)$，则

$$\frac{1}{L_1}=k_1(1+Q_1/E_1),\ \frac{1}{L_2}=k_2(1+Q_2/E_2),\ \cdots,$$

$$\sum\frac{V_i}{L_i}=\sum V_i k_i\left(1+\frac{Q_i}{E_i}\right)$$

当活化概率的比例常数 k、燃烧热 Q、活化能 E 都很接近时，即

$$k_1=k_2=\cdots=k_m$$

$$Q_1=Q_2=\cdots=Q_m$$

$$E_1=E_2=\cdots=E_m \text{（下标 m 表示可燃混合气体）}$$

有

$$\sum\frac{V_i}{L_i}=k_m\left(1+\frac{Q_m}{E_m}\right)\sum V_i=k_m\left(1+\frac{Q_m}{E_m}\right)=\frac{1}{L_m}$$

所以，有

$$\frac{1}{L_m}=\frac{V_1}{L_1}+\frac{V_2}{L_2}+\cdots+\frac{V_i}{L_i}$$

即

$$L_m=\frac{100}{\dfrac{V_1}{L_1}+\dfrac{V_2}{L_2}+\cdots+\dfrac{V_i}{L_i}}\%\left(\sum V_i=100\%\right)$$

从推导可以看出，查特里法则只适用于求取与活化能 E、摩尔燃烧热 Q、反应概率的比例常数 k 相接近的可燃性气体或蒸气混合物的爆炸极限。例如，查特里法则对烃类的混合气体一直是很适合的，对其他大多数可燃性气体混合物（如含氢气等混合物），虽然会出现一些偏差，但是也有一定的参考价值。

可燃性气体氢气、一氧化碳、甲烷混合气体的爆炸极限实测值和计算值列于表4－2中。

表4－2 氢气、一氧化碳、甲烷混合气体的爆炸极限实测值和计算值

可燃气组成（体积分数）/%			爆炸极限（体积分数）/%	
H_2	CO	CH_4	实测值	计算值
75	25	—	4.7	4.9
50	50	—	6.05	6.2
25	75	—	8.2	8.3
—	75	25	9.5	9.5
—	25	75	6.4	6.5
25	—	75	4.7	5.1
50	—	50	4.4	4.75
75	—	25	4.1	4.4
33.3	33.3	33.3	5.7～26.9	6.6～32.4
48.5	—	51.5	33.6	24.5

式（4－16）也可用来计算混合气体的爆炸上限，L_i则为各组分的爆炸上限。但上限的计算值不太准确。

［**例1**］某天然气组成如下：甲烷80%，乙烷15%，丙烷4%，丁烷1%，求出此混合气体的爆炸极限。

甲烷、乙烷、丙烷、丁烷的爆炸极限分别为5.0%～15.0%、3.0%～12.4%、2.1%～9.5%、1.8%～8.4%。依式（4－29）可求出

$$L_{下}=\frac{100}{\frac{80}{5.0}+\frac{15}{3.0}+\frac{4}{2.1}+\frac{1}{1.8}}\%=4.26\%$$

$$L_{上}=\frac{100}{\frac{80}{15.0}+\frac{15}{12.4}+\frac{4}{9.5}+\frac{1}{8.4}}\%=14.1\%$$

（7）可燃性气体和惰性气体混合物爆炸极限计算

可燃性气体混合物中混入了氮气、二氧化碳等惰性气体，在计算其爆炸极限时，可将惰性气体和可燃性气体混合物分成若干组，每一组由一种可燃组分与另一种非可燃组分组成，然后分别计算。

例如，进入净化系统的烟气中，除含有CO、H_2等可燃性气体外，往往还有相当比例的CO_2、N_2等非可燃性气体成分，这种含有数种非可燃性气体的混合气的爆炸极限，可按下法计算：

首先将烟气分成为若干混合组分，根据各混合组分的混合比（惰性气体体积与可燃性气体体积之比），由图4－4可查得各混合组分的爆炸极限，然后代入公式即可计算烟气的爆炸极限。

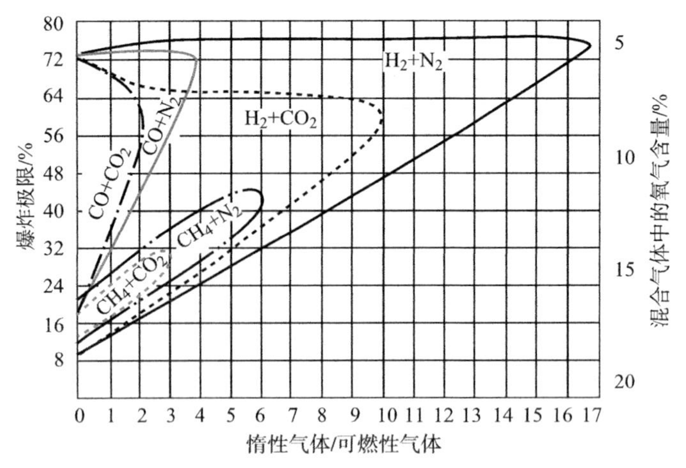

图4-4　氢气、一氧化碳、甲烷和氮气、二氧化碳混合气体的爆炸极限

［**例2**］某回收煤气的平均成分见表4-3。

表4-3　某回收煤气的平均成分

组分气体	CO	CO_2	N_2	H_2	O_2
体积分数/%	58	19.4	20.7	1.5	0.4

试求此煤气的爆炸极限。

解：先将可燃组分和非可燃组分分成下列两组混合组分

$$CO_2 \text{ 和 } CO; \qquad N_2 \text{ 和 } H_2$$

（1）求第一组混合组分的爆炸极限

$$\frac{V(CO_2)}{V(CO)}=\frac{19.4}{58}=0.33$$

查图4-4得

$$L_{上}=70.0\%, \qquad L_{下}=17.0\%$$

（2）求第二组混合组分的爆炸极限

$$\frac{V(N_2)}{V(H_2)}=\frac{20.7}{1.5}=13.8$$

查图4-4得

$$L_{上}=76.0\%, \qquad L_{下}=64.0\%$$

（3）求此煤气的爆炸极限

$$L_m=\frac{V_1+V_2+\cdots+V_i}{\dfrac{V_1}{L_1}+\dfrac{V_2}{L_2}+\cdots+\dfrac{V_i}{L_i}}\%$$

此题中，$V_1=58+19.4=77.4$；

$V_2=1.5+20.7=22.2$。

将上述计算所得结果代入公式即可求出煤气的爆炸极限。

$$L_{上}=\frac{77.4+22.2}{\dfrac{77.4}{70.0}+\dfrac{22.2}{76.0}}\%=71.5\%$$

$$L_{下}=\frac{77.4+22.2}{\frac{77.4}{17.0}+\frac{22.2}{64.0}}\%=20.3\%$$

上述算法当氧气含量不大时，误差不大，更为准确的算法如下：

先将组分调整为

CO	CO_2	H_2	$4N_2+O_2$（空气）	N_2
58	19.4	1.5	$4\times0.4+0.4=2.0$	$20.7-4\times0.4=19.1$

再按上法计算。

①$\frac{V(CO_2)}{V(CO)}=\frac{19.4}{58}=0.33$

查图4-4得：$L_{上}=70.0\%$，$L_{下}=17.0\%$。

②$\frac{V(N_2)}{V(H_2)}=\frac{19.1}{1.5}=12.7$

查图4-4得：$L_{上}=76.0\%$，$L_{下}=60.0\%$。

③求煤气的爆炸极限。有

$$L_{上}=\frac{77.4+20.6}{\frac{77.4}{70.0}+\frac{20.6}{76.0}}\%=71.2\%$$

$$L_{下}=\frac{77.4+20.6}{\frac{77.4}{17.0}+\frac{20.6}{60.0}}\%=20.0\%$$

对于不可燃性气体混入多组分可燃性气体混合物的爆炸极限，也可以用下式进行计算：

$$L_m=L_f\frac{\left(1+\frac{B}{100-B}\right)\times100}{100+L_f\frac{B}{100-B}}\% \tag{4-30}$$

式中，L_m——含有惰性气体的爆炸极限（体积分数），%；

L_f——混合物中可燃部分的爆炸极限（体积分数），%；

B——不可燃性气体含量（体积分数），%。

由于不同不可燃性气体其阻燃或阻爆能力不一，因而计算结果不如上法准确，但仍不失其参考价值。

［**例3**］某干馏气体的成分为

C_2H_6　1%
CH_4　3%
CO　3%
H_2　10%
｝可燃性气体17%

N_2　65%
CO_2　18%
｝不可燃性气体83%

试求该干馏气体的爆炸极限。

解：①求混合物中可燃部分的爆炸极限。

在可燃部分（100%）中，各可燃性气体所占的比例为

C_2H_6　$1/17\times100\%=5.9\%$

CH_4　$3/17\times100\%=17.6\%$

CO　　　　$3/17\times100\%=17.6\%$

H_2　　　　$10/17\times100\%=58.9\%$

因此，混合物可燃部分的爆炸极限为

$$L_{f下}=\frac{100}{\dfrac{17.6}{5.0}+\dfrac{5.9}{3.0}+\dfrac{17.6}{12.5}+\dfrac{58.8}{4.0}}\%=4.8\%$$

$$L_{f上}=\frac{100}{\dfrac{17.6}{15.0}+\dfrac{5.9}{12.4}+\dfrac{17.6}{75.0}+\dfrac{58.8}{74.0}}\%=37.3\%$$

②求混合物的爆炸极限。

将上述结果代入式（4－30）得

$$L_{下}=\frac{\left(1+\dfrac{83}{100-83}\right)\times100}{100+4.8\times\dfrac{83}{100-83}}\times4.8\%=22.9\%$$

$$L_{上}=\frac{\left(1+\dfrac{83}{100-83}\right)\times100}{100+37.3\times\dfrac{83}{100-83}}\times37.3\%=77.8\%$$

其他可燃性气体如乙烷、丙烷、丁烷与二氧化碳、氮气的混合物的爆炸极限可用图4－5所示进行计算。

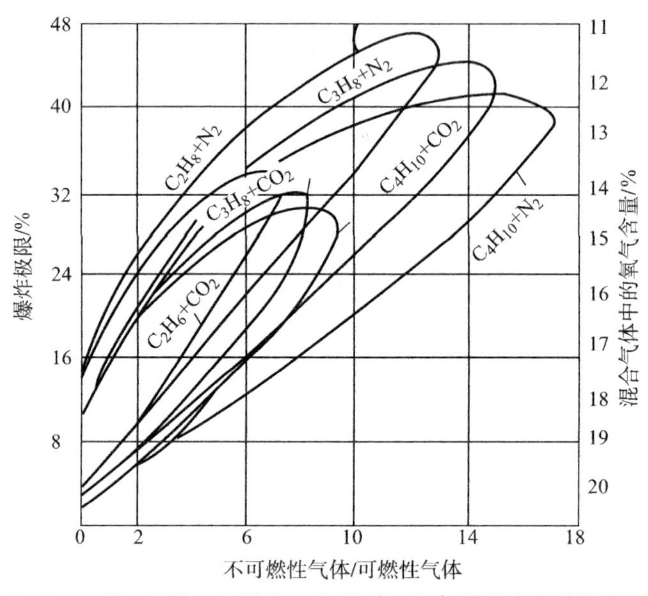

图4－5　乙烷、丙烷、丁烷与二氧化碳、氮气的混合物的爆炸极限

3. 爆炸极限的测定

1952年，美国矿山局的科沃德（Coward）及琼斯（Jone）发表了名为《气体和蒸气的燃烧范围》的报告，其中介绍的测定装置常被后来人作为实验的标准装置采用。报告所发表的各种可燃性气体的爆炸极限，也长期被作为可靠的爆炸极限的资料而加以引用。

此后，美国矿山局的札贝塔克斯（Zabetakis）在 1965 年发表了《可燃性气体及蒸气的可燃性特征》，指出了科沃德使用的装置存在的问题，并以新的资料对爆炸极限值做了大幅度的修改。在所有发表的数据中，札贝塔克斯所提供的爆炸极限数据是当今最可靠的，见表 4－4。

表 4－4　各种可燃性气体或蒸气在常压下空气中的爆炸极限、自燃点及闪点

化学物质	爆炸极限（体积分数）/%		自燃点/℃	闪点/℃
	下限	上限		
无机物：				
氨气	15	28	—	—
硫	2.0[24]	—	—	—
一氧化碳	12.5	74	—	—
氢氰酸	5.6	40	—	＞－20
乙硼	0.8	88	—	—
氘气	4.9	75	—	—
氢气	4.0	75	400	—
十烷硼	0.2	—	—	—
联氨	4.7	100	—	—
戊硼	0.42	—	—	—
硫化氢	4.0	44	—	—
有机物：				
丙烯腈	3.0	—	—	－5
丙烯醇	2.8	31	235	21
己二酸	1.6[4]	—	420	—
亚硝酸异戊酯	1.0[4]	—	208.9	－20
亚硝基乙烯	3.0	50	—	—
乙酰基丙酮	2.4	11.4	340	40
乙炔	2.5	100	305	—
乙酰基苯胺	1.0[4]	—	545	—
乙醛	4.0	60	175	－17
乙醚基苯胺缩乙醛	1.6	10	230	—
丙酮	2.6	13	465	－10
2－甲基－2 羟基丙腈	2.2	12	—	—
苯胺	1.2[6]	8.3[6]	615	71

续表

化学物质	爆炸极限（体积分数）/%		自燃点/℃	闪点/℃
	下限	上限		
戊醇	1.4[4]	—	435	—
戊醚	0.7[4]	—	170	—
丙胺	2.2	22	375	<20
丙醇	2.5	18	—	15
2-羟基丁醛	2.0[4]	—	250	—
丙二烯	2.16	—	—	—
安息香酸	0.7[4]	—	480	—
蒽	0.65[4]	—	540	—
异戊醇	1.4[1]	9.0	350	—
异丁烷	1.8	8.4	460	—
异丁醇	1.7[1]	11[1]	—	—
异丁基苯	0.82[1]	6.0	430	—
异丁烯	1.8	9.6	465	—
异丙醇	2.2	—	—	—
异丙醚	1.4	7.9	—	—
丙基苯	0.6[4]	—	440	—
异戊烷	1.4	—	—	—
乙醇	3.3	19[10]	365	12
乙烷	3.0	12.4	515	—
乙胺	3.5	—	385	-18
乙二醚	1.9	36	160	—
乙丙醚	1.7	9	—	—
环己烷	1.2	7.7	210	—
环己乙烷	2.0[12]	6.6[12]	260	—
环己戊烷	1.1	6.7	260	—
乙苯	1.0[1]	6.7[1]	430	15
甲乙醚	2.2[4]	—	—	—
甲乙酮	1.9	10	—	—
乙基硫醇	2.8	18	300	—
乙烯	2.7	36	490	—

续表

化学物质	爆炸极限（体积分数）/%		自燃点/℃	闪点/℃
	下限	上限		
氧化乙烯	3.6	100	—	—
甘醇	3.5[4]	—	400	—
乙二醇丁基醚	1.1[7]	11[9]	245	—
乙二醇甲基醚	2.5[15]	20[6]	380	—
氯乙酰	5.0[4]	—	390	—
氯化铵	1.6[5]	8.6[1]	200	—
氯丙烯	2.9	—	485	-32
氯乙烷	3.8	—	—	-43
氯乙烯	3.6	33	—	—
氯丁烷	1.8	-10[1]	—	-9
氯丙烷	2.4[4]	—	—	-17.7
氯化苯甲基	1.2[4]	—	585	—
氯甲烷	7[4]	—	—	—
二氯甲烷	—	—	615	-14
辛烷	0.95	—	220	12
汽油 100/130	1.3	7.1	440	< -20
汽油 115/145	1.2	7.1	470	—
甲酸异丁烷	2.0	8.9	—	—
甲酸乙烷	2.8	16	455	—
甲酸丁烷	1.7	8.2	—	—
甲酸甲烷	5.0	23	465	—
喹啉	1.0[7]	—	—	—
异丙苯	0.88[1]	6.5[1]	425	34
丙三醇	—	—	370	—
甲酚	1.1[7]	—	—	—
巴豆醛	2.1	16[10]	—	12.8
氯苯	1.4	—	640	27
乙酸	5.4[1]	—	465	38
乙酸乙烷	1.0[1]	7.1[1]	360	—

续表

化学物质	爆炸极限（体积分数）/%		自燃点/℃	闪点/℃
	下限	上限		
乙酸异丁烷	1.1[1]	7.0[1]	360	—
乙酸异丙烷	1.7[4]	—	—	—
乙酸丁烷	2.2	11	—	—
乙酸环己烷	1.0[4]	—	335	—
乙酸丁烷	1.4[5]	8.0[1]	425	—
乙酸丙烷	1.8	8.0	—	—
乙酸甲烷	3.2	16	—	—
乙酸甲酯	1.7[7]	—	—	-13
二异丁基酮	0.82[1]	6.1[9]	—	—
N，N-二乙基苯胺	0.8[4]	—	630	—
二乙胺	1.8	10	—	-26
二乙基酮	1.6	—	450	—
二乙基环己烷	0.75	—	240	—
对二乙基苯	0.8[1]	—	430	—
乙基戊烷	0.7[2]	—	290	—
飞机汽油（JP-4）	1.3	8.0	240	-44
飞机汽油（JP-6）	—	—	230	—
1，3-二噁烷	2.0	22	265	—
环丙烷	2.4	10.4	500	—
环已醇	1.2[4]	—	300	—
环已烯	1.2[1]	—	—	—
环丁烷	1.1	6.7	—	—
1，2-异环丙烷	3.1[4]	—	—	—
异苯胺	0.7[4]	—	635	—
二苯甲烷	0.7[4]	—	485	—
二戊烯	0.75[7]	6.1	237	—
二甲胺	2.8	—	400	-6.2
二甲基二氯硅烷	3.4	—	—	—
二甲基萘烷	0.69[1]	5.3[8]	235	—

续表

化学物质	爆炸极限（体积分数）/%		自燃点/℃	闪点/℃
	下限	上限		
二甲基肼	2.0	95	—	—
2，2-二甲基丁烷	1.2	7.0	—	—
2，3-二甲基丁烷	1.2	7.0	—	—
2，6-二甲基-4-丁酮	0.79[1]	6.2[1]	—	—
2，3-二甲基环戊烷	1.1	6.8	335	—
二甲基甲酰胺	1.8[1]	—	435	—
对甲基异丙苯	0.85[1]	6.5	435	—
溴丙烯	2.7[4]	—	295	-1.5
溴丁烯	2.5[1]	—	265	—
溴甲烷	10	15	—	—
硝基戊烷	1.1	—	195	—
硝基乙烷	4.0	—	—	41
硝基丙烷	1.8[15]	100	175	31
苯乙烯	1.1[23]	—	—	32
硬脂酸丁酯	0.3[4]	—	355	—
燃料柴油	—	—	225	—
萘烷	0.74[1]	4.9[1]	250	—
正十烷	0.75[11]	5.6[16]	210	—
十四烷	0.5[4]	—	200	—
四氢呋喃	2.0	—	—	-15
2，2，2，3-四甲基戊烷	0.8	—	430	—
四氢萘	0.84[1]	5.0[3]	385	—
松节油	0.7[1]	—	—	32
灯油	—	—	210	—
正十二烷	0.60[4]	—	205	—
三乙胺	1.2	8.0	—	4
三甘醇	0.9[1]	9.2[23]	—	—
三氧杂环己烷	3.2[4]	—	—	—
三氯乙烯	12[25]	40[22]	420	—
三甲胺	2.0	12	—	—

续表

化学物质	爆炸极限（体积分数）/%		自燃点/℃	闪点/℃
	下限	上限		
2，2，3－三甲基丁烷	0.95	—	415	—
甲苯	1.2[1]	7.1[1]	480	4
萘	0.88[17]	5.9[18]	526	80
尼古丁	0.75[1]	—	—	—
硝基乙烷	3.4	—	—	41
1－硝基丙烷	2.2	—	—	—
2－硝基丙烷	2.5	—	—	—
硝基甲烷	7.3	—	—	35
乳酸乙酯	1.5	10.6	400	46.1
乳酸甲酯	1.1	3.6	—	49
二硫化碳	1.3	50	90	－45
季戊烷	1.4	7.5	450	—
壬烷	0.85[19]	—	205	31
三聚乙醛	1.3	17	—	35.5
三环己烷	0.65[1]	5.1[7]	245	—
蒎烷	0.74[21]	7.2[21]	—	—
乙醚	1.7	27	—	－45
醋酸乙烯	2.6	—	—	—
吡啶	0.7[8]	—	540	17
苯醚	0.8[4]	—	620	—
1，3－丁二烯	2.0	12	420	—
1－丁醇	1.7[1]	1.2[1]	—	29
DL－2－丁醇	1.7[1]	9.8[1]	405	—
丁烷	1.8	8.4	405	－10
1，3－丁二醇	1.9[4]	—	395	—
1，2－丁二醇	—	—	390	—
叔丁胺	1.7[1]	8.9[1]	380	—
仲丁醇	1.9[1]	9.8	480	—
丁基苯	0.82[1]	5.8[1]	410	—
仲丁基苯	0.77[1]	5.8[1]	420	—
叔丁基苯	0.77[1]	5.8[1]	450	—

续表

化学物质	爆炸极限（体积分数）/%		自燃点/℃	闪点/℃
	下限	上限		
甲基丁酮	1.2[5]	8.0[1]	—	—
1，4－丁内脂	2.0[7]	—	—	—
1－丁烯	1.6	10	385	—
2－丁烯	1.7	9.7	325	—
糠醇	1.8[13]	16[14]	390	76
丙醇	2.4[5]	—	—	15
1－丙醇	2.2[11]	14[1]	440	—
2－丙醇	2.2	—	—	—
丙烷	2.1	9.5	450	—
1，2－丙二醇	2.5[4]	—	410	—
1，3－丙二醇	1.7[4]	—	400	—
β－丙炔酸内酯	2.9[3]	—	—	—
丙醛	2.9	17	—	15
丙戊酸	1.0[4]	—	—	—
甲基丙烯酸	1.6	8.7	—	—
丙胺	2.0	—	—	<20
丙烯	2.4	11	460	—
氧化丙烯	2.8	37	—	—
溴苯	1.6[4]	—	565	—
正十六烷	0.43[4]	—	205	—
1－环己醇	1.2[1]	—	—	—
己烷	1.2	7.4	225	－23
己醚	0.6[4]	—	185	—
庚烷	1.05	6.7	215	—
苯	1.3[1]	7.9[1]	560	－14
1－戊醇	1.4[1]	10[1]	300	—
戊烷	1.4	7.8	260	－42
1，5－戊二醇	—	—	335	—
2－戊烯	1.4	8.7	275	—
无水乙酸	2.7[2]	10[3]	390	—
邻苯二甲酸	1.2[6]	9.2[20]	570	—

续表

化学物质	爆炸极限（体积分数）/%		自燃点/℃	闪点/℃
	下限	上限		
甲醇	6.7	36[10]	385	7
甲烷	5.0	15.0	540	—
甲基乙炔	1.7	—	—	—
甲胺	4.2[4]	—	430	—
甲基异丁基甲醇	1.2[4]	—	—	—
甲基异丙酮	1.8[5]	9.0[5]	—	—
二甲醚	3.4	27	350	—
甲基氯仿	—	—	500	—
甲基环己醇	1.0[4]	—	295	—
甲基环己烷	1.1	6.7	250	-4
甲基环二烯	1.3[1]	7.6[1]	445	—
甲基苯乙烯	1.0[4]	—	495	—
α-甲基萘	0.8[4]	—	530	—
甲基乙烯基醚	2.6	39	—	—
3-甲基吡啶	1.4[4]	—	500	—
3-甲基丁烷	1.5	9.1	—	—
甲基丙基酮	1.6	8.2	—	—
2-甲基戊烷	1.2[4]	—	—	—
异丙基环丙烯	0.52	4.1[16]	230	—
2-二甲基丙烯萘	0.53[9]	3.2[16]	435	—
甲基联氨	4	—	—	—
丁酸	2.1[4]	—	450	—
二甲基硫	2.2	20	205	—

注：爆炸极限右边标注为温度条件值，如下：
[1] t=100 ℃；[2] t=47 ℃；[3] t=75 ℃；[4] t=计算值；[5] t=50 ℃；[6] t=140 ℃；[7] t=150 ℃；[8] t=110 ℃；[9] t=175 ℃；[10] t=60 ℃；[11] t=53 ℃；[12] t=130 ℃；[13] t=72 ℃；[14] t=117 ℃；[15] t=125 ℃；[16] t=200 ℃；[17] t=78 ℃；[18] t=122 ℃；[19] t=43 ℃;；[20] t=195 ℃ [21] t=160 ℃；[22] t=70 ℃；[23] t=29 ℃；[24] t=247 ℃；[25] t=30 ℃。

测定爆炸极限的方法，可用下列两种不同的装置进行，所对应的方法即传播法和燃烧法。

传播法是将已制成的混合气体充入圆筒形或球形容器内，从端点点火，观察火焰是否扩展到整个容器之内，以确定其爆炸组分的方法。

燃烧法是测定混合气体稳定燃烧所对应的爆炸组分值的方法。

在爆炸安全实验方面，主要使用传播法。进行常压下测定时，以美国矿山局的装置及方法作为基准，往直径50 mm、长125~150 cm的垂直玻璃管内充入混合气体，经搅拌后，在其下部用1~20 mJ的火花点火，若火焰能自下而上传播，便属于其爆炸范围之内，并求其极限值。图4-6便是其中一例。

直到现在，此法仍被认为是标准的测定方法，但在后面的研究中也指出了该测定方法所存在的问题，即此法用的火花放电并不是在所有的场合下都能点火，根据物质的不同，有的需要比较大的点火能。另外，直径为5 cm的管子，对于烷烃系列的碳氢化合物是适当的，但根据物质特性，有时要使用更大的容器。

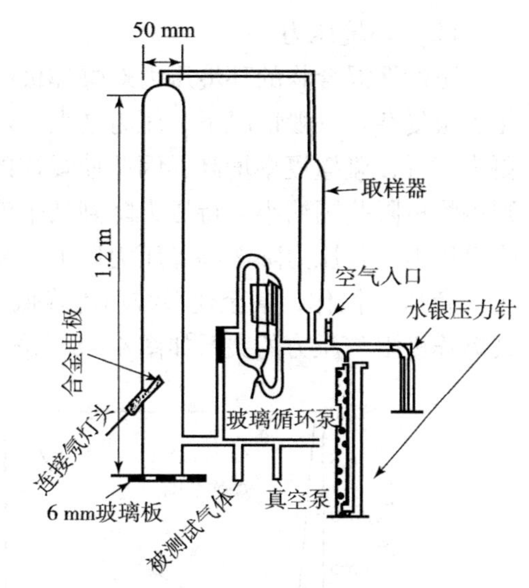

图4-6　标准爆炸极限测定装置

4. 爆炸极限的影响因素

以上介绍了爆炸极限理论计算和实验测定的一般原则，然而爆炸极限不是一个固定值，它随着外界条件和测试条件的变化而变化。如果掌握了外界条件对爆炸极限的影响，则在一定条件下所测得的爆炸极限仍有其普遍的参考价值。

影响爆炸极限的主要因素有如下几点：

(1) 可燃性混合物的初始温度

初始温度越高，则爆炸极限范围越大，即爆炸下限降低而爆炸上限升高。因为系统温度升高，其分子内能增加，使原来不燃的混合物成为可燃、可爆系统，所以初始温度升高使爆炸危险性增大。

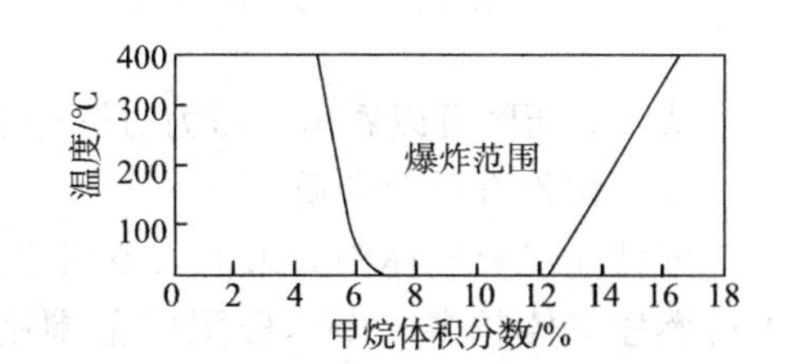

图4-7　初始温度对甲烷爆炸上下限的影响

初始温度对甲烷爆炸上、下限的影响如图4-7所示。从图中可以看出，甲烷的爆炸范围随温度的升高而扩大，其变化接近直线。

关于温度对煤气爆炸极限的影响参见表4-5。

表4-5　温度对煤气爆炸极限的影响

混合物的温度/℃	爆炸下限/%	爆炸上限/%
20	6.00	13.4
100	5.45	13.6
200	5.05	13.8
300	4.40	14.25
400	4.00	14.70
500	3.65	15.35
600	3.35	16.40
700	3.25	19.75

（2）环境压力

可燃性混合物的环境压力对爆炸极限有很大的影响，在增压的情况下，其爆炸极限的变化也很复杂。一般情况下，压力增大，爆炸极限扩大，这是因为系统压力增高，其分子间距更为接近，碰撞概率增高，因此使爆炸的最初反应和反应的进行更为容易。如果压力降低，则爆炸极限范围缩小，待压力降到某个值时，其下限与上限重合，将此时的压力称为爆炸的临界压力；若压力降至临界压力以下，系统便成为不爆炸系统。因此，在密闭容器中进行减压（负压）操作，甚至使系统压力降低至临界压力以下对安全生产是有利的。以甲烷为例，其爆炸极限与压力的关系如图4－8和图4－9所示。

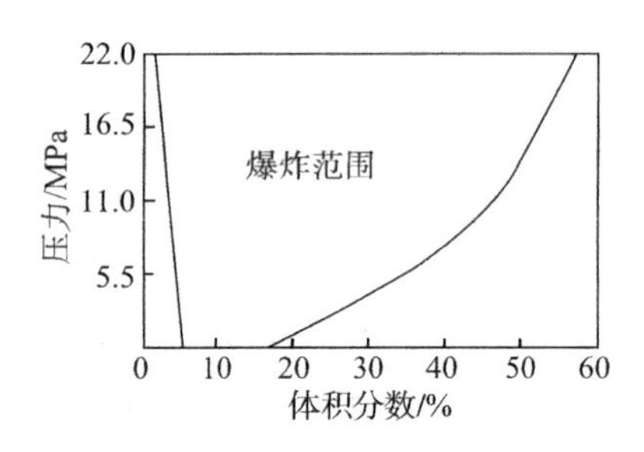

图4－8　甲烷－空气混合物爆炸极限（大气压以上）

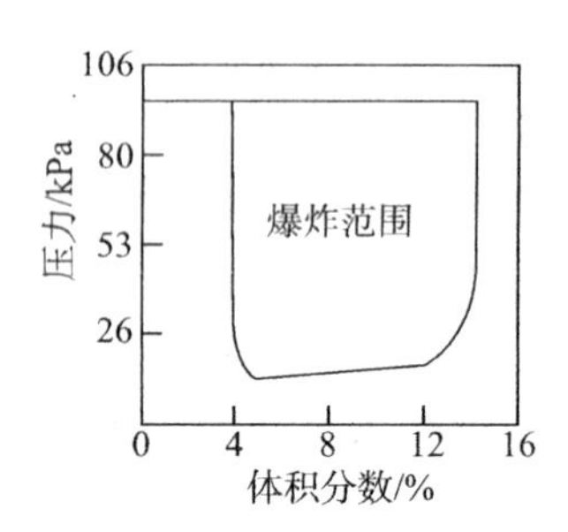

图4－9　甲烷－空气混合物爆炸极限（大气压以下）

从以上两图可以看出，压力对爆炸上限的影响较为显著，而对下限影响较小。

（3）惰性介质及杂质

可燃性混合气体中如果混入不可燃性气体，会对爆炸极限有显著影响。混合物中所含不可燃性气体越多，爆炸极限的范围则越小，不可燃性气体的浓度提高到一定值后，可使混合物不爆炸。

在甲烷与空气的混合物中，加入不可燃性气体（氮气、二氧化碳、水蒸气、氩气、氦气、四氯化碳）时，对爆炸极限的影响如图4－10所示。从图中可以看出，随着不可燃性气体量的增加，爆炸极限范围迅速减小，并且对上限的影响较之对下限的影响更为显著。这是因为，不可燃性气体浓度加大，表示氧气的浓度相对减小，而在上限中，氧气的浓度本来已经很小，故不可燃性气体浓度稍微增加一点，即产生很大影响，而使爆炸上限剧烈下降。利用这一特性，可以防止混合气体爆炸。

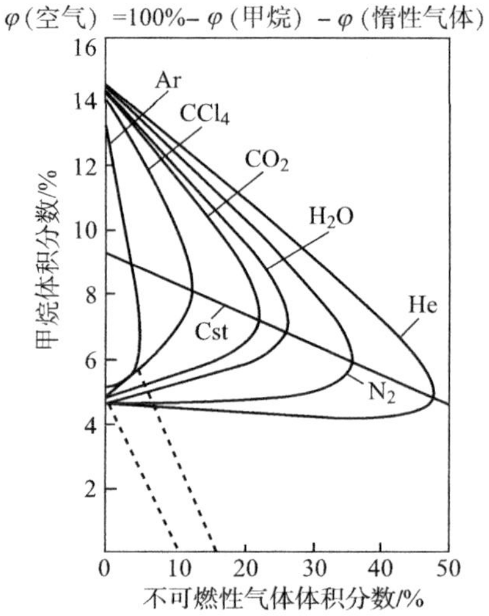

对于有气体参与的反应，微量杂质对反应也有很大影响。例如，如果没有水，干燥的氯气没有氧化能力；适量的水会急剧加速臭氧、氯氧化物的分解；少量的硫化氢会大大降低水煤气的燃点等。

φ(空气) =100%－φ(甲烷) －φ(惰性气体)

图4－10　各种不可燃性气体浓度对甲烷爆炸极限的影响

（4）容器

盛装可燃物的容器的材质、尺寸等，对可燃物爆炸极限均有影响。实验证明，对于圆柱形容器，管子直径越小，爆炸极限范围则越小，火焰蔓延的速度也越小。当管径（或火焰通道）小到一定程度时，火焰即不能通过。这一直径（或间距）称为临界直径或最大灭火间距。当管径小于最大灭火间距时，火焰因不能通过而熄灭，利用这一原理可制成隔爆型电气设备。

容器大小对爆炸极限的影响可以从器壁效应得到解释。燃烧是自由基产生一系列连锁反应的结果，只有当新生自由基多于消失的自由基时，爆炸才能继续进行。但随着管道直径的减小，自由基与管道壁的碰撞概率相应增大；当尺寸减小到一定程度时，因自由基（与器壁碰撞）销毁多于自由基产生，爆炸反应便不能继续进行。

关于材质的影响，例如氢气和氟气在玻璃器皿中混合，处于液态温度下，即使是在黑暗中，也会发生爆炸；而在银质器皿中，只有在常温下才能发生反应。

（5）点火源

点火源，如火花的能量、热表面的面积、点火源与混合物的接触时间等，对爆炸极限均有影响。例如，当电压为100 V，电流强度为2 A时，甲烷的爆炸极限为5.9%~13.6%；而当电流强度为3 A时，爆炸极限为5.85%~14.8%。一般情况下，点火源能量越大、持续时间越长，则爆炸极限范围越宽。各种爆炸性混合物都有一个最低引爆能量，这一般在接近理论混合比时出现。

除了上述因素外，光对爆炸极限也有影响。众所周知，在黑暗中氢气与氯气的反应十分缓慢，但在强光照射下会发生连锁反应导致爆炸。甲烷与氯气的混合物，在黑暗中长时间都不会发生反应，但在日光照射下会引起激烈的反应，如果两种气体的比例适当，还会发生爆炸。另外，表面活性物质对某些介质也有影响，如在球形器皿内，且处于530 ℃时，氢气与氧气完全无反应，但是如果向器皿中插入石英、玻璃、铜或铁棒，则会发生爆炸。

从上文所述可以看出，影响爆炸极限的因素很多。因此，各种书籍中的爆炸极限数据仅供参考，在应用时一定要注意测试条件与实际情况是否相等。

4.2.4 可燃性混合气体的发火条件

在爆炸范围内的任何可燃性混合气体，如果没有一定的点火源，是不能产生爆炸的。为了防止爆炸灾害，掌握混合气体发火的必要条件是很重要的。

1. 自燃温度

可燃性混合气体在温度条件适宜时会自行发火。从热力学来分析，可燃性混合气体的自行发火是混合系统内的化学反应和传递形式所造成的热扩散平衡问题，而发火是由发热速度大于散热速度致使温度上升所引起的。任何物质在温度低于某一数值时，散热速度大于发热速度，便不会发火；高于某一数值时，则引起着火，该极限温度称为自燃温度。与爆炸性混合气体接触的物体，如电动机、反应罐、暖气管道等，其接触表面的温度必须控制在所接触的爆炸性混合物自燃温度以下。当然，由于自燃点随散热条件的变化而变化，所以表中所列数据均为在一般散热条件下可能发火的自燃点。如由甲烷与空气按理论混合比组成的混合气体，自燃温度虽为540 ℃，但在大气中加热气体管道而使其发火时，若加热表面比较小，则温度必须在750 ℃以上（点火源为半径0.5 cm，长15 cm的圆筒形玻璃管）。

为了便于将防爆设备的表面温度限制在一个合理的数值上，现将在标准实验条件下的爆炸性混合气体按其自燃温度分为T_1~T_6六组，见表4-6。

表 4-6　爆炸性混合气体按自燃温度分组

组别	自燃温度/℃	组别	自燃温度/℃
T_1	$T>450$	T_4	$135<T\leqslant200$
T_2	$300<T\leqslant450$	T_5	$100<T\leqslant135$
T_3	$200<T\leqslant300$	T_6	$85<T\leqslant100$

2. 最小发火能量

当气体的点火源是静电或电气设备所造成的电火花时，气体发火是两电极间的混合气体得到电火花能量后产生化学反应的结果。在此种情况下，存在着发火所必需的能量极限，该能量称为最小发火能量。最小发火能量是爆炸性气体混合物的基本特性，爆炸性气体的分级标准便是由最小发火能量决定的。最小发火能量可以利用电容储能再释放的方式进行测定。当电容为 C，充电电压为 U 时，电火花能量为

$$E=\frac{1}{2}CU^2$$

测试原理如图 4-11 所示。典型气体（蒸气）-空气混合物的最小发火能量见表 4-7。

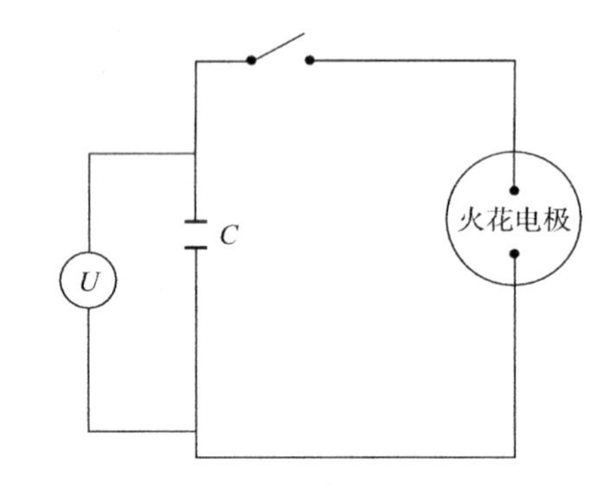

图 4-11　最小发火能量测试原理图

表 4-7　典型气体（蒸气）-空气混合物的最小发火能量

气体（蒸气）名称	最小发火能量/mJ	气体（蒸气）名称	最小发火能量/mJ
二硫化碳	0. 009	丁烷	0. 25
乙炔	0. 019	乙烷	0. 25
氢气	0. 019	丙烷	0. 26
乙醚	0. 19	甲烷	0. 28
苯	0. 20	丙烯	0. 28
戊烷	0. 24		

3. 最小发火电流

上述最小发火能量的测定实验适用于基础研究。在实际的电气装置里，基本的电气参数是电压和电流。据此，又规定了三种标准实验电路（图 4-12）来测定该电气装置在指定电压下的最小点燃电流。这个最小点燃电流值是爆炸危险环境下使用的本质安全型电气设备的分类、分级依据。图 4-13 所示是含有镉、锌、镁和铝的电气设备中电阻电路的最小点燃电流曲线示意。曲线Ⅰ是Ⅰ类，适用于煤矿（主要是甲烷气）；曲线ⅡA、ⅡB、ⅡC 是Ⅱ类 A、B、C 三级，适用于工业中的不同可燃性气体（参见表 4-10）。适用于其他条件的最小点燃电流曲线可查阅《爆炸危险场所用电气设备——本质安全型规程》。

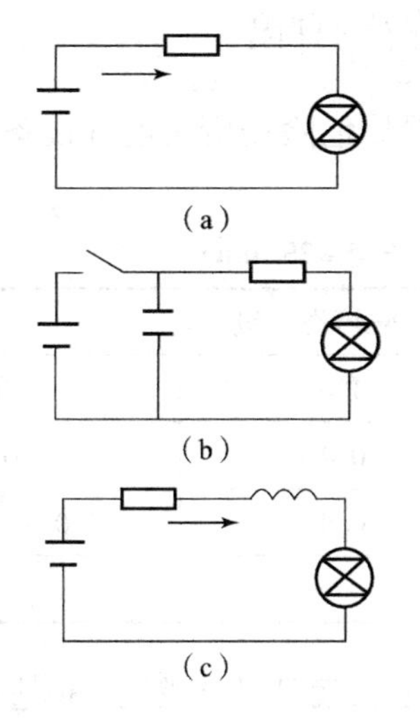

图4-12　三种标准实验电路

(a) 电阻性电路；(b) 电容性电路；(c) 电感性电路

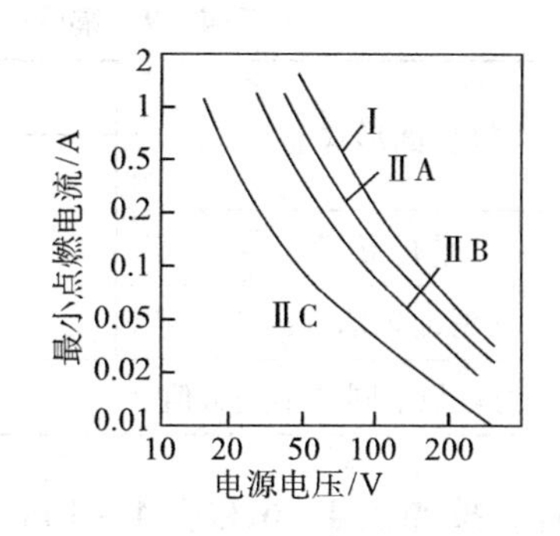

图4-13　最小点燃电流示意曲线

4. 最小传爆断面与最大实验安全间隙及最大允许结构间隙

最小传爆断面是火焰传播能力的一种度量参数。当爆炸性混合气体的火焰经过足够小的断面（例如两个平面的狭缝或一个小管孔）时，由于壁面的冷却效应和碰撞效应，导致自由基或活性原子的复合消失，化学链式反应的条件被破坏，因而不能形成连续燃烧薄膜或燃烧通道，火焰就会熄灭。这种阻断火焰传播的原理称为缝隙隔爆原理。火焰尚能传播而不熄灭的最小断面称为最小传爆断面。缝隙隔爆原理有多种应用形式，如接合面隔爆、曲路隔爆、细管隔爆、金属或陶瓷小珠的堆积体（包括烧结体）隔爆等。隔爆型电气设备便是按接合面隔爆的原理设计的。为了达到既安全又经济的目的，隔爆设备的隔爆接合面按气体传播能力做了分级。在分级中用到以下两个概念：最大实验安全间隙和最大允许结构间隙，前者用于可燃性气体的分级，后者用于防爆设备的分级。

最大实验安全间隙是指，在国际电工委员会79-1A号文件所规定的实验条件下，受试设备两部分壳体间的一个最大间隙值。设备处在这个间隙值时，能阻止其内部可燃混合气被点燃后，通过25 mm长的接合面将爆炸传至外部的可燃混合气。实验用混合气应符合规定的浓度。爆炸性气体（蒸气）混合物按照最大实验安全间隙进行分类和分级的标准见表4-8。

表4-8　爆炸性气体（蒸气）混合物分类和分级标准

类别	级别	最大实验安全间隙 δ/mm
Ⅰ	—	矿用（甲烷）
Ⅱ	A	$\delta \geqslant 0.9$
	B	$0.5 < \delta < 0.9$
	C	$\delta \leqslant 0.5$

最大允许结构间隙，是指根据电气设备的组别、爆炸外壳的容积和隔爆接合面的长度所规定的最大间隙值。最大允许结构间隙是隔爆型电气设备接合面的制造标准，这个间隙值是在最大实验安全间隙的基础上除以一定的安全系数值（通常取2），即

$$最大允许结构间隙=\frac{最大实验安全间隙}{2}$$

几类隔爆外壳的结构间隔参数见表4－9，详见《爆炸危险场所用电气设备——隔爆型规程》。

表4－9　隔爆外壳结构间隔（隔爆面长度≥25 mm） mm

接合面形式	隔爆类、级		
	Ⅰ	ⅡA	ⅡB
平行形	0.5	0.4	0.2
滑动轴承	0.5	0.4	0.2~0.3①
①随外壳容积不同取不同数值。			

这样，按照表4－6和表4－8规定的分组、分级标准，就可对可燃性气体进行分组和分级，并将其作为选择防爆电气设备的依据，见表4－10。

表4－10　可燃性气体（蒸气）分级分组

序号	物质名称	分子式及级别	组别
ⅡA级			
一、烃类			
1	甲烷	CH_4	T_1
2	乙烷	C_2H_6	T_1
3	丙烷	C_3H_8	T_1
4	丁烷	C_4H_{10}	T_2
5	戊烷	C_5H_{12}	T_3
6	己烷	C_6H_{14}	T_3
7	庚烷	C_7H_{16}	T_3
8	辛烷	C_8H_{18}	T_3
9	壬烷	C_9H_{20}	T_3
10	癸烷	$C_{10}H_{22}$	T_3
11	环丁烷	$CH_2(CH_2)_2CH_2$	—
12	环戊烷	$CH_2(CH_2)_3CH_2$	T_3
13	环己烷	$CH_2(CH_2)_4CH_2$	T_3
14	环庚烷	$CH_2(CH_2)_5CH_2$	—
15	甲基环丁烷	$CH_3CH(CH_2)_2CH_2$	—

续表

序号	物质名称	分子式及级别	组别
16	甲基环戊烷	$CH_3CH(CH_2)_3CH_2$	T_2
17	甲基环己烷	$CH_3CH(CH_2)_4CH_2$	T_3
18	乙基环丁烷	$C_2H_5CH(CH_2)_2CH_2$	T_3
19	乙基环戊烷	$C_2H_5CH(CH_2)_3CH_2$	T_3
20	乙基环己烷	$C_2H_5CH(CH_2)_4CH_2$	T_3
21	萘烷	$CH_2(CH_2)_3CHCH(CH_2)_3CH_2$	T_3
22	丙烯	$CH_3CH{=}CH_2$	T_2
23	苯乙烯	$C_6H_5CH{=}CH_2$	T_1
24	甲基苯乙烯	$C_6H_5C(CH_3){=}CH_2$	T_1
25	苯	C_6H_6	T_1
26	甲苯	$C_6H_5CH_3$	T_1
27	二甲苯	$C_6H_4(CH_3)_2$	T_1
28	乙苯	$C_6H_5C_2H_5$	T_2
29	三甲苯	$C_6H_3(CH_3)_3$	T_1
30	萘	$C_{10}H_8$	T_1
31	异丙苯	$C_6H_5CH(CH_3)_2$	T_2
32	甲基异丙苯	$CH_3C_6H_4CH(CH_3)_2$	T_2
33	（工业用）甲烷		T_1
34	松节油		T_3
35	石脑油		T_3
36	煤焦油		T_3
37	石油（包括汽油）		T_3
38	洗涤汽油		T_3
39	燃料油		T_3
40	煤油		T_3
41	柴油		T_1

续表

序号	物质名称	分子式及级别	组别
42	动力苯		—
二、含氧化合物			
43	一氧化碳	CO	T_1
44	二丙醚	$(C_3H_7)_2O$	—
45	甲醇	CH_3OH	T_2
46	乙醇	C_2H_5OH	T_2
47	丙醇	C_3H_7OH	T_2
48	丁醇	C_4H_9OH	T_2
49	戊醇	$C_5H_{11}OH$	T_3
50	己醇	$C_6H_{13}OH$	T_3
51	庚醇	$C_7H_{15}OH$	—
52	辛醇	$C_8H_{17}OH$	—
53	壬醇	$C_9H_{19}OH$	—
54	环己醇	$CH_2(CH_2)_4CHOH$（环状）	T_3
55	甲基环己醇	$CH_3CH(CH_2)_4CHOH$（环状）	T_3
56	苯酚	C_6H_5OH	T_1
57	甲酚	$CH_3C_6H_4OH$	T_1
58	双丙酮醇	$(CH_3)_2C(OH)CH_2COCH_3$	T_1
59	乙醛	CH_3CHO	T_4
60	聚乙醛	$(CH_3CHO)_n$	—
61	丙酮	$(CH_3)_2CO$	T_1
62	2－丁酮	$C_2H_5COCH_3$	T_1
63	2－戊酮	$C_3H_7COCH_3$	T_1
64	2－己酮	$C_4H_9COCH_3$	T_1
65	戊基甲基甲酮	$C_5H_{11}COCH_3$	—
66	戊间二酮（乙酰丙酮）	$CH_3COCH_2COCH_3$	T_2
67	环己酮	$CH_2(CH_2)_4CO$（环状）	T_2
68	甲酸甲酯	$HCOOCH_3$	T_2
69	甲酸乙酯	$HCOOC_2H_5$	T_2

续表

序号	物质名称	分子式及级别	组别
70	乙酸甲酯	CH_3COOCH_3	T_1
71	乙酸乙酯	$CH_3COOC_2H_5$	T_2
72	乙酸丙酯	$CH_3COOC_3H_7$	T_2
73	乙酸丁酯	$CH_3COOC_4H_9$	T_2
74	乙酸戊酯	$CH_3COOC_5H_{11}$	T_2
75	甲基丙烯酸甲酯	$CH_2=C(CH_3)COOCH_3$	T_2
76	甲基丙烯酸乙酯	$CH_2=C(CH_3)COOC_2H_5$	—
77	乙酸乙烯酯	$CH_3COOCH=CH_2$	T_2
78	乙酰基醋酸乙酯	$CH_3COCH_2COOC_2H_5$	T_2
79	乙酸	CH_3COOH	T_1
三、含卤化合物			
80	氯甲烷	CH_3Cl	T_1
81	氯乙烷	C_2H_5Cl	T_1
82	溴乙烷	C_2H_5Br	T_1
83	氯丙烷	C_3H_7Cl	T_1
84	氯丁烷	C_4H_9Cl	T_3
85	溴丁烷	C_4H_9Br	T_3
86	二氯乙烷	$C_2H_4Cl_2$	T_2
87	二氯丙烷	$C_3H_6Cl_2$	T_1
88	氯苯	C_6H_5Cl	T_1
89	苄基氯	$C_6H_5CH_2Cl$	T_1
90	二氯苯	$C_6H_4Cl_2$	T_1
91	丙烯基氯	$CH_2=CHCH_2Cl$	T_2
92	二氯乙烯	$CHCl=CHCl$	T_1
93	氯乙烯	$CH_2=CHCl$	T_2
94	d，d，d-三氟甲苯	$C_6H_5CF_3$	T_1
95	二氯甲烷	CH_2Cl_2	T_1
96	乙酰氯	CH_3COCl	T_3
97	氯乙醇	CH_2ClCH_2OH	T_2
四、含硫化合物			
98	乙硫醇	C_2H_5SH	T_3
99	丙硫醇-1	C_3H_7SH	—

续表

序号	物质名称	分子式及级别	组别
100	噻吩	$CH=CHCH=CS$（环状）	T_2
101	四氢噻吩	$CH_2—CH_2CH_2—CH_2S$（环状）	T_3
五、含氮化合物			
102	氨气	NH_3	T_1
103	乙腈	CH_3CN	T_1
104	亚硝酸乙酯	CH_3CH_2ONO	T_6
105	硝基甲烷	CH_3NO_2	T_2
106	硝基乙烷	$C_2H_5NO_2$	T_2
107	甲胺	CH_3NH_2	T_2
108	二甲胺	$(CH_3)_2NH$	T_2
109	三甲胺	$(CH_3)_3N$	T_4
110	二乙胺	$(C_2H_5)_2NH$	T_2
111	三乙胺	$(C_2H_5)_3N$	T_1
112	正丙胺	$C_3H_7NH_2$	T_2
113	正丁胺	$C_4H_9NH_2$	T_2
114	环已胺	$CH_2(CH_2)_4CHNH_2$（环状）	T_3
115	2-乙醇胺	$NH_2CH_2CH_2OH$	—
116	2-二乙胺基乙醇	$(C_2H_5)NCH_2CH_2OH$	—
117	二胺基乙烷	$NH_2CH_2CH_2NH_2$	T_2
118	苯胺	$C_6H_5NH_2$	T_1
119	N，N-二甲基苯胺	$C_6H_5N(CH_3)_2$	T_2
120	苯胺基丙烷	$C_6H_5CH_2CH(NH_2)CH_3$	—
121	甲苯胺	$CH_3C_6H_4NH_2$	T_1
122	吡啶	C_5H_5N	T_1
ⅡB级			
一、烃类			
123	丙炔	$CH_3C \equiv CH$	T_1
124	乙烯	C_2H_4	T_2
125	环丙烷	$CH_2CH_2CH_2$（环状）	T_1

续表

序号	物质名称	分子式及级别	组别
126	1，3 - 丁二烯	$CH_2=CHCH=CH_2$	T_2
二、含氮化合物			
127	丙烯腈	$CH_2=CHCN$	T_1
128	异丙基硝酸盐	$(CH_3)_2CHONO_2$	—
129	氰化氢	HCN	T_1
三、含氧化合物			
130	二甲醚	$(CH_3)_2O$	T_3
131	乙基甲基醚	$CH_3OC_2H_5$	T_4
132	二乙醚	$(C_2H_5)_2O$	T_4
133	二丁醚	$(C_4H_9)_2O$	T_4
134	环氧乙烷	CH_2CH_2O（环状）	T_2
135	1,2 - 环氧丙烷	CH_3CHCH_2O（环状）	T_2
136	1,3 - 二噁戊烷	$CH_2CH_2OCH_2O$（环状）	—
137	1,4 - 二噁己烷	$CH_2CH_2OCH_2CH_2O$（环状）	T_2
138	1,3,5 - 三噁烷	$CH_2OCH_2OCH_2O$（环状）	T_2
139	羟基乙酸丁酯	$HOCH_2COOC_4H_9$	—
140	四氢糠醇	$CH_2CH_2CH_2OCHCH_2OH$（环状）	T_3
141	丙烯酸甲酯	$CH_2=CHCOOCH_3$	T_2
142	丙烯酸乙酯	$CH_2=CHCOOC_2H_5$	T_2
143	呋喃	$CH=CHCH=CHO$（环状）	T_2
144	丁烯醛	$CH_3CH=CHCHO$	T_3
145	丙烯醛	$CH_2=CHCHO$	T_3
146	四氢呋喃	$CH_2=CH_2CH_2=CH_2O$（环状）	T_3
四、混合气			
147	焦炉煤气		T_1
五、含卤化合物			

续表

序号	物质名称	分子式及级别	组别
148	四氟乙烯	C_2F_4	T_4
149	1-氯-2,3-环氧丙烷	OCH_2CHCH_2Cl	T_2
150	硫化氢	H_2S	T_3
ⅡC级			
151	氢	H_2	T_1
152	乙炔	C_2H_2	T_2
153	二硫化碳	CS_2	T_5
154	硝酸乙酯	$C_2H_5ONO_2$	T_6
155	水煤气		T_1

5. 绝热压缩引起的发火

当气体被压缩时，温度上升，若热损失小，则成为绝热压缩，压缩后的温度按下式计算

$$T_2 = T_1\left(\frac{p_2}{p_1}\right)^{\frac{k-1}{k}} \tag{4-31}$$

式中，T_1——气体的初始温度，K；

T_2——气体被压缩后的温度，K；

p_1——初始的绝对压力，Pa；

p_2——压缩后的绝对压力，Pa；

k——气体比热的比值（空气中 $k=1.4$）。

以空气为例，若初始条件定为 $T=15$ ℃，$p_1=100$ kPa，根据 p_2 与 T_2 的关系，当压力分别为5 MPa、10 MPa、15 MPa、20 MPa时，温度分别为866 K、1 068 K、1 200 K、1 303 K。

在进行高压气体的处理和制备时，若向一端密闭的容器中快速地导入高压气体，则容易达到可燃性气体发火所对应的温度。高压气体储气罐的阀门上附有压力调节器，若突然打开阀门，常造成调节器内温度升高。对于可燃性气体或乙炔等分解爆炸性气体，由此而发火的事例是屡见不鲜的。

4.2.5 气体爆炸效应

1. 燃烧热

所谓燃烧热，是指单位质量或单位体积的可燃物质，在一定温度和一定压力条件下完全燃烧所放出的热量。温度和压力在标准状态时物质的燃烧热称为标准燃烧热。可燃物质燃烧爆炸时所能达到的最高压力及爆炸力均与物质的燃烧热有关。

燃烧热一般是用量热计在常温下测量的。高热值是指单位质量或单位体积的燃料完全燃烧，生成的水蒸气也全部冷凝成水时所放出的热量；低热值是指单位质量或单位体积的燃料完全燃烧，但生成的水蒸气不冷凝成水时所放出的热量。一些可燃性气体的燃烧热见表4-11。

表 4-11　可燃性气体燃烧热

气体	高发热值/（$kJ \cdot kg^{-1}$）	低发热值/（$kJ \cdot kg^{-1}$）
氢气	141 480	119 080
乙炔	49 680	47 950
甲烷	55 540	49 910
乙烯	49 690	46 470
乙烷	51 490	47 120
丙烯	48 790	45 620
丙烷	50 040	46 080
丁烯	48 210	45 120
丁烷	49 210	45 450
戊烷	49 000	45 240
一氧化碳	10 120	—
硫化氢	16 720	15 550

2. 化学能量

化学反应产生的爆炸效应，可按亥姆霍斯或吉布斯的自由能变化关系加以定量，其关系式如下

$$\Delta F = \Delta E - T\Delta S = \Delta H - p\mathrm{d}V - T\Delta S \tag{4-32}$$

$$\Delta G = \Delta H - T\Delta S = \Delta E + p\mathrm{d}V - T\Delta S = \Delta F + p\mathrm{d}V$$

$$\Delta H = \Delta E + p\mathrm{d}V$$

式中，ΔF——亥姆霍斯自由能的变化；

ΔG——吉布斯自由能的变化；

ΔE——内能的变化；

ΔS——熵的变化；

ΔH——焓的变化；

T——温度，K。

同时，还有

$$\Delta E = [\Delta E_{\mathrm{f}}^{0}]_{\mathrm{p}} - [\Delta E_{\mathrm{f}}^{0}]_{\mathrm{r}} \tag{4-33}$$

$$S = S^{0} - R\ln p \tag{4-34}$$

$$\Delta S = [S]_{\mathrm{p}} - [S]_{\mathrm{r}}$$

式中，下标 r——反应物；

下标 p——生成物；

上标 0——标准状态；

p——分压；

R——理想气体状态常数，8.286 J/(mol · K)。

现以 TNT(三硝基甲苯）的分解为例，求上述方程的解。TNT 爆炸物质的热力学性质参量列入表 4－12 中。因为化学手册中查不到 ΔE_f^0 的数据，故用生成热 ΔH_f^0 来代替。

表 4－12　某些物质的热力学性质参量

物质	状态	ΔH_f^0 /（kJ·mol^{-1}）［（kcal①·mol^{-1}）］	S^0 /（kJ·mol^{-1}）［（kcal·mol^{-1}）］
C	结晶	0（0）	5.717（1.371 2）
CO	气	－110.1（－26.404）	205.14（49.194）
H_2	气	0（0）	130.07（31.192）
N_2	气	0（0）	190.77（45.748）
TNT	固	－54.2（－13）	271.05（65）

反应式为

CH_3

O_2N ⟶ NO_2 $\longrightarrow C+6CO+2.5H_2+1.5N_2$

NO_2

根据式（4－33），得

$$\Delta E \approx [\Delta H_f^0]_p - [\Delta H_f^0]_r$$
$$= \{(1\times 0)+[6\times(-26.404)]+(2.5\times 0)+(1.5\times 0)\}-[1\times(-13)]$$
$$= -145.424\ (\text{kcal/mol}) = -606.418\ \text{kJ/mol}$$

根据式（4－34），有

	S^0	$-R\ln p$	S
CO	49.194	$-R\ln 0.6=1.015$	50.209
H_2	31.192	$-R\ln 0.25=2.755$	33.947
N_2	45.748	$-R\ln 0.15=3.770$	49.518
TNT	65	$-R\ln 1=0$	65

$$\Delta S = [S]_p - [S]_r$$
$$=[(1\times 1.3712)+(6\times 50.209)+(2.5\times 33.947)+(1.5\times 49.518)]-(1\times 65)$$
$$=396.77[\text{cal/(mol}\cdot\text{K)}]=1\,654.53\ \text{J/(mol}\cdot\text{K)}$$

由式（4－32），得

$$\Delta F = \Delta E - T\Delta S = -145.424\times 10^3 - 298\times 396.77 = -263\,661(\text{cal/mol}) = -1\,161\ \text{kcal/kg}$$
$$= -4\,841\ \text{kJ/kg}$$

这就是 TNT 爆炸时所放出的能量。

通常将 4 170 kJ/kg（1 000 kcal/kg）作为 TNT 的当量，用来计算和评价爆炸效应（由

① 1 kcal＝4.186 kJ。

于引用的参数不同，有的文献推荐的 TNT 当量是 4 816 kJ/kg，有的文献是 4 670 kJ/kg)。TNT 缓慢燃烧时的发热量为 15 850 kJ/kg，故 TNT 爆炸时只有约 1/3 的发热量用来对外做功(产生爆炸效应)。

混合气体在容器内或在某一局限空间中发生爆炸所放的能量，也可根据参与反应的可燃性气体量和这种气体的燃烧热（高热值）直接计算而得，即

$$L = V \cdot Q \tag{4-35}$$

式中，L——化学爆炸时放出的能量，kJ；

V——参与反应的气体体积（标准状态下），m^3；

Q——可燃性气体的燃烧热，kJ/m^3。

不过，在一般情况下，参与反应的可燃性气体量是难以精确计算的，所以只能估算。即估算混入多少可燃性气体或混入的氧气（或空气）可与多少可燃性气体进行反应。对于发生在容器外空间的化学爆炸，虽然容器内部的可燃性气体已全部逸出，但并非全部参与反应，因为喷出的气体呈球状扩散到外部空间，只有外围的一部分可燃性气体与空气混合形成爆炸性气体。

例如，1 kg 汽油蒸气与空气混合并达到爆炸极限，遇火花在 1 s 内发生爆炸，试求爆炸所做的功。

1 kg 汽油蒸气的燃烧热为 43 100 kJ，因此，其功率为

$$P = \frac{43\ 100}{1} = 43\ 100\ (\text{kW})$$

这就是说，爆炸将会产生 43 100 kW 的功率，这个功率足以破坏容器。产生如此大的功率主要是因为爆炸仅仅在 1 s 内发生，假如是在 10 min 内完成，则功率降低为 72 kW。相反，如果反应在 0.1 s 内完成，则功率将增大 10 倍，将达到 431 000 kW。

因此，爆炸之所以有这么大的破坏力，主要是因为爆炸反应在瞬间完成。

3. 爆炸温度与压力

可燃性混合气体爆炸时对器壁产生的压力即为爆炸压力，它是对可燃性混合气体所含热能转化为做功能力或破坏力的一个度量。当爆炸压力超过容器的极限强度时，容器便发生破裂。因此，爆炸压力是防爆设备强度设计的重要依据。

爆炸的最大压力，可以根据爆炸最高温度求得

$$p_{max} = \frac{T_{max}}{T_0} \cdot p_0 \frac{n}{m} \tag{4-36}$$

式中，p_0、p_{max}——初始压力与爆炸最大压力，Pa；

T_0、T_{max}——初始温度与爆炸最高温度，K；

m、n——爆炸前与爆炸后的气体摩尔数。

理论上的爆炸最高温度可根据反应热计算。

以乙醚为例，先列出燃烧反应方程式，并将空气中的氮气量也列入。

$$C_4H_{10}O + 6O_2 + 22.6N_2 \rightarrow 4CO_2 + 5H_2O + 22.6N_2$$

式中，氮气量按空气 $\varphi(N):\varphi(O_2) = 79:21$ 计算，所以 $6O_2$ 对应的 N_2 为 $6 \times \frac{79}{21} = 22.6$。

由反应方程式可算出，爆炸前的气体摩尔数为 29.6，爆炸后气体摩尔数为 31.6。查

表4－13并计算产物的热容为

$$4\times(37.5+0.00242t)+5\times(16.7+0.00897t)+22.6\times(20.0+0.00188t)=685.9+0.0969t$$

这里的热容是定容热容，符合密闭容器中爆炸情况。

表4－13　气体平均定容分子热容计算式

气 体	$\bar{c}_V$/[J·(mol·℃)$^{-1}$]	气体	$\bar{c}_V$/[J·(mol·℃)$^{-1}$]
单原子气体（Ar、He、金属蒸气）	20.77	H_2O、H_2S	$16.7+0.00897t$
双原子气体（N_2、H_2、O_2、CO、NO）	$20.0+0.00188t$	所有四原子气体（NH_3等）	$41.7+0.00188t$
CO_2、SO_2	$37.5+0.00242t$	所有五原子气体（CH_4等）	$50.0+0.00188t$

已知乙醚的燃烧热为2 712 kJ/mol，因爆炸速度很快，且基本是在绝热情况下进行的，燃烧热全部用于提高反应产物的温度，所以燃烧热也就等于反应产物热容与温度的乘积，即

$$2\ 712\ 000=685.9+0.0969t$$

解上式得爆炸最高温度为

$$t_{max}=2\ 826\ ℃$$

上面的计算式将原始温度视为0 ℃。因为爆炸最高温度非常高，正常室温与0 ℃虽有若干摄氏度的差数，但对计算结果无显著影响。当然，计算结果加室温也就等于精确值。

这样，由式（4－36）即可求得

$$p_{max}=\frac{2\ 826+273}{273}\times101\times\frac{31.6}{29.6}=1\ 210\ (kPa)$$

上面的计算中由于没有考虑热损失，是按理论的空气量计算的，所以结果是最大的。

爆炸性气体混合物的爆炸温度与压力也可以根据反应方程式与气体的内能进行计算。

如，甲烷的燃烧反应式为

$$CH_4+2O_2+7.52N_2\rightarrow CO_2+2H_2O+7.52N_2$$

已知甲烷的燃烧热Q为879.2 kJ/mol，设原始温度为300 K，再计算燃烧产物的内能，则

$$\begin{aligned}\sum u_2&=Q+\sum u_1=879.2+(6.92+2\times7.46+7.52\times6.21)\\&=947.4\ (kJ)\end{aligned}$$

式中，6.92、7.46、6.21分别为CO_2、H_2O、N_2在300 K时的内能（表4－14）；$\sum u_1$、$\sum u_2$分别为反应前、后内能的总和。先试取3 000 K为燃烧后的温度，则在爆炸后，其全部内能为

$$\begin{aligned}u_{3\ 000\ K}&=u_{CO_2}+u_{H_2O}+u_{N_2}\\&=1\times137.6+2\times109.7+7.52\times76.3\\&=930.8\ (kJ)\end{aligned}$$

此热量低于$\sum u_2$值，因而爆炸温度高于3 000 K。再选用3 200 K作为爆炸温度，得其

全部内能为 1 004.1 kJ，用补差法确定真正的爆炸温度为

$$T=\frac{947.4-930.8}{1\ 004.1-930.8}\times 200+3\ 000=3\ 045\ (\mathrm{K})$$

$$t=3\ 045-273=2\ 772\ (℃)$$

所以爆炸温度是 2 772 ℃。由于是按完全燃烧反应式计算的，故所得为最高爆炸温度。

爆炸的最大压力也可根据前面的式子进行计算。

表 4－14　某些物质在不同温度下的内能　　J·mol^{-1}

温度/K	H_2	O_2	N_2	CO_2	H_2O
300	6.00	6.21	6.21	6.92	7.46
400	8.09	8.34	8.26	10.01	10.05
600	12.26	12.89	12.55	17.26	15.05
800	16.47	17.81	17.01	25.48	21.14
1 000	20.77	22.98	21.77	34.40	27.44
1 400	29.82	33.86	31.90	53.38	39.28
1 800	39.53	45.04	42.53	73.81	57.13
2 200	49.60	57.13	53.79	94.66	73.81
2 400	55.04	62.97	59.21	105.03	82.57
2 600	60.47	69.22	65.05	115.93	91.32
2 800	66.30	75.06	70.47	126.77	100.50
3 000	71.72	81.32	76.31	137.61	109.67
3 200	77.56	87.99	82.15	148.45	119.26

几种典型物质最大爆炸压力列入表 4－15。

表 4－15　几种典型物质最大爆炸压力

名称	p_{max}/kPa	名称	p_{max}/kPa
氢气	740	苯	900
甲烷	720	一氧化碳	730
己烷	870	标准汽油	850
乙炔	1 030	城市煤气	700
乙烯	890	乙醇	750

4. 立方根法则

当一定量的爆炸性物质发生爆炸反应后，在一定距离处产生的冲击波压力是多少？在多大距离可保证人身安全？这一系列问题，可用立方根法则解决。

立方根法则用下式表示

$$\lambda = R_L / \sqrt[3]{W} \quad 或 \quad R_L = \lambda \cdot \sqrt[3]{W} \tag{4-37}$$

式中，R_L——距爆心的距离，m；

W——该爆炸物的量，以 TNT 当量计算，kg；

λ——等效距离，与冲击波超压有关，它们之间的关系如图 4－14 所示。

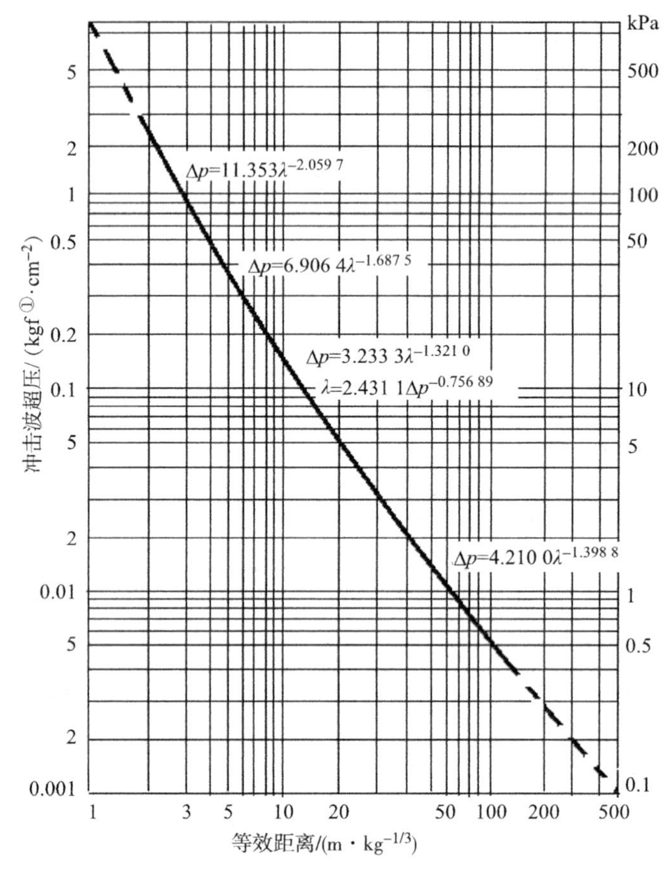

图 4－14　等效距离与冲击波超压之间的关系

当 $\lambda=8\sim30$ m/$\sqrt[3]{\text{kg}}$时，也可用如下数学式进行计算

$$\Delta p = 3.2333\lambda^{-1.3210} \tag{4-38}$$

或

$$\lambda = 2.4311\Delta p^{-0.75689} \tag{4-39}$$

立方根法则不仅适用于气体爆炸，对爆炸性物质的爆炸也适用。

［**例 4**］100 kg TNT 爆炸时，求：①100 m 处的冲击波压力；②只允许房屋窗户损坏的安全距离。

解：①按式（4－37），得

$$\lambda = 100/\sqrt[3]{100} = 21.5 \ (\text{m}/\sqrt[3]{\text{kg}})$$

查图 4－14，得

---

① 1 kgf = 9.8 N。

$$\Delta p \approx 5.6\ \text{kPa}$$

②查表4－16～表4－18，得

$$\Delta p = 5\ \text{kPa}$$

查图4－14，得 $\lambda \approx 23$。

由式（4－37），得

$$R_L = 23 \times \sqrt[3]{100} \approx 107\ (\text{m})$$

表4－16 冲击波超压及其破坏效应

Δp/kPa	破坏效应
0.2	某些大的椭圆形窗玻璃破裂
0.3	产生喷气式飞机的冲击音
0.7	某些小的椭圆形窗玻璃破裂
1	窗玻璃全部破裂
2	由冲击产生的碎片飞出
3	民用住房轻微损坏
5	窗户外框损坏
6	屋基受到损坏
8	树木折枝，房屋需修理方能居住
10	承重墙破坏，屋基向上错动
15	屋基破坏，30%的树木倾倒，动物耳膜破坏
20	90%树木倾倒，钢筋混凝土柱扭曲
30	油罐开裂，钢柱倒塌，木柱折断
50	货车倾覆，民用建筑全部毁坏，人肺部受伤
70	砖墙全部破坏
100	油罐压坏

表4－17 冲击波超压对不同设施的破坏情况

种类	冲击波超压值 Δp/kPa				
	完全毁坏	严重毁坏	中等毁坏	轻度毁坏	轻微毁坏
钢筋混凝土建筑物	80～100	50～80	30～50	10～30	3～5
多层砖建筑物	20～40	20～30	10～20	5～10	3～5
少层砖建筑物	35～45	25～35	15～25	7～15	3～5
木建筑物	20～30	12～20	9～12	6～8	3～5
工业钢架建筑物	50～80	30～50	20～30	5～20	3～5
民用设施	1 000～1 500	600～1 000	200～600	200～310	—

续表

种类	冲击波超压值 Δp/kPa				
	完全毁坏	严重毁坏	中等毁坏	轻度毁坏	轻微毁坏
铁路钢桥	150～200	150～200	100～150	50～100	—
铁路	300～500	300～500	150～300	100～150	—
铁路列车	100～200	100～200	40～80	30～40	—
架空高压线	—	70	—	—	—
木杆通信线	—	30	—	—	—
地下电缆	—	380	—	—	—
变电站	—	50	—	—	—
挡土墙	—	150	—	—	—
坝和堤	—	450	—	—	—

表4－18　冲击波超压对人的损害情况

对人的损害	死亡	致命伤	重伤（骨折、内溢血）	中伤（内伤、耳聋）	轻伤（内伤、耳鸣）
Δp/kPa	400～600	100	50～100	30～50	20～30

下面再给出一个对敞开空间爆炸效应进行事后评价的例子。

［**例5**］某公司有400 kg单基氯乙烯流入外部造成爆炸事故，事故的破坏状况为：离灾源900 m处，玻璃破损率达50%。

根据事故破坏状况，可求出离灾源900 m处冲击波超压 Δp 为0.35 kPa，从图4－14查得 $\lambda = 159\ \mathrm{m}/\sqrt[3]{\mathrm{kg}}$，将这些代入式（4－37）得到

$$W = (900/159)^3 \approx 181\ \text{kg TNT 当量}$$

计算说明此次爆炸事故相当于约181 kg TNT爆炸。如果TNT的爆热以4 170 kJ/kg计算，已知单基氯乙烯的爆热为20 016 kJ/kg，则可求出参与爆炸的氯乙烯单基的数量为

$$W_{\text{氯}} = 181 \times 4\ 170/20\ 016 \approx 40\ (\mathrm{kg})$$

这就是说，爆炸物的转化率约为10%。

对于爆炸后的安全距离，除了可利用上述立方根法则计算外，还可以根据冲量效应的计算公式计算

$$R_{\mathrm{L}} = \frac{0.396\ 70KW^{1/3}}{\left[1 + \dfrac{1.008\ 2 \times 10^7}{W^2}\right]^{1/6}}$$

式中，当 $K=9.5$ 时，爆炸区所有建筑物完全破坏；当 $K=14$ 时，砖砌房屋外表50%～70%破损，墙壁下部危险，必须拆除；当 $K=24$ 时，房屋不能再居住，屋基部分或全部破损，外墙的1～2个面部分破损，承重墙受到大的损失，必须更换；当 $K=70$ 时，构筑物受到一定程度的损坏，隔墙、木结构需要重新用螺钉加固；当 $K=140$ 时，经修理可继续居住，天井瓷砖、瓦管有不同程度的破损，10%以上门窗玻璃破损。

4.2.6　三成分系统混合气体爆炸范围

1. 混合气体的爆炸范围

如果爆炸性混合气体是由 2、3、4 种成分组成时，则分别把它们称作二成分系列、三成分系列和四成分系列混合气体。

二成分系列混合气体由一种可燃性气体和一种助燃性气体组成。助燃性气体为空气的二成分系列混合气体的爆炸极限已在表 4-4 中列出，这时把上限和下限之间的浓度范围叫作混合气的爆炸范围。

三成分系列混合气体的组成有三种情况：由可燃性气体（F）、助燃性气体（S）、惰性气体（I）混合组成；由两种可燃性气体（F_1、F_2）和一种助燃性气体（S）混合组成；由一种可燃性气体（F）和两种助燃性气体（S_1、S_2）混合组成。

三成分系列混合气体的爆炸极限计算，在前面已做了一些介绍，下面介绍一种简便实用的图解法。

如果把这些三成分系列混合气体的组成用三角形图表示，则可分别表示为图 4-15（a）、（b）、（c）。图中画斜线的部分，就属于爆炸范围。

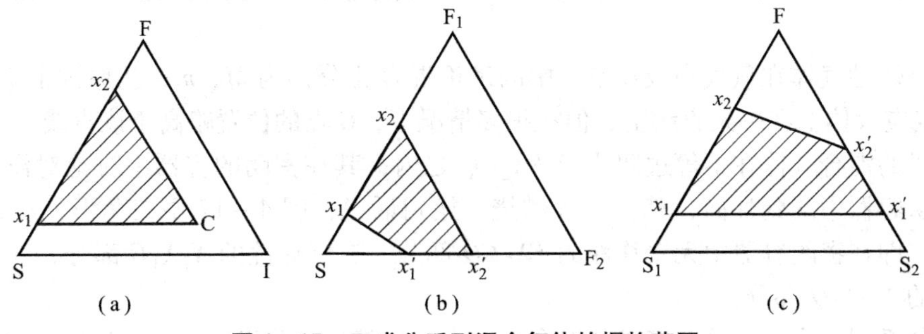

图 4-15　三成分系列混合气体的爆炸范围

图中 x_1、x_2、x_1'、x_2'分别为二成分系列混合气体的爆炸上下限。在图 4-15（b）、图 4-15（c）中，对烃类混合物，x_1x_1'和 x_2x_2'为直线；但对含氢等混合物，也有不成直线的情况。

三角坐标图如图 4-16 所示。图内的任何一点，即表示三成分不同百分比。在点上作三条平行线，分别与三条边平行，从三条平行线与相应边的交点可读出其含量。如图中 *m* 点 *A*（50）、*B*（20）、*C*（30），*n* 点 *A*（20）、*B*（70）、*C*（10）。如点在 *AC* 线上，则 *B* 为 0，依此类推。

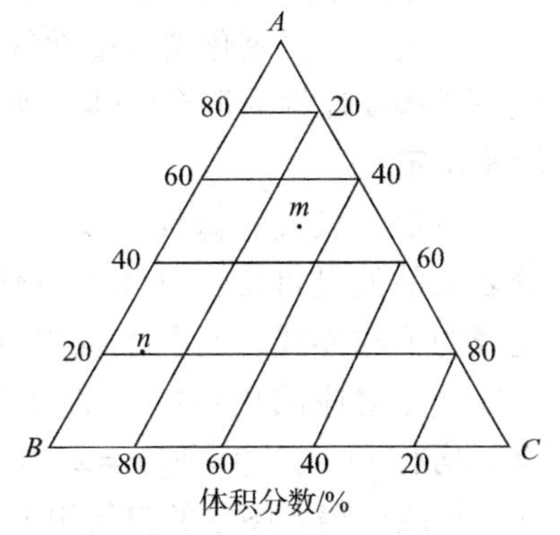

图 4-16　三角坐标图

图 4-17 为最基本的情况。它是以三角形图表示由任何可燃性气体（F）、助燃性气体（O_2）、惰性气体（N_2）混合组成三成分系列混合气体的爆炸范围。详细说明如下。

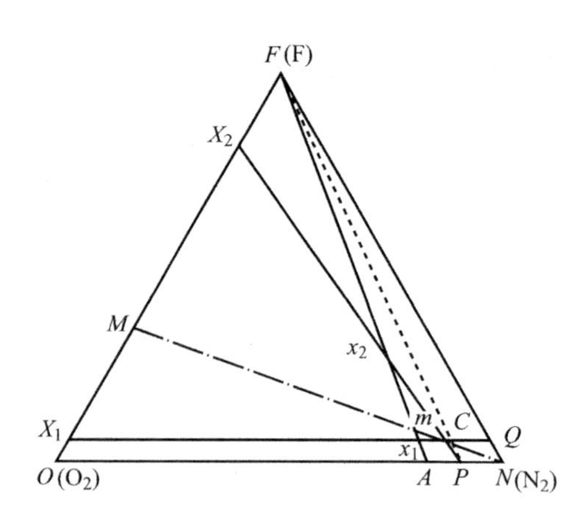

图4-17　可燃性气体-氧气-氮气三成分系列混合气体爆炸范围

图中底边上的A点表示空气的组成（O_2为21%），设可燃性气体F在O_2中的爆炸下限为X_1，爆炸上限为X_2，而在空气中的爆炸下限为x_1，爆炸上限为x_2，则C点叫作爆炸临界点，它是直线X_2x_2（表示上限）与直线X_1x_1（表示下限）的交点。如果惰性气体为N_2时，表示下限的直线X_1x_1几乎平行于底边。爆炸范围就在三角形$\triangle X_2X_1C$的内部。

假定可燃性气体在氧气中或在空气中的理论混合比分别为M、m，从原则上讲，N、C、m、M各点应大体上在一条直线上，但在很多情况下，C点的位置略高于该直线。

若组成的混合气体在不等边四边形FX_2CQ之内，其在密闭的容器中时绝对没有爆炸危险；但若从容器中漏到外面，就会发火燃烧。换句话说，图4-17中三角形$\triangle FON$可分为三个部分，即在密闭容器中无爆炸性的FX_2CQ部分、有爆炸性的X_2X_1C部分、完全不爆炸也不燃烧的X_1ONQ部分。

四成分系列混合气体是在三成分混合气体中再加某种成分组成的混合气体，这种情况可用三角锥体图表示，其爆炸范围形成立体图。但是在一般情况下，按照上述原理，经常是把四成分以上的混合气体换成由可燃性气体、助燃性气体、惰性气体组成的三成分系列来考虑。

2. 利用惰性气体防止气体爆炸

以氮气、二氧化碳等惰性气体置换装在储罐或管道中的可燃性气体，可使其在装置内形成不具备爆炸性的混合气体。所需惰性气体的添加量，可利用三成分系列混合气体爆炸极限图来决定。

甲烷-氧气-氮气三成分混合气体的爆炸范围如图4-18所示。其中，三角形阴影部分表示的就是可燃性气体的爆炸范围，该三角形的顶点与表示在氧气中的下临界点L_1的连线为下临界线，与其上临界点U_1的连线为上临界线。该三角形具有如下特性：由某单一成分相对应的顶点所引的直线，能表示其他两种成分之比。例如，空气线上的任意一点，均有$V(O_2):V(N_2)=21:79$，所以甲烷与空气混合物的爆炸极限能够根据图4-18中的空气线求得。图中的空气组分线与爆炸范围的交点L_2、U_2即为甲烷在空气中的爆炸下限与上限。

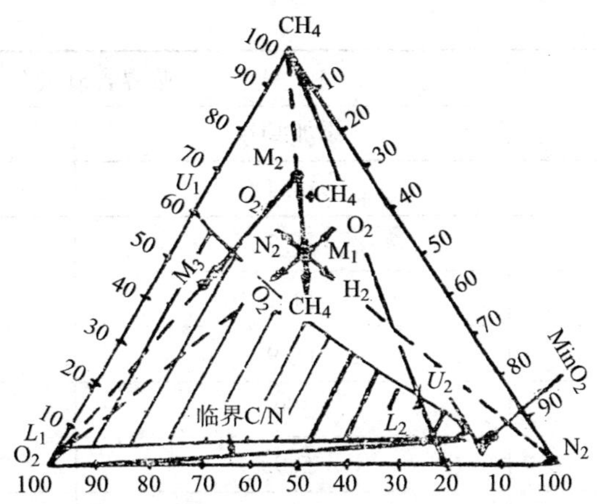

图 4－18 甲烷－氧气－氮气三成分混合气体的爆炸范围（常温常压下）

利用这一特征，各种气体成分的浓度变化，均可用下述方法来表示。例如，设存在某一组分的混合气体 M_1，往其中添加甲烷，开始时形成连接甲烷顶点与 M_1 的各种组分不同的混合气体，而混合均匀后的新混合物组分为 M_2。如果添加物为氧气，则其组分位于连接 M_1 与 O_2 顶点的直线上。

添加两种以上的气体于 M_1 中时，可按下述两个步骤来给出新的组成点。比如添加甲烷和氧气时，首先加入甲烷得 M_2，再加入氧气得 M_3。根据用上述步骤组成的点和线是在爆炸范围之内还是爆炸范围之外，来判断爆炸的危险性。从图中可知，当往 M_1 中添加甲烷时，没有爆炸危险性；但在添加氧气构成均匀混合物 M_3 后，便处于爆炸范围之中。在混合均匀以前，因为要生成 O_2 的顶点与 M_2 的连线上的各种组分的混合物，这时仍然具有爆炸危险。

连接 CH_4 顶点和 N_2 顶点的一边，是氧气浓度为零的线。平行于这条边的直线代表氧气浓度为某一定值的混合物。在氧气浓度为定值的各条直线中，最重要的一条是以 $minO_2$ 表示的通过爆炸上限末端的线，它被称为临界氧气浓度线。若能添加惰性气体，使可燃性气体的氧气浓度在临界值以下，其他组分的浓度无论发生任何变化，也不会进入爆炸范围之内。这是判断是否安全的重要依据。图 4－18 所示的甲烷的临界含氧浓度为 12%（温度为 26 ℃，标准大气压），该值随温度、压力的变化而变化。各种可燃性物质在常温常压的临界含氧量见表 4－19。

表 4－19 各种可燃性物质的临界含氧量（常温常压）

可燃性物质	临界含氧量/%	
	添加 CO_2	添加 N_2
甲烷	14. 6	12. 1
乙烷	13. 4	11. 0
丙烷	14. 3	11. 4
丁烷	14. 5	12. 1
戊烷	14. 4	12. 1
己烷	14. 5	11. 9

续表

可燃性物质	临界含氧量/%	
	添加 CO_2	添加 N_2
汽油	14.4	11.6
乙烯	11.7	11.0
丙烯	14.1	11.5
环丙烯	13.9	11.7
氢气	5.9	5.0
一氧化碳	5.9	5.0
丁二烯	13.9	10.4
苯	13.9	11.2

在三角形图中，另外一条重要的线，是从氧气线的顶点对下限所作的切线，它表示可燃性气体与惰性气体的临界浓度比。如果在可燃性气体中加入惰性气体，并使其浓度比在此临界比值以下，那么无论怎样加大氧气量，也不会使其处在爆炸范围之内。

由图4－18可知，下临界线平行于底边线，即使添加 N_2 等惰性气体，其下限值也不会发生变化。因此，添加惰性气体用于防止下临界线附近组分的气体爆炸时，要考虑临界比，确保惰性气体加入后，可燃性气体与惰性气体的浓度比在此临界比值以下。

4.3 气体分解爆炸

典型案例：广西河池市某化工厂乙炔分解爆炸

2011年1月5日上午9时，广西河池市某化工有限责任公司某厂房乙炔压缩机投入运行，生产运行正常。16时50分，该岗位操作工对1#、2#压缩机进行检查，无异常后，离开岗位到距离压缩机厂房约50 m处上卫生间，17时10分，压缩机岗位发生乙炔分解爆炸并引发大火。爆炸事故造成一人头部轻微擦伤；乙炔压缩机房三面墙体损坏，房顶瓦层全部炸飞；1#压缩机防护罩变形，平衡筒体损坏，1#压缩机高压气出口连接的油水分离器、1#乙炔高压干燥器炸飞，现场发现有干燥器封头和多块碎片，2#乙炔干燥器防爆膜损坏。

事故直接原因：该厂到事故发生前的近6个月时间里没有补加或更换过一次干燥剂，从而造成乙炔干燥器的干燥能力下降和干燥器上部出现空间，由于油水分离器发生超压爆炸（物理爆炸）产生静电点火源，继而引发乙炔气分解爆炸。

事故间接原因：乙炔压缩机配套的防负压和超高压限压安全保护装置（压差变送器）损坏后，企业没有及时修复并投入使用，系统压力超高时无法自动停机。

可燃性气体发生爆炸需要适量的空气或氧气，但有些气体即使没有空气或氧气，也可以发生爆炸。例如，乙炔若被压缩至200 kPa以上，即使没有空气或氧气，遇到火星也能引起爆炸。这种爆炸是由物质的分解引起的，称为分解爆炸。除乙炔外，其他一些分解反应为放热的气体也有同样的性质，如乙烯、氧化乙烯、氧化乙炔、四氟乙烯、丙烯、臭氧、一氧化氮、二氧化氮等。

4.3.1 乙炔的分解爆炸

乙炔用于工业中，起初是将乙炔压缩在容器内，当其液化后再使用的，当时曾多次发生爆炸事故。后来的研究表明：将密封在玻璃管中的空气排出后，注入乙炔并从玻璃管一端点火，便会有明亮的黄色火焰产生并在管中传播，若压力上升，则火焰传播速度加快，并促使压力进一步加大，最后可能导致装置破坏。这种破坏是由乙炔的分解引起的，乙炔的分解反应为

$$C_2H_2 \rightarrow 2C(s) + H_2 + 226\ \text{kJ/mol}$$

即分解后生成固体碳和氢气。该反应发热量很大，若无热损失时，火焰温度可高达3 100 ℃。如果密闭容器内发生分解爆炸，其压力可为初始压力的9~10倍；如果管道中发生乙炔的分解爆炸，则火焰易被加速形成爆轰，产生的压力为初压的20~50倍，破坏力很大。

因火焰、火花等热源引起分解爆炸的事例较多，但也有因阀门开、关所伴随的绝热压缩产生的热量而发火的情况。另外，乙炔易与铜、银等金属反应生成爆炸性的乙炔盐，这种乙炔盐只需轻微的撞击便发生爆炸，所以，盛乙炔的容器不能用铜或含铜多的合金制造。乙炔与银所构成的盐比乙炔铜的爆炸力更强，因此，在用乙炔焊接的过程中，不能使用银焊料。而水银虽属金属，但不与乙炔发生反应，所以是安全的。

乙炔产生分解爆炸的难易度与其压力有很大关系。低压时，需较大的能量才能发火；高压时，稍加能量便能发火。图4-19是最小发火能与乙炔压力的关系，随着压力的下降，所需的发火能将逐渐增大；低于某压力时，火焰便不会再传播，此压力极限称为分解爆炸的临界压力。以前，广泛采用140 kPa作为乙炔的临界压力，但后来的研究结果表明：若有巨大的点火源，即使在大气压下，乙炔也能发生分解爆炸。因此，在大气压情况下，乙炔在空气中的爆炸范围修正为2.5%~100%(体积)。

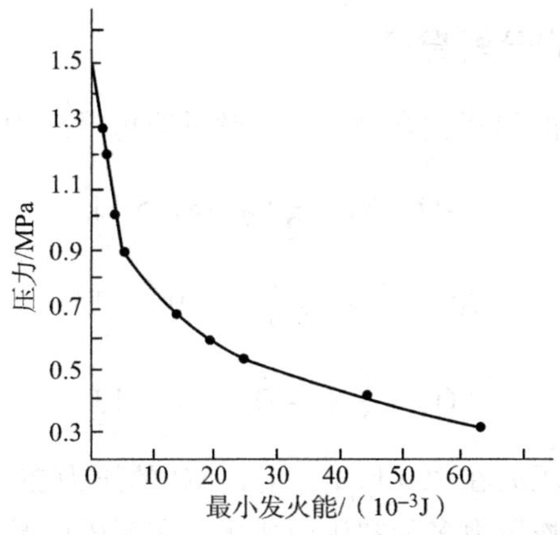

图4-19 最小发火能与乙炔压力的关系

此外，乙炔的系列化合物也存在着分解爆炸的性质。

4.3.2 乙烯的分解爆炸

乙烯分解爆炸所需的发火能比乙炔的要大，所以低压下未曾发生过事故，但用高压工艺制造聚乙烯时，由于压力高达 200 MPa，分解爆炸事故屡有发生。

根据 Zabetakis 的实验，用 1 g 的硝化纤维作为点火源，使乙烯在 20 ℃、6 MPa 下分解爆炸，则乙烯产生如下摩尔数的生成物

$$C_2H_4 \rightarrow 1.02C + 0.94CH_4 + 0.02C_2H_2 + 0.1H_2$$

1 mol 物质的分解热约为 120 kJ，压力约为初压的 6.3 倍。

一般来说，在 10 MPa 以下时，若无巨大的发火能量，乙烯不会产生分解爆炸；但若在高压状态下，则只要有与一般混合气体发火同等能量的点火源，就可能形成分解爆炸。

4.3.3 氧化乙烯的分解爆炸

氧化乙烯是沸点为 10.7 ℃的可燃性气体，在玻璃管中装入此种蒸气，在常温常压下，用电气熔断细金丝的方法点火，则产生无色的分解火焰，其反应式如下

$$C_2H_4O \rightarrow CH_4 + CO + 134\ \text{kJ/mol} \tag{4-40}$$

$$2C_2H_4O \rightarrow C_2H_4 + 2CO + 2H_2 + 33\ \text{kJ/mol} \tag{4-41}$$

关于氧化乙烯的最小发火能量的资料及数据虽然不多，但在 150 kPa 以下，约为 1 J 的电火花难以使其发火。以电火花作为点火源测定的爆炸极限为 3.0%～8.0%（体积比）。此值虽已被引用，但在 100 kPa 的条件下，若给予足够大的能量，纯氧化乙烯也有火焰传播。因此，它在空气中的爆炸极限，应以 3.0%～100% 为准。氧化乙烯的分解爆炸，其临界压力为 40 kPa 的低压，在安全上应予以足够的重视。

在常温常压下分解爆炸时，氧化乙烯中 69% 是按式（4－40）分解的，31% 是按式（4－41）分解的。随着初压的增加，生成的甲烷也随之增加，而乙烯则相应减少，也就是说，按式（4－40）分解的比例增大。由于式（4－41）的分解热多，所以初压的增加使全体的发热量增加，导致爆炸时的压力也增加。

4.3.4 氮氧化合物的分解爆炸

N_2O、NO、NO_2 是主要的氮氧化合物，其分解反应可设想为

$$N_2O \rightarrow N_2 + \frac{1}{2}O_2 + 81.5\ \text{kJ}$$

$$NO \rightarrow \frac{1}{2}N_2 + \frac{1}{2}O_2 + 90.3\ \text{kJ}$$

$$NO_2 \rightarrow \frac{1}{2}N_2 + O_2 + 37.6\ \text{kJ}$$

实验结果表明：N_2O 的压力在 250 kPa 以上，NO 的压力在 1.5 MPa 以上时，均能分解出 90% 以上的 N_2 和 O_2，爆炸压力多随初压而变化。在高压情况下，有少许能量便能产生分解爆炸，而低压时则需要较大的点火能量才能产生分解爆炸。

在分解爆炸性气体进行工艺操作时，为防止分解爆炸发生而导致事故的最切实可行的办法是添加惰性气体。其作用是使反应温度降低，以达到控制分解、杜绝火灾的目的。

4.4 蒸气云爆炸及液化气罐的爆炸

典型案例：山东日照某石化公司液态烃球罐泄漏爆炸

2015年7月16日7时38分，山东日照石大科技石化有限公司液化石油气储存区一个1 000 m^3液态烃球罐发生泄漏爆炸。据悉，该区域共有14个储气罐，12个为液态烃球罐（3个2 000 m^3，9个1 000 m^3），其中，5个罐体中储存有液化气，共计3 210 m^3。

9时左右，着火的液态烃球罐发生沸腾的液体扩散，从而产生蒸气云爆炸，现场产生巨大蘑菇云，并持续燃烧，大火蔓延至9个液态烃球罐，前后共发生4次爆炸。爆炸威力巨大，在5 km外的楼上仍能感觉到很大的震感。该公司厂房和院墙也在爆炸中出现垮塌现象，在事故救援过程中，2名消防队员受轻伤，直接经济损失2 812万元（属于较大事故）。

事故直接原因：石大科技石化有限公司在进行倒罐作业过程中，违规采取注水倒罐置换的方法，且在切水过程中无人现场值守，致使液化石油气在水排完后从排水口泄出，泄漏过程中产生的静电放电或消防水带剧烈摆动，金属接口及捆绑铁丝与设备或管道撞击产生火花，从而引起爆炸。违规倒罐、无人值守是导致本次事故发生的直接原因。

事故间接原因：严重违反石油石化企业“人工切水操作不得离人”的明确规定，切水作业过程中无人在现场实时监护，排净水后液化气泄漏时未能第一时间发现和处置。企业违规将罐区在用球罐安全阀的前后手阀、球罐根部阀关闭，将低压液化气排火炬总管加盲板隔断。

4.4.1 蒸气云爆炸

在工厂批量处理和生产可燃性气体或可燃液体的过程中，往往由于意外情况造成气体和液体泄漏和喷出，而它们一旦接触某种火源，就会产生爆炸和火灾，由此造成的事故是比较多的。

最近，这类因可燃性物质大量流出而造成的火灾爆炸事故已引起人们高度重视，专家对其进行了多方面研究，对灾害的机制也有所明了。大量的可燃性气体或液体流入大气中形成蒸气，与空气混合后又形成可燃性混合气，当其与某一火源接触时，便会立即产生爆炸，这种爆炸称为蒸气云爆炸（Unconfined Vapor Cloud Explosion，UVCE）。因为是在开放的大气中产生的，所以又称为自由空间中的蒸气云爆炸。

蒸气云爆炸是由流出物质的储存状态，尤其是温度与压力的改变而导致的。流出物质一般可分为以下几种：

第一，常温常压下着火点比常温还低的物质，如汽油；

第二，常温但为加压下的液化气体，如液化丙烷、液化丁烷等；

第三，温度在沸点以上，但由于加压而液化的物质，如反应罐中的苯；

第四，大气压下因低温而液化的气体，如液化天然气。

第一种情况时，流出的液体从地面得到热量后，从液面开始连续蒸发而产生蒸气并向四周扩散。

第二种和第三种情况是在高压下气相与液相处于平衡状态时，在常压下流出的物质。

流出的液体因为温度比其在常压下的沸点高而急剧汽化，与此同时，因汽化而产生的气体不断地从液体夺走蒸发热，使液体温度急剧降至其沸点以下，这种瞬间蒸发现象称为闪烁。在这一过程中，闪烁汽化的液量 q 与流出的总液量 Q 之比称为蒸发率，其计算方法如下

$$q/Q=(H_1-H_2)/L$$

式中，H_1——液体流出前的热焓；

H_2——液体在沸点时的热焓；

L——蒸发热。

液体因闪烁而瞬间汽化后，继续吸收周围热量而蒸发。表 4－20 中列出了储存温度为 21 ℃时的 5 种液化气体以及 －30 ℃时的乙烯的加压气体的蒸发率。

表 4－20　21 ℃时的液化气体以及 －30 ℃时的乙烯的加压气体的蒸发率

名称	沸点/℃	蒸发率/%	名称	沸点/℃	蒸发率/%
丙烷	－42.1	0.364	氯气	－34.1	0.209
丙烯	－47.7	0.346	氨气	－33.4	0.183
丁烷	0.5	0.124	乙烯	－103.8	0.382

若属于第四种情况，低温储存的液化天然气流出后，由于受地面及周围的热作用，会急剧沸腾。若地面温度较低，则蒸发速度较慢，但在短时间内也会生成大量的可燃性蒸气云。一旦出现蒸气云，就可能出现下列后果：

①不发火。泄漏的气体及蒸气云释放扩散，不引起灾害。

②在气体和蒸气流出的同时发火。实践证明，这时虽然发火，但产生爆炸的例子则不多。

③在大量的蒸气云形成之后发火。此时则会酿成大的火灾，并且蒸气云中的火焰往往会以高速传播并转变为爆炸，最后形成冲击波。

蒸气云爆炸造成伤害的主要因素是冲击波。冲击波伤害、破坏作用评定准则有超压准则、冲量准则和超压－冲量准则。一般估计死亡区半径时，使用超压－冲量准则；在估计重伤和轻伤时，使用超压准则。如上所述，超压准则的主要内容是：只要冲击超压达到一定值，便会造成一定的伤害和破坏。下面对蒸气云爆炸能量和所形成冲击波造成的人员伤亡、财产损失等的计算方法做出进一步阐述。

（1）可燃气体的 TNT 当量及爆炸总能量

$$W_{TNT}=\frac{\alpha WQ}{Q_{TNT}} \tag{4-42}$$

式中，W_{TNT}——可燃气体的 TNT 当量，kg；

α——可燃气体蒸气云 TNT 当量系数（统计平均值为 0.04）；

W——蒸气云中可燃气体质量，kg；

Q——可燃气体的燃烧热，kJ/kg；

Q_{TNT}——TNT 炸药的爆热，一般取 4 250 kJ/kg。

可燃气体的爆炸总能量为

$$E=1.8\alpha WQ \tag{4-43}$$

式中，E——可燃气体爆炸总能量，kJ；

1.8——地面爆炸系数。

（2）爆炸伤害半径

爆炸伤害半径计算公式为

$$R = C(NE)^{1/3} \tag{4-44}$$

式中，C——爆炸实验常数，取0.03~0.4；

N——有限空间内爆炸发生系数，取0.1。

（3）冲击波超压

爆炸冲击波超压计算公式为

$$\ln\left(\frac{\Delta p}{p_0}\right) = -0.9126 - 1.5058\ln R' + 0.167\ln^2 R' - 0.032\ln^3 R' \tag{4-45}$$

式中，Δp——冲击波超压，Pa；

R'——量纲为1的距离；

D——目标距蒸气云中心的距离，m；

p_0——大气压，Pa。

上式的使用范围为$0.3 \leqslant R' \leqslant 12$。

（4）死亡区半径

假设丙烷－空气混合物在低空发生爆炸，在爆炸冲击波作用下，人的头部撞击致死的伤亡半径为

$$R_1 = 1.98W_p^{0.447} \tag{4-46}$$

式中，W_p——蒸气云中燃料的当量丙烷质量，kg。它与可燃气体质量W之间的换算关系为

$$W_p = \frac{WQ}{Q_p} \tag{4-47}$$

式中，Q_p——丙烷的燃烧热，5.05×10^4 kJ/kg。

（5）重伤区半径

重伤区是指人在冲击波作用下耳鼓膜50%破裂的区域。此种情况需要的超压力为44 kPa。计算公式为

$$R_2 = 9.18W_p^{1/3} \tag{4-48}$$

（6）轻伤区半径

轻伤区是指人在冲击波作用下耳鼓膜1%破裂的区域。此种情况需要的超压力为17 kPa。计算公式为

$$R_3 = 17.87W_p^{1/3} \tag{4-49}$$

（7）财产损失半径

财产损失半径是指冲击波作用下，建筑物i级破坏的半径。计算公式为

$$R_4 = \frac{K_i W_{TNT}^{1/3}}{\left[1 + \left(\frac{3175}{W_{TNT}}\right)^2\right]^{1/6}} \tag{4-50}$$

式中，K_i为建筑物i级破坏常数，取值见表4－21。

表4－21　建筑物等级破坏常数

破坏等级	破坏系数	破坏常数 K_i	破坏状况
1	1.0	3.8	建筑物全部被破坏
2	0.6	4.6	砖砌房外表50%～70%破坏，墙壁下部危险
3	0.5	9.6	房屋不能再居住，房基部分或全部破坏，外墙1～2个面部分破坏，承重墙损失严重
4	0.3	28	建筑物受到一定程度的破坏，隔墙木结构要加固
5	0.2	56	房屋经修理可以居住，天井瓷砖瓦管不同程度破坏，隔墙木结构要加固
6	0.1	+∞	房屋基本无破坏

4.4.2　液化气罐的爆炸

1. 液化气罐爆炸灾害情况

装有丙烷、丁烷等液化气的高压容器（如储气罐、槽车等），若遇外部火灾，可导致容器破裂，致使盛装的液化气形成蒸气云而爆炸。这是由于火灾将储气罐加热使罐内液化气体产生很高的蒸气压力，液罐上部因火灾过热而引起延时破坏，分割成大的碎片。液罐出现裂口后，内部压力突然降低，过热的液化气突然沸腾汽化，并与空气混合而成可燃性蒸气云，遇火则产生蒸气云爆炸。爆炸后的蒸气云在这种情况下因浮力而上升成为火球的事故较多。这类事故人们称为BLEVE（Boiling Liguid Expanding Vapor Explosion），是指沸腾的液化气体汽化膨胀时发生的爆炸现象，这种事故是从物理爆炸转向化学爆炸最危险的例子。

关于产生火球的BLEVE事例有很多，下面给出一个典型事例，以帮助读者总结经验和教训。

例如，2015年7月16日上午7时40分左右，山东日照某化工公司液态烃球罐（LPG）泄漏引发火灾爆炸。从现场视频可见，火灾引发罐区爆炸，空中腾起巨大火球，并伴有黑色浓烟，这是一起典型的BLEVE。

2. BLEVE发生的基本过程

以装有加压的可燃液化气体的金属容器为例，说明一下BLEVE发生的基本过程。

①初始事件：容器周围发生火灾，器壁受到火焰烘烤。

②液体响应：容器壁周围的液体受到烘烤后温度升高，导致容器内压力升高。液体从器壁周围向液体内部进行对流传热。

③器壁材质弱化和开始开裂：随着器壁的持续受热，其强度开始弱化。随着火焰的继续烘烤，容器内不断上升的压力和器壁材质持续的弱化会导致器壁的局部屈服强度降低，产生鼓包，壁厚变薄，最终产生裂纹。这就是所谓的在事后爆炸碎片上观察到的“刀刃”现象。

④裂纹的传播：在外部火焰和内部压力的作用下，如果裂纹再继续扩大传播到开裂的临界长度，容器就会发生灾难性的失效，BLEVE就开始发生了。

⑤再加压：一旦液体发生泄漏，容器内的压力就会降低。随着压力的降低，液体开始变得过热并开始沸腾。由于局部的热传递形成气泡，致使压力降低到液体沸腾需要一段时间间

隔。当液体开始沸腾后，容器内的压力会继续上升，从而超过最初的容器失效压力，这就造成了裂纹的进一步扩大。如果这个再加压的过程没有造成容器的灾难性破裂，那么结果可能是发生容器流体的对外喷射；如果这个再加压过程导致了容器的灾难性破裂，那么 BLEVE 就发生了。

⑥液体闪蒸：容器破裂后，过热的液体迅速闪蒸为常压下的饱和液体蒸气。液体膨胀为两相和从初始压力膨胀后降低常压这两个过程产生的压力波推动爆炸碎片飞向周围的环境。如果液体可燃，膨胀的液体和蒸气遇到周围的火焰后马上点燃产生火球，其余的液体在地面上产生池火。

3. 火球的形成

图 4－20 所示是球形液化石油气因自身或其他气罐漏出的液化气体燃烧而被直接烧烤的情况。在这种情况下，罐体的钢板被加热，如果持续 10 min，则液面上部的钢板温度可达 425～480 ℃。于是钢板的屈服强度因罐的液化石油蒸气压产生的拉应力而下降，罐的侧壁向外逐渐膨胀，最后破裂形成裂洞。罐内的液体也同时被加热，温度升高，蒸气压力也相应地增大。此时的液体处于过热状态，在热力学上是不稳定的，一旦罐体破裂，这种处于过热状态的液体在内部压力作用下便会以雾状喷出并迅速汽化，产生大量蒸气并和空气形成可燃性混合气体。此时如果遇上点火源，便会马上在油罐外面着火。这种情况下的蒸气基本上呈球形，故称火球，火球的大小等于蒸气云的大小。根据罐的破坏情况、蒸气云的形成情况、着火时间等不同，有时未必能形成明显的火球。

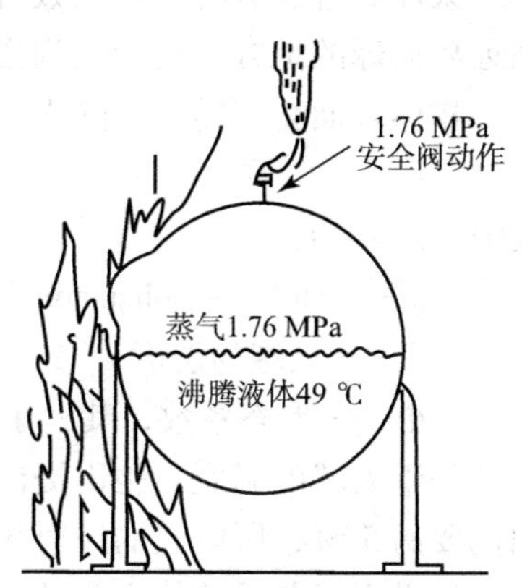

图 4－20　球形液化石油气因自身或其他气罐漏出的液化气体燃烧而被直接烧烤的情况

火球有时也会这样形成：罐由于机械破坏引起液化气喷出，液化气汽化后形成蒸气云，接着着火引起火灾和爆炸。一般来说，因第一次火灾使其他罐（或本身）被直接烧着，导致部分罐体破裂时候的威力是比较大的，而当过热液体失去平衡成为液块，引起强烈的液击现象，使罐体遭受全面破坏时的威力是最大的。

罐从被火焰直接加热到发生破裂需要 10～30 min，时间的长短是由罐局部受热的程度和钢板的厚度决定的。罐的形状除上述所说的球形外，还有圆柱形的。

火球的典型成长过程如图 4－21 所示。首先是在地面形成半球形，之后发展为球形，进而成为蘑菇状。

4. 火球的大小及持续时间

除核爆炸和炸药爆炸外，火球几乎都是由液化气着火产生的。

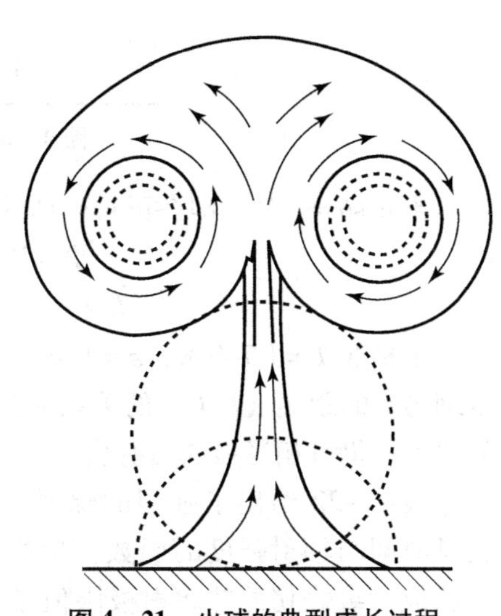

图 4－21　火球的典型成长过程

对于火球直径和持续时间的研究，在火药和推进剂方面已有了一定进展，得到了火球直径、持续时间与药量之间的关系。

$$D = 3.77W^{0.325}$$
$$T = 0.258W^{0.349}$$

式中，D——火球直径，m；

T——持续时间，s；

W——可燃性混合物质量（可燃性物质质量与氧化剂质量之和），kg。

现在人们在计算液化气体的火球直径时，也大多使用以上两式。

5. 火球的威力

火球的直径有时可达到数百米，如果人或房屋被卷入其中，肯定会被烧死或烧光，即使在远离火球的地方，也会受到强烈的热辐射。

物体表面得到的辐射热 E 一般由下式给出

$$E = \varepsilon\delta T^4 \Phi$$

式中，$\varepsilon = 1.0$；

δ——Stefan - Boltsmann 常数；

T——火球的温度；

Φ——形态系数，其大小由火球的形状及火球与受热体之间的距离决定。

关于火球的温度，驰田提出，对可燃性气体，是 1 750 ~ 1 800 K，这与一般的火焰温度相比要高 50%，所以它的辐射热是很强的。

如果火球与受热体之间的位置关系如图 4 - 22 所示，则形态系数 Φ 为

$$\Phi = (R/L)^2 \cos\theta$$

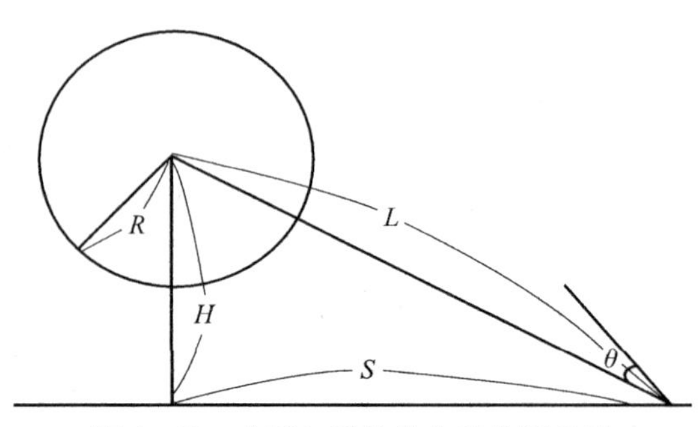

图 4 - 22　火球与受热体之间位置关系

当 $\cos\theta = 1$ 时，即在正对火球的方向 Φ 最大，此时

$$\Phi = R^2/L^2$$
$$E = \varepsilon\Phi T^4 R^2/L^2$$

于是取 $T = 1\ 740$ K，$\varepsilon = 1.0$，在 $\theta = 0°$的方向上的辐射热流量与量纲为 1 的距离（L/R）的关系如图 4 - 23 所示。可见，在远离火球的地方，仍有相当强的辐射热。

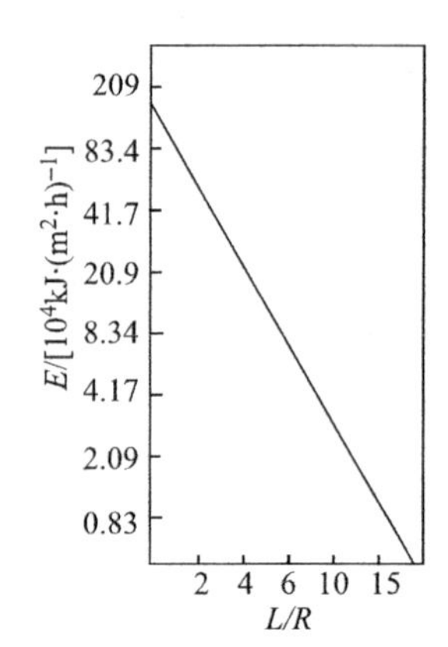

图 4 - 23　辐射热与 L/R 的关系

表 4 - 22 给出了强烈的辐射使裸露的皮肤引起刺痛的极限值，它是时间与辐射强度的函数。贾勒特（Jarrett）提出，在 4 ~ 6 s 使人造成一级烧伤的热辐射极限值是 12.5 J/cm^2，二级烧伤的极限值是 25 J/cm^2，三级烧伤的极限值是 37.5 J/cm^2。露天工作人员可以隐蔽到建筑物的后面或趴在地上以避免强烈的热辐射，这时的烧伤

极限值取 16.7 J/cm^2 较妥。对于一般住宅，极限值为 6.3 J/cm^2，此时辐射强度是 45 140 $kJ/(m^2 \cdot h)$，这一数值等于在图4-22中距火球中心6.5R的地方的辐射热。表4-22中的31 350 $kJ/(m^2 \cdot h)$ 对应着距火球中心7.5R的地方，这就是说，当火球持续时间为5 s时，不引起皮肤刺痛的安全极限距离为火球半径的7.5倍，如火球直径为200 m时，其安全极限距离应为700～800 m。对热的忍耐力因人而异，所以极限值取一定范围比较合适。

表4-22 辐射热和引起刺痛的极限

辐射时间/s	引起刺痛的极限热辐射强度	
	$kJ \cdot (m^2 \cdot h)^{-1}$	$J \cdot (cm^2 \cdot s)^{-1}$
2	55 180	1.55
3	40 130	1.17
4	35 110	0.96
5	31 350	0.84
10	17 560	0.54
20	12 540	0.38
30	11 290	0.33
50	10 030	0.29
100	10 030	0.29
200	10 030	0.29

此外，发生BLEVE事故时，除火球辐射外，爆炸时产生的空气冲击波及飞散的罐体破片危害也是很大的，对这一问题在此就不进行讨论了。

最后需要指出的是，从发火到BLEVE或火球形成需要10～30 min，消防人员往往在这段时间内已进入现场，结果使很多消防人员丧失生命，这也是BLEVE的另一种危害。为此，近年来美国消防人员反复强调BLEVE的危险性，提出在液化石油气罐发生火灾的时候，要注意灭火安全，不要随意靠近灭火。

4.5 气体爆轰

根据雨果尼奥方程，预混气的燃烧有可能发生爆轰，而且由于爆轰时压力非常高，爆轰波传播速度非常快，一般泄压装置会失去作用。爆轰是破坏性最大的气体爆炸，爆轰的高速传播不需要像爆燃一样需要有密闭的空间和障碍物等条件，也不像爆燃那样在火焰阵面前处于高度紊流状态的未燃混合物中传播，而是在爆轰波前未扰动的未燃气体中传播。

可燃混合气体产生的爆轰，与正常燃烧相比，主要是爆轰波的传播速度要远大于正常火焰的传播速度。可燃混合气体爆轰与爆燃的定性差别见表4-23。

表 4－23　可燃混合气体爆轰与爆燃的定性差别

比值	常见的比值大小	
	爆轰	正常火焰传播
u_∞/a_∞	5～10	0.001～0.03
u_p/u_∞	0.4～0.7	4～6
p_p/p_∞	13～55	0.98～0.976
T_p/T_∞	8～21	4～16
ρ_p/ρ_∞	1.4～2.6	0.06～0.25

注：表中 p、ρ、T、u 分别表示混合气压力、密度、温度和流速；下标“∞”表示未燃混合气参数；下标“p”表示已燃气体参数；a_∞为当地声速。

1. 爆轰的概念及成因

爆轰实际上是一种激波。这种激波由预混合气的燃烧而产生，并靠燃烧室释放的化学反应能量来维持的。在研究爆轰之前，先讨论一下普通激波的形成。

（1）激波的形成

事实表明，当气体以超声速绕物体流动时，在物体前会形成一道突跃的压缩波。气流通过这道压缩波时，其压强、密度和温度突跃地上升一个数值。这种突跃的压缩波就叫作激波，是一种强扰动波。气流通过强扰动波时，已不再是一个等熵过程，而是一个增熵过程。这种波的运动速度大于波前气体的声速，或者说，若假定物体不动，只有气体以超声速流过时，在物体前才能形成稳定的激波。当空气以超声速在管道中运动或从喷管中流出时，在一定条件下也会形成激波。

为了使对激波问题的讨论更具有一般性，这里研究一种典型情况，即活塞在长管中做加速运动，压缩管内气体，从而形成运动激波的过程。

设有一根等截面的圆管，如图 4－24 所示，管左端有一个活塞，管内起初是静止的气体，参数为 p、ρ、T。从 0 时刻起，活塞由静止连续向右做加速运动，对管内气体进行压缩，推动管内气体向右运动。这时，紧靠活塞的气体压强逐渐升高，压强升高对气体来说是一种压缩扰动，它将以压缩波的形式向前传播，如 A—A 所示。波阵面 A—A 所经之处，气体的压强 p 以及密度 ρ、温度 T 都有一个微小的提高，并获得一个微小的向前运动的速度。A—A 是第一道微弱的压缩波，它的前进速度等于波前气体声速 a_1，$a_1 = \sqrt{KRT_1/M_s}$，式中，K 是绝热指数，$K = c_p/c_V$，对于空气，$K=1.4$；R 是气体常数；T_1是 A—A 前的气体绝对温度；M_s是气体摩尔质量。

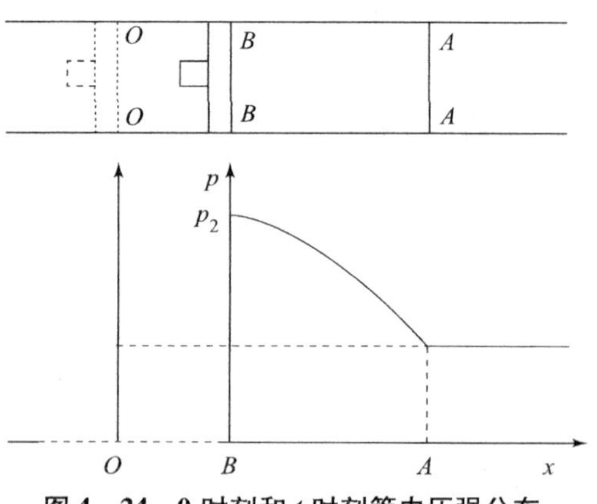

图 4－24　0 时刻和 t 时刻管内压强分布

由于活塞做连续的加速运动，会产生一系列连续的压缩扰动，这些连续的压缩扰动都以压缩波的形式传播。如果把这些连续的压缩波假想成由一系列单个的压缩波组成，那么第二道压缩波也将以波前气体的声速 a_2 传播。因为经过第一道压缩波后，气体的温度已有一个

微小增量 ΔT。所以第二道压缩波的波前速度 $a_2 = \sqrt{KR(T_1 + \Delta T)/M_s} > a_1$，即第二道压缩波的波速比第一道压缩波的波速快。同理，后面压缩波的波速都比前面压缩波的波速快。不难想象，经过一段时间以后，这些压缩波会叠加在一起，此时就形成了激波。激波前后的气体参数 p、ρ、T 均发生了突跃的变化。显然激波的运动速度大于 a_1，也就是说，激波相对于波前气体的运动速度是超声速的。

(2) 爆轰的发生

现有一个装有可燃预混气的长管，管一端封闭，在封闭端点燃混合气，形成一道燃烧波。开始的燃烧波是正常火焰传播，由正常火焰传播产生的已燃气体，由于温度升高，体积会膨胀。体积膨胀的已燃气体就相当一个活塞——燃气活塞，压缩未燃混合气，产生一系列的压缩波，这些压缩波向未燃混合气传播，各自使波前未燃混合气的 p、ρ、T 发生一个微小增量，并使未燃混合气获得一个微小的向前运动速度，因此，后面的压缩波波速比前面的大。当管子足够长时，后面的压缩波就可能一个赶上一个，最后重叠在一起，形成激波。由此可见，激波一定在开始形成的正常火焰前面产生。一旦激波形成，由于激波后面压力非常高，使未燃混合气着火。经过一段时间以后，正常传播与激波引起的燃烧合二为一。于是激波传播到哪里，哪里的混合气就着火，火焰传播速度与激波波速相同。激波后的已燃气体又连续向前传递一系列的压缩波，并不断提供能量以阻止激波强度的衰减，从而得到稳定的爆轰波。爆轰波形成过程如图 4－25 所示。

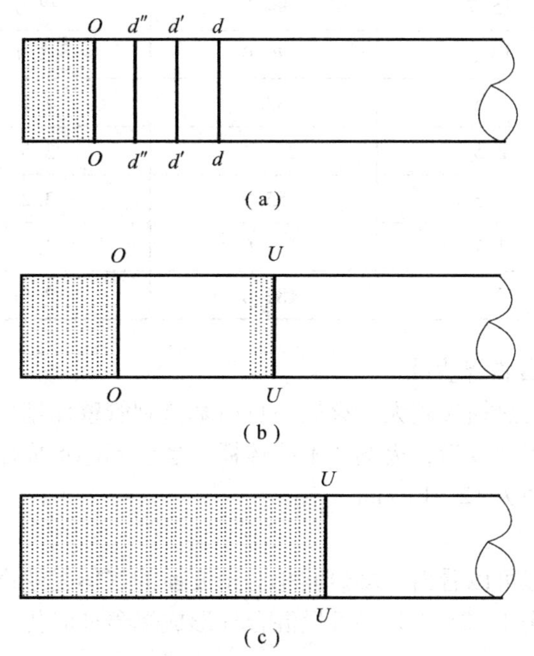

图 4－25　爆轰波形成过程示意图

(a) 正常火焰传播，O—O 前面形成一系列压缩波 d—d、d'—d'、d''—d''；(b) 正常火焰传播，O—O 前方爆轰波 U—U 已形成，并使未燃混气着火；(c) 正常火焰传播与爆轰波引起的燃烧合二为一

2. 爆轰形成条件

(1) 初始正常火焰传播能形成压缩扰动

爆轰波的实质是一个激波，该激波是燃烧产生的压缩扰动形成的。初始正常火焰传播能否

形成压缩扰动，是能否产生爆轰波的关键。因为只有压缩波才具有后面的波速比前面快的特点。

（2）管子要足够长或自由空间的预混气体积要足够大

由一系列压缩波重叠形成激波有一个过程，需要一段距离，若管不够长，或自由空间的预混气体积不够大，初始正常火焰传播不能形成激波。

爆轰形成于正常火焰峰面前。正常火焰峰面与爆轰形成位置之间的距离称为爆轰前期间距。如果其他条件都相同，那么爆轰前期间距与管径有密切关系，故可用管径的倍数来表示。对于光滑的管，该爆轰前期间距为管径的数十倍；对于表面粗糙的管，爆轰前期间距为管径的 2~4 倍。

（3）可燃气体浓度要处于爆轰极限范围内

爆轰和爆炸一样，也存在极限问题，但爆轰极限范围一般比爆炸极限范围要窄。表 4-24 给出了几种可燃混合气的爆炸极限与爆轰极限的比较。

表 4-24　几种可燃混合气的爆炸极限与爆轰极限的比较

可燃混合气	爆炸极限(体积)/%		爆轰极限(体积)/%	
	下限	上限	下限	上限
氢气-空气	4.0	75.6	18.3	59.0
氢气-氧气	4.7	93.9	15.0	90.0
一氧化碳-氧气	15.7	94.0	38.0	90.0
氨气-氧气	13.5	79.0	25.4	75.0
乙炔-空气	1.5	82.0	4.2	50.0
乙炔-氧气	2.5	—	3.5	92.0
丙烷-氧气	2.3	55.0	3.2	37.0
乙醚-空气	1.7	36.0	2.8	4.5
乙醚-氧气	2.1	82.0	2.6	24.0

（4）管直径大于爆轰临界直径

管直径越小，火焰的热损失越大，火焰中自由基碰到管壁而销毁的机会越多，火焰传播越慢。当管径小到一定程度以后，火焰便不能传播，也就不能形成爆轰，能形成爆轰的最小管径称爆轰临界直径，约为 12~15 mm。

3. 爆轰波波速

从爆轰波的形成过程可以看出，爆轰波相对于波前的气体是超声速的，爆轰波比正常火焰的传播速度快得多。表 4-25 是某些可燃混合气形成爆轰波时传播速度 v 的测量结果。

表 4-25　某些可燃混合气爆轰波波速实验结果

混合物	$v/(m \cdot s^{-1})$	混合物	$v/(m \cdot s^{-1})$
$2H_2+O_2$	2 821	$C_2H_4+3O_2$	2 209
$2CO+O_2$	1 264	$C_2H_4+2O_2+8N_2$	1 734
CH_4+2O_2	2 146	$C_2H_2+1.5O_2$	2 716

续表

混合物	$v/(m \cdot s^{-1})$	混合物	$v/(m \cdot s^{-1})$
$NH_3 + 1.5O_2 + 2.5N_2$	1 880	$C_3H_8 + 3O_2$	2 600
$C_2H_6 + 3.5O_2$	2 363	$C_3H_8 + 6O_2$	2 280

爆轰波波速不仅能够精确测量，还可以通过计算求得，而且计算值与测量值非常吻合。例如，在初温 $T_\infty = 291$ K，压力 $p_\infty = 1.013\ 25 \times 10^5$ Pa 的条件下，化学当量比的氢气 - 氧气混合气爆轰波波速 v 的计算值为 2 806 m/s，实验值为 2 819 m/s，误差不超过 1%。表 4 - 26 列出了其爆轰波波速的测量值与计算值，从中可以看出，大多数计算值高于测量值。这是因为温度较高，产物发生了离解，如果考虑离解，计算值就会降低，那么就更进一步接近测量值了。

表 4 - 26　化学当量比的氢气 - 氧气混合气的爆轰波波速

混合物	$p_2/(\times 10^5$ Pa)	T_2/K	$v/(m \cdot s^{-1})$	
			计算值	测量值
$2H_2 + O_2$	18.05	3 583	2 806	2 819
$(2H_2 + O_2) + 5O_2$	14.13	2 620	1 732	1 700
$(2H_2 + O_2) + 5N_2$	14.39	2 685	1 850	1 822
$(2H_2 + O_2) + 5H_2$	15.97	2 975	3 627	3 527
$(2H_2 + O_2) + 5He$	16.32	2 097	3 617	3 160
$(2H_2 + O_2) + 5Ar$	16.32	3 097	1 762	1 700

混合气性质对爆轰波波速也有影响，其中主要有混合气的密度和混合气的混合比。混合气的初始密度 ρ_∞ 下降，爆轰波波速增加；ρ_∞ 增加，爆轰波波速则下降。在氢气 - 氧气混合气中加入过量的氢气使混合气初始密度 ρ_∞ 降低，其爆轰波波速会提高；加入过量的氧气或氮气，使混合气初始密度增加，爆轰波波速降低。

混合气体混合比不同，爆轰波波速也不同，其变化情况比较复杂。图 4 - 26 表示乙炔 - 氧气混合气爆轰波波速随乙炔含量（体积）变化的情况。

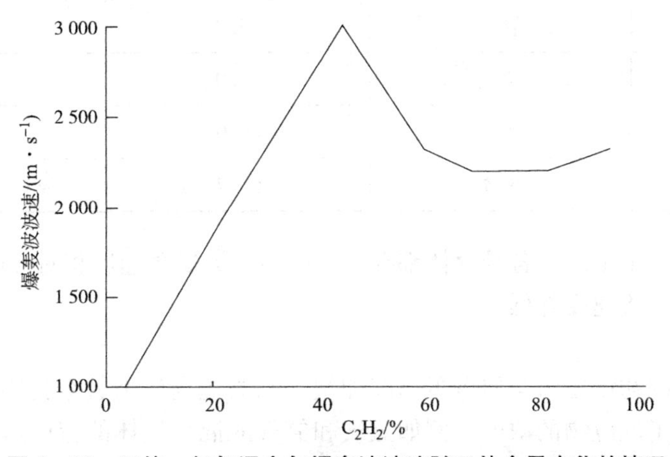

图 4 - 26　乙炔 - 氧气混合气爆轰波波速随乙炔含量变化的情况

从图4－26可以看出，爆轰波波速最大值出现在乙炔含量约等于50%处，而不在化学当量比的位置。因为乙炔与氧气反应生成的二氧化碳和水按下列反应式计算

$$2C_2H_2+5O_2 \rightarrow 4CO_2+2H_2O$$

则乙炔在化学当量比处的含量为29%。如果考虑到温度很高时一氧化碳是主要产物，则

$$2C_2H_2+3O_2 \rightarrow 4CO+2H_2O$$

此时，乙炔在化学当量比处的含量为40%，就更接近最大爆轰波波速时的乙炔含量了。实际上，乙炔的含量更大些，即在50%含量处才会出现最大爆轰波波速。

对氢－氧系统，最大爆轰波波速在接近爆轰上限处出现。

从表4－26可以看出，爆轰波后的压力p_2是非常高的。对氢气－氧气混合气来讲，一般在1.4～1.8 MPa处。如果管道是密闭的或出现拐弯，爆轰波碰到器壁会发生反射，此时压力会成倍增加。

4. 影响爆轰传播的因素

（1）混合气体中可燃气体浓度

在爆轰范围内，可燃气体浓度不同，发生爆轰时的爆轰速度也不同。爆轰下限对应着下限爆轰速度，爆轰上限对应着上限爆轰速度。表4－27列出了不同混合气体在一定浓度下的爆轰速度。

表4－27　混合气体的爆轰速度

混合气体		可燃气体浓度/%	爆轰速度/（$m \cdot s^{-1}$）
可燃气体	助燃气体		
乙醇	空气	6.2	1 690
乙烯	空气	9.1	1 734
一氧化碳	氧气	66.7	1 264
二硫化碳	氧气	25.0	1 800
甲烷	氧气	33.3	2 146
苯	氧气	11.8	2 206
乙醇	氧气	25.0	2 356
丙烷	氧气	25.0	2 600
乙炔	氧气	40.0	2 716
氢气	氧气	66.7	2 821

在可燃气体爆轰范围内，各种气体都存在一个与最大爆轰速度相对应的浓度，高于或低于这个浓度都会使爆轰速度降低。

（2）初始压力

提高混合气体的初始压力会使爆轰速度加快。因为提高压力就会提高混合气体的密度，实际上也就是提高了反应物的浓度。例如氢气和氧气的混合气体的密度从0.1 g/cm^3增加到0.5 g/cm^3，爆轰速度则从3 000 m/s提高到了4 400 m/s。

（3）初始温度

混合气体的初始温度对爆轰的传播速度影响很小，升高温度反而会使爆轰速度有所下降。例如，氢气和氧气混合气体在初始温度为 10 ℃时测出的爆轰速度为 2 821 m/s，而 100 ℃ 时为 2 790 m/s。再如，甲烷和氧气混合气体在上述同样温度条件下爆轰速度分别为 2 581 m/s 和 2 538 m/s。爆轰速度下降主要是由于温度升高，使气体密度减小。

（4）气体管道直径

在各种工业和民用设施中，由于可燃气体（如氢气、甲烷等）与空气或氧气所构成的混合气体造成的爆炸事故通常都是从混合气体遇火源燃烧开始的，燃烧的速度比较慢，各种可燃气体的燃烧速度大致为 0.1～10 m/s，10% 的甲烷和空气的混合气体的最大燃烧速度为 2.7 m/s，70% 的氢气和氧气的混合气体的最大燃烧速度为 9 m/s。如果这种燃烧发生在自由空间，通常不会转化为爆炸，如果混合气体的燃烧发生在足够长的管道或地沟内，开始时燃烧波的传播速度比较慢，但随后由于燃烧波的自加速作用，传播速度不断加快，燃烧波以这种特性传播一定距离后，其速度会突然增加，出现爆轰现象，其爆轰速度在 1 000 m/s 以上，有的可达 4 500 m/s。

表 4－28 列出了不同可燃气体与氧气的混合物在不同直径管道中被点燃后，由燃烧转变为爆轰的最短距离（诱导距离）。可以看出，随着管道直径的增大，燃烧转变为爆轰的诱导距离增大。对某些气体，如甲烷，管径增大到一定程度后，则难以发生爆轰。

表 4－28　可燃气体与氧气的混合物在不同管径的管道中由燃烧转为爆轰的诱导距离　m

气体	管道直径/mm		
	100	200	400
甲烷	12.5	18.5	>30
丙烷	12.5	17.5	22.5
氢气	7.5	12.5	12.5

练　习　题

1. 可燃气体的爆炸具体有哪几种类型？简述它们之间的异同点。

2. 可燃物的爆炸极限是什么？爆炸极限的主要影响因素有哪些？

3. 某天然气由 CH_4、C_4H_8、C_5H_{12} 三种气体组成，其各自的体积分数分别为 CH_4 30%、C_4H_8 35%、C_5H_{12} 35%，计算该混合气体的爆炸极限。

4. 可燃性混合气体的发火条件有哪些？

5. 什么是蒸气云爆炸？哪些工业场所容易发生蒸气云爆炸？

6. 气体的爆炸效应有哪些？举一实例具体说明。

7. 简述液化气罐（群）的爆炸机理、爆炸事故的特点，如何减小该类事故造成的灾害？

第5章
可燃液体燃烧

典型案例：黄岛油库大爆炸

1989年8月12日，位于山东半岛的黄岛油库发生大爆炸。入夏以来，青岛地区没有下过一场雨，这天上午9时左右，天空乌云密布，滚雷阵阵，不一会儿就下起大雨，夹杂着电闪雷鸣。9时55分，2.3万立方米原油储量的5号混凝土油罐突然爆炸起火，巨大的混凝土罐顶被掀起，滚滚浓烟拔地而起，烟雾中烈焰腾起。油罐内1.6万吨原油随着轻油馏分的蒸发燃烧，形成了一股热波向油层下方传递。当热波传至油罐底部的水层时，使罐底部的积水和原油中的乳化水受热汽化，罐内的原油沸溢后猛烈地喷射出来。下午3时左右，5号油罐喷射出来的油火点燃了距离37 m处的4号油罐顶部聚集的油气层。4号油罐引起爆炸，炸飞的罐顶混凝土碎块将相距30 m的1号、2号、3号油罐的钢铁结构的顶部震裂，并且很快引燃了这三座油罐。整个油库的老罐区全部陷入火海，失控的外溢原油像火山喷发的岩浆，带着烈焰向低洼处乱窜。到8月16日的18时，才彻底扑灭了这场大火。这场大火造成19人死亡，77人受伤，直接经济损失3 540万元，被污染的胶州湾清除全部油污则用了一年的时间。

事故直接原因：事故发生之时，青岛地区为雷雨天气。该库区遭受对地雷击而产生感应火花引爆油气是事故的直接原因。

事故间接原因：在雷雨时候，油库应当停止作业。但是5号油罐在8月12日凌晨2时起到事发之时，一直在进油，共输入1.5万立方米的原油。在进油的同时，必然要将油罐内的空气排出来，加上油罐年久失修，罐顶预制板出现裂缝，油气外泄的孔隙纵横交错，于是在罐顶的外部形成一层油气混合体，当对地雷击感应产生的火花放电点燃了达到爆炸极限的油气层时，事故就此发生。每个油罐都有配套的消防设施，5号油罐顶部的消防系统为一台流量为900 t/h、压力为784 kPa的泡沫泵和罐顶上4排共20个泡沫自动发生器。按理讲，当罐顶起火时，泡沫灭火设施会自行启动进行灭火，然而，当5号油罐起火时，自动灭火装置无法启动。

5.1 液体燃烧特点

目前，液体燃料的主体是石油制品，因此，讨论液体燃料的燃烧主要涉及燃油的燃烧。液体燃料的沸点低于其燃点，因此，液体燃料的燃烧是先蒸发，生成燃料蒸气，然后与空气混合，进而发生燃烧。与气体燃料不同的是，液体燃料在与空气混合前存在蒸发汽化过程。

可燃性液体的起火过程可用图 5－1 表示。

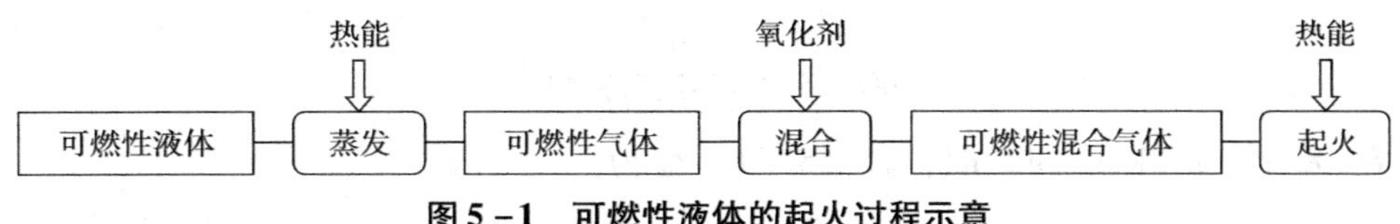

图 5－1　可燃性液体的起火过程示意

可燃性液体的起火特性一定与蒸发特性有关，闪点则是表示蒸发特性的重要参数。闪点越低，越容易蒸发；反之，则不容易蒸发。需要指出的是，液体闪点值一般是对纯净物而言的。大多数石油产品（如汽油、煤油、柴油等）都是多种成分的混合物。即便是不易蒸发的柴油、机油等，时间久了，空间内也可能有较高浓度的可燃性混合气体，一旦处于起火界限浓度之内，也有燃烧的危险。重油或原油油轮火灾大多属于这种情况。可燃液体蒸气的起火问题，可以看作气体可燃物起火问题进行处理。

5.2　液体的蒸发

5.2.1　蒸发过程

将液体置于密闭的真空容器中，液体表面能量大的分子就会克服液面邻近分子的吸引力，脱离液面进入液面以上空间成为蒸气分子。进入空间的分子由于热运动，有一部分又可能撞到液体表面，被液面吸引而凝结。开始时，由于液面以上空间尚无蒸气分子，蒸发速度最大，凝结速度为零。随着蒸发过程的继续，蒸气分子浓度增加，凝结速度也增加，最后凝结速度和蒸发速度相等，液体（液相）和它的蒸气（气相）就处于平衡状态。但这种平衡是一种动态平衡，即液面分子仍在蒸发，蒸气分子仍在凝结，只是蒸发速度和凝结速度相等罢了。

5.2.2　蒸气压

在一定温度下，液体和它的蒸气处于平衡状态，蒸气所具有的压力叫饱和蒸气压，简称蒸气压。液体的蒸气压是液体的重要性质，它仅与液体的性质及温度有关，而与液体的数量及液面上方空间的大小无关。

在相同温度下，液体分子之间的引力强，则液体分子难以克服引力而跑到空间中去，蒸气压就低；反之，蒸气压就高。分子间的引力称为分子间力，又称为范德华力。分子间力最重要的力是色散力。色散力是由于分子在运动中，电子云和原子核发生瞬时相对运动，产生瞬时偶极而出现的分子间的吸引力。相对分子质量越大，分子就越易变形，色散力越大。所以，同类物质中，相对分子质量越大，蒸发越难，蒸气压越低。但在水（H_2O）、氟化氢（HF）、氨（NH_3）分子以及很多有机化合物中，由于存在氢键，分子间力会大大增强，蒸发也不容易，蒸气压较低。对同一液体，温度升高，液体中能量大的分子数目就增多，能克服液体表面引力跑到空气中的分子数目也就多，因此，蒸气压就高；反之，温度降低，蒸气压就低。

液体的蒸气压（p^0）与温度（T）之间的关系服从克劳修斯－克拉佩龙方程。

$$\ln p^0 = -\frac{L_V}{RT} + C \tag{5-1}$$

$$\lg p^0 = -\frac{L_V}{2.303RT} + C' \tag{5-2}$$

取 $R=8.314$ J/(K·mol) 时，式（5-2）变为

$$\lg p^0 = -0.0522\frac{L_V}{T} + C' \tag{5-3}$$

式中，p^0——蒸气压，Pa；

L_V——蒸发潜热，J/mol；

C、C'——常数。

表5-1给出了几种常见有机化合物的 L_V 和 C' 值。

表5-1　常见有机化合物的 L_V 和 C' 值

化合物	分子式	L_V/(kJ·mol^{-1})	C'	温度范围/℃
正戊烷	$n-C_5H_{12}$	6 595.1	9.614 6	-77~191
正己烷	$n-C_6H_{14}$	7 627.2	9.842 0	-54~209
环己烷	$n-C_6H_{12}$	7 830.9	9.787 0	-45~257
正辛烷	$n-C_8H_{18}$	9 221.0	10.018 9	-14~281
异辛烷	（2，2，4-三甲基戊烷）	8 548.0	10.059 8	-36~99
正癸烷	$n-C_{10}H_{22}$	10 912.0	10.373 0	17~173
正十二烷	$n-C_{12}H_{26}$	11 857.7	10.275 9	48~364
甲醇	CH_3OH	8 978.8	10.764 7	-44~224
乙醇	C_2H_5OH	9 673.9	10.952 3	-31~242
正丙醇	$n-C_3H_7OH$	10 421.1	11.062 2	-15~250
丙酮	$(CH_3)_2CO$	7 641.5	10.028 9	-59~214
丁酮	$CH_3COCH_2CH_3$	8 149.5	10.084 2	18~80
苯	C_6H_6	8 146.5	9.958 6	-37~290
甲苯	$C_6H_5CH_3$	8 580.5	9.844 3	-28~31
苯乙烯	$C_6H_5CH{=}CH_2$	9 634.7	10.046 9	-7~145

由于相变焓与温度关系的引入会使公式复杂化，通常用下式计算

$$\ln p^0 = A - \frac{B}{T+C} \tag{5-4}$$

此式称为安托因方程，A、B、C 是与物质有关的常数，可从有关手册中查到。它是对克劳修斯-克拉佩龙方程的修正。

克劳修斯-克拉佩龙方程仅适用于单一组分的纯液体。对稀溶液，溶剂的蒸气压 p_A 等于纯溶剂的蒸气压 p_A^0 乘以溶液中溶剂的摩尔分数 x_A，此即为拉乌尔定律。

$$p_A = p_A^0 \cdot x_A \tag{5-5}$$

任一组分在全部浓度范围内都符合拉乌尔定律的溶液称为理想溶液。对非理想溶液，拉乌尔定律应修正为

$$p_i = p_i^0 \cdot a_i \tag{5-6}$$

$$a_i = r_i \cdot x_i \tag{5-7}$$

式中，p_i——溶液中 i 组分的蒸气压；

p_i^0——纯 i 组分的蒸气压；

a_i——i 组分的活度；

r_i——i 组分的活度系数，对理想溶液，$r_i = 1$。

5.2.3 蒸发热

液体在蒸发过程中，高能量分子离开液面进入空间，使剩余液体的内能越来越低，液体温度也越来越低。欲使液体保持原温度，必须从外界吸收热量。这就是说，要使液体在恒温恒压下蒸发，必须从周围环境中吸收热量。通常定义，在一定温度和压力下，单位质量的液体完全蒸发所吸收的热量为液体的蒸发热。

蒸发热主要是为了增加液体分子动能，以克服分子间引力而逸出液面，因此，分子间引力越大的液体，其蒸发热越高。此外，蒸发热还消耗于汽化时体积膨胀对外所做的功。

5.2.4 液体沸点

当液体蒸气压与外界压力相等时，蒸发在整个液体中进行，称为液体沸腾；而蒸气压低于环境压力时，蒸发仅限于在液面上进行。所谓液体的沸点，是指液体的饱和蒸气压与外界压力相等时液体的温度。

很显然，液体沸点与外界气压密切相关。表5－2列出了一些常见液态物质的沸点。

表5－2 常见液态物质的沸点

物质名称	分子式	沸点/℃	物质名称	分子式	沸点/℃
甲烷	CH_4	－161	氯化氢	HCl	－84
乙烷	C_2H_6	－89	溴化氢	HBr	－70
丙烷	C_3H_8	－30	碘化氢	HI	－37
丁烷	C_4H_{10}	0	水	H_2O	100
己烷	C_6H_{14}	68	硫化氢	H_2S	－61
辛烷	C_8H_{18}	125	氨气	NH_3	－33
癸烷	$C_{10}H_{22}$	160	磷化氢	PH_3	－88
氟化氢	HF	17	硅烷	SiH_4	－112

5.3 闪点与爆炸温度极限

5.3.1 闪燃与闪点

当液体温度较低时，蒸发速度很慢，液面上蒸气浓度小于爆炸下限，蒸气与空气的混合物遇到火源也不会着火。随着液体温度升高，蒸气分子浓度增大，当蒸气分子浓度增大到爆炸下限时，蒸气与空气的混合气体遇火源就能闪出火花，但随即熄灭。这种在可燃液体上方，蒸气与空气的混合物遇火源发生的一闪即灭的瞬间燃烧现象称为闪燃。在规定的实验条件下，液体表面能够发生闪燃的最低温度称为闪点。

液体发生闪燃，是因为其表面温度不高，蒸发速度小于燃烧速度，来不及补充被烧掉的蒸气，而仅能维持一瞬间的燃烧。

液体的闪点一般要用专门的开杯式或闭杯式闪点测定仪测得。采用开杯式闪点测定仪时，由于气相空间不能像闭杯式闪点测定仪那样产生饱和蒸气与空气的混合物，所以测得的闪点要大于采用后者测得的闪点。开杯式闪点测定仪一般适用于测定闪点高于 100 ℃的液体，而后者适用于闪点低于 100 ℃的液体。

5.3.2 同类液体闪点变化规律

一般来说，可燃液体多数是有机化合物。有机化合物根据其分子结构不同，分成若干类。同类有机物在结构上相似，在组成上相差一个或多个系差。这种在组成上相差一个或多个系差且结构上相似的一系列化合物称为同系列。同系列中各化合物互称同系物。

同系物虽然结构相似，但相对分子质量却不相同。相对分子质量大的分子结构变形大，分子间力大，蒸发困难，蒸气浓度低，闪点高；反之，闪点则低。因此，同系物的闪点具有以下规律：①同系物闪点随相对分子质量的增加而升高；②同系物闪点随沸点的升高而升高；③同系物闪点随密度的增大而升高；④同系物闪点随蒸气压的降低而升高；⑤同系物中正构体比异构体闪点高。表 5－3、表 5－4 列出了一些同系物的闪点。

表 5－3　部分醇和芳烃的物理性能

物质		分子式	相对分子质量	相对密度（20 ℃/4 ℃）	沸点/℃	20 ℃时的蒸气压/kPa	闪点/℃
醇类	甲醇	CH_3OH	32	0.792	64.56	11.82	7
	乙醇	C_2H_6OH	46	0.789	78.4	5.87	9
	正丙醇	C_3H_7OH	60	0.804	97.2	1.93	22.5
	正丁醇	C_4H_9OH	74	0.810	117.8	0.63	34
	正戊醇	$C_5H_{11}OH$	88	0.817	137.8	0.37	46
芳香烃	苯	C_6H_6	78	0.873	80.36	9.97	－12
	甲苯	$C_6H_5CH_3$	92	0.866	110.8	2.97	5
	二甲苯	$C_6H_4(CH_3)_2$	106	0.879	146.0	2.18	23

表 5 -4　正构体与异构体的闪点比较

物质名称	沸点/℃	闪点/℃	物质名称	沸点/℃	闪点/℃
正戊烷	36	-40	正己酮	127.5	35
异戊烷	28	-52	异己酮	119	17
正辛烷	125.6	16.5	正丙醚	91	-11.5
异辛烷	99	-12.5	异丙醚	69	-13
氯代正丁烷	79	-11.5	甲酸正戊酯	132	33
氯代异丁烷	70	-24	甲酸异戊酯	123.5	25.5
氯代正戊烷	110	16.5	正丙胺	46	-7
氯代异戊烷	100	1	异丙胺	32.4	-18
正丁醛	75.7	-7.5	正二丙胺	105	7.2
异丁醛	64	-40	异二丙胺	84	-6.7

碳原子数相同的异构体中，支链数增多，造成空间障碍增大，使分子间距离变远，从而使分子间力变小，闪点下降。

5.3.3　混合液体闪点

1. 两种完全互溶的可燃液体的混合液体的闪点

这类混合液体的闪点一般低于各组分的闪点的算术平均值，并且接近于含量大的组分的闪点。例如，纯甲醇闪点为 7 ℃，纯乙酸戊酯的闪点为 28 ℃。当甲醇与乙酸戊酯按 2∶3 混合时，其闪点并不等于 $7\times60\%+28\times40\%=15.4$（℃），而是 10 ℃，如图 5 -2 所示。图中实线为混合液体实际闪点变化曲线；虚线为混合液体算术平均值闪点。对甲醇和丁醇（闪点为 36 ℃）1∶1（体积比）的混合液，其闪点为 13 ℃，而不是其算术平均值 21.5 ℃，如图 5 -3 所示。

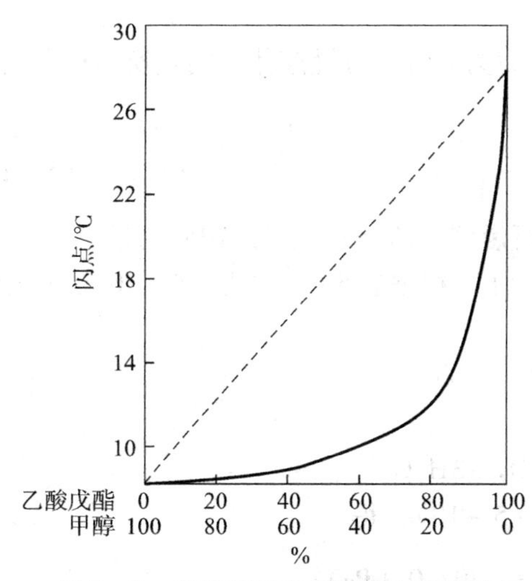

图 5 -2　甲醇与乙酸戊酯混合液的闪点

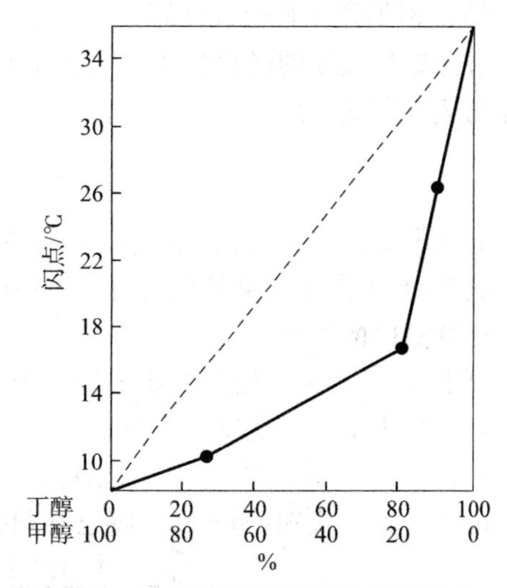

图 5 -3　甲醇与丁醇混合液的闪点

2. 可燃液体与不燃液体混合液体的闪点

在可燃液体中掺入互溶的不燃液体，其闪点随着不燃液体含量增加而升高。当不燃组分含量达到一定值时，混合液体不再发生闪燃。例如，对于乙醇的水溶液，当水分占60%时，其闪点将由纯乙醇时的11 ℃升至25 ℃；当水分占97%时，就不再发生闪燃。表5－5列举了醇水溶液的闪点。

表5－5　醇水溶液的闪点

溶液中醇的含量/%	闪点/℃		溶液中醇的含量/%	闪点/℃	
	甲醇	乙醇		甲醇	乙醇
100	7	11	10	60	50
75	18	22	5	无	60
55	22	23	3	无	无
40	30	25			

5.3.4　闪点计算

5.3.4.1　一元可燃液体闪点计算

（1）根据波道查的烃类闪点公式计算

对烃类可燃液体，其闪点服从波道查公式

$$t_f = 0.694\ 6t_b - 73.7 \tag{5-8}$$

式中，t_f——闪点，℃；

t_b——沸点，℃。

（2）根据可燃液体碳原子数计算

对可燃液体，可按下式计算其闪点

$$(t_f + 277.3)^2 = 10\ 410n_c \tag{5-9}$$

式中，n_c——可燃液体分子中碳原子数。

（3）根据道尔顿公式计算

根据爆炸极限的经验公式，当液面上方的总压力为p时，可燃液体的闪点所对应的可燃液体的蒸气压p_f^0为

$$p_f^0 = \frac{p}{1 + 4.76(n-1)} \tag{5-10}$$

此式即为道尔顿公式，式中，n是燃烧1 mol可燃液体所需氧原子的物质的量。

表5－6给出了常见易燃与可燃液体的饱和蒸气压。根据表5－6和式（5－10），可用插值法计算液体的闪点。

[**例1**] 已知大气压为$1.013\ 25 \times 10^5$ Pa，求苯的闪点。

解：写出苯的燃烧反应方程式

$$C_6H_6 + 7.5O_2 \rightarrow 6CO_2 + 3H_2O$$

由反应方程式知：$n = 15$。将已知数据代入式（5－10），得

$$p_f^0 = \frac{1.013\ 25 \times 10^5}{1 + (15-1) \times 4.76} = 1\ 498.0\ \text{(Pa)}$$

查表5-6，可知苯的饱和蒸气压力为1 498.0 Pa时，其温度在-20～-10 ℃之间，其蒸气压分别为990.58 Pa和1 950.5 Pa，因此可用插值法求出苯的闪点t_f。

$$t_f = -20 + \frac{1\ 498.0 - 990.58}{1\ 950.5 - 990.58} \times 10 = -17.4\ (℃)$$

表5-6 常见的易燃与可燃液体的饱和蒸气压 Pa

液体名称	温度/℃								
	-20	-10	0	10	20	30	40	50	60
丙酮	—	5 159.56	8 443.28	14 708.08	24 531.25	37 330.16	55 901.91	81 167.77	115 510.18
苯	990.58	1 950.50	3 546.37	5 966.16	9 972.49	15 785.32	24 197.94	35 823.62	52 328.89
乙酸丁酯	—	479.96	933.25	1 853.18	3 333.05	5 826.17	9 452.53	—	—
航空汽油	—	—	11 732.34	15 198.71	20 531.59	27 997.62	37 730.13	50 262.39	—
车用汽油	—	—	5 332.88	6 666.1	9 332.54	13 065.56	18 131.79	23 997.96	—
甲醇	835.93	1 795.85	3 575.70	6 690.10	11 821.66	19 998.3	32 463.91	50 889.01	83 326.25
二硫化碳	6 463.45	10 799.08	17 595.84	27 064.37	40 326.58	58 261.71	82 259.67	114 216.95	156 040.06
松节油	—	—	275.98	391.97	593.28	915.92	1 439.88	2 263.81	—
甲苯	231.98	455.96	889.26	1 693.19	2 973.08	4 959.58	7 095.99	12 398.95	18 531.76
乙醇	333.31	746.60	1 626.53	3 137.06	5 866.17	10 412.45	17 785.15	29 304.18	46 862.08
乙醚	8 932.57	14 972.06	24 583.24	38 236.75	57 688.43	84 632.81	120 923.05	168 625.66	216 408.27
乙酸乙酯	866.59	1 719.85	3 226.39	5 839.50	9 705.84	15 825.32	24 491.25	37 636.8	55 368.63
乙酸甲酯	2 533.12	4 686.27	8 279.29	13 972.15	22 638.08	35 330.33	—	—	—
丙醇	—	—	435.96	951.92	1 933.17	3 706.35	6 772.76	11 798.99	19 598.33
丁醇	—	—	—	270.64	627.95	1 226.56	2 386.46	4 412.96	7 892.66
戊醇	—	—	79.99	177.32	369.30	738.60	1 409.21	2 581.11	4 546.28
乙酸丙酯	—	—	933.25	2 173.25	3 413.04	6 432.79	9 452.53	16 185.29	22 918.05

（4）据布里诺夫公式计算

计算公式为

$$p_f^0 = \frac{Ap}{D_0 \beta} \tag{5-11}$$

式中，p_f^0——闪点温度下可燃液体的饱和蒸气压，Pa；

p——可燃液体蒸气和空气混合气体的总压力，通常等于$1.013\ 25 \times 10^5$ Pa；

A——仪器常数；

D_0——可燃液体蒸气在空气中于标准状态下的扩散系数，D_0值列于表5-7；

β——燃烧1 mol可燃液体所需的氧分子的物质的量，mol/mol。

表5-7 常见液体蒸气在空气中于标准状态下的扩散系数

液体名称	标准状态下的扩散系数	液体名称	标准状态下的扩散系数	液体名称	标准状态下的扩散系数	液体名称	标准状态下的扩散系数
甲醇	0.132 5	苯	0.077	乙酸	0.106 4	二硫化碳	0.089 2
乙醇	0.102	甲苯	0.070 9	乙酸乙酯	0.071 5	丁醇	0.070 3
丙醇	0.085	乙醚	0.077 8	乙酸丁酯	0.058	丙酮	0.086

（5）利用可燃液体爆炸下限计算

闪点温度时，液体的蒸气浓度就是该液体蒸气的爆炸下限。液体的饱和蒸气浓度与蒸气压的关系为

$$p_f^0 = \frac{x_{下} p}{100} \tag{5-12}$$

式中，$x_{下}$——蒸气爆炸下限（体积分数）；

p——蒸气和空气混合气体总压，一般为 $1.013\ 25 \times 10^5$ Pa。

（6）根据克劳修斯-克拉佩龙方程计算

闪点所对应的蒸气浓度为爆炸下限。当已知蒸气的爆炸下限和总压时，就可以算出闪点对应的蒸气压 p_f^0，从而计算出闪点 t_f。

5.3.4.2 二元混合液体闪点计算

包洪政在对易燃混合液体的蒸气压变化规律进行研究的基础上，提出了二元混合液体闪点的理论计算方法。

如果已知二元混合液体组分A的纯易燃液体闪点，根据安托因方程计算出该物质在发生闪燃时的饱和蒸气压 p_f^0。二元混合液体组分A的饱和蒸气压分压为 p_A，当 $p_A = p_f^0$ 时，由拉乌尔定律计算：$p_{fA}^0 = p_A / x_A$，p_{fA}^0 就是该二元混合液体闪点对应的A的饱和蒸气压，根据易燃液体A的安托因方程计算出 p_{fA}^0 对应的温度，就是该二元混合液体的闪点。如组成二元混合物液体的两种物质都是易燃的，用组分B的蒸气压分压 p_B 计算的结果一样。

易燃液体与易燃液体组成的混合液体发生闪燃时的蒸气压是由组分A与B共同提供的，其闪燃蒸气压用 p_{AB} 表示。由于易燃混合液体的闪点与该混合液体的爆炸下限互相联系，用 Le Chatelier 公式计算 p_{AB}，把易燃液体的爆炸下限与该液体的闪点的饱和蒸气分压的关系式代入 Le Chatelier 公式后，得到计算易燃液体与易燃液体组成的混合液体闪点对应的蒸气压的方程为

$$p_{AB}^0 = \frac{1}{\dfrac{\gamma_A}{p_{fA}^0} + \dfrac{\gamma_B}{p_{fB}^0}} \tag{5-13}$$

式中，p_{AB}^0——易燃液体与易燃液体组成混合液闪点对应的蒸气压；

p_{fA}^0、p_{fB}^0——混合液体中A、B物质纯液体的闪点对应的蒸气压；

γ_A、γ_B——物质在混合液体表面上气相中的摩尔分数。

易燃液体与不燃液体组成的混合液，其闪点主要取决于易燃组分物质的蒸气压分压，但是混合液中的不燃液体的蒸气分压对闪点也有影响，计算结果要进行修正。把易燃液体的爆炸下限与该液体的闪点的饱和蒸气分压的关系式代入可燃气体和不燃气体混合物的爆炸极限计算的经验公式，得到修正公式如下：

$$p_x = \frac{p_s\left(1 + \frac{\omega}{1 - \omega}\right)}{1 + \frac{p_s\omega}{p(1 - \omega)}} \tag{5-14}$$

式中，p_s——易燃液体与不燃液体混合液闪点温度对应易燃液体蒸气压；

p——混合气总压力，常压时为 $1.013\ 25 \times 10^5$ Pa；

p_x——易燃液体与不燃液体混合液修正后，闪点温度对应的易燃液体蒸气压；

ω——易燃液体与不燃液体混合液闪点温度对应蒸气的有效体积分数，计算方法请查阅相关文献。

5.3.5　爆炸温度极限

5.3.5.1　爆炸温度极限定义

当液面上方饱和蒸气与空气的混合气体中可燃液体蒸气浓度达到爆炸浓度极限时，混合气体遇火源就会发生爆炸。根据蒸气压理论，对特定的可燃液体，饱和蒸气压（或相应的蒸气浓度）与温度成对应关系。蒸气爆炸浓度上、下限所对应的液体温度称为可燃液体的爆炸温度上、下限，分别用 $t_上$、$t_下$ 表示。表 5－8 列出了几种可燃液体爆炸浓度极限与爆炸温度极限。

表 5－8　几种可燃液体的爆炸浓度极限和爆炸温度极限

爆炸浓度极限/%		液体名称	爆炸温度极限/℃	
下限	上限		下限	上限
3.3	18.0	酒精	11	40
1.5	7.0	甲苯	5.5	31
0.8	62.0	松节油	33.5	53
1.7	7.2	车用汽油	－38	－8
1.4	7.5	灯用煤油	40	86
1.85	40	乙醚	－45	13
1.5	9.5	苯	－14	19

显然，液体温度处于爆炸温度极限范围内时，液面上方的蒸气与空气的混合气体遇火源会发生爆炸。可见，利用爆炸温度极限比用爆炸浓度极限来判断可燃液体的蒸气爆炸危险性更方便。设液体温度与室温相等，则液体温度与爆炸温度极限有如下例子中的几种关系（设室温为 0～28 ℃）

（1）苯

爆炸温度下限 $t_下 = -14$ ℃，爆炸温度上限 $t_上 = 19$ ℃，与室温关系为

$t_下$(−14 ℃)　　$t_上$(19 ℃)

——•——•——•——•——→ t

0 ℃　　28 ℃

显然，苯蒸气在 0～19 ℃范围内是能发生爆炸的。

（2）酒精

$t_{下}=11$ ℃，$t_{上}=40$ ℃，与室温关系为

$t_{下}$(11 ℃)　$t_{上}$(40 ℃)

0 ℃　28 ℃　t

很显然，在室温 11～28 ℃范围内，酒精蒸气正好处于爆炸浓度极限范围之内，是能发生爆炸的。

（3）煤油

$t_{下}=40$ ℃，$t_{上}=86$ ℃，与室温关系为

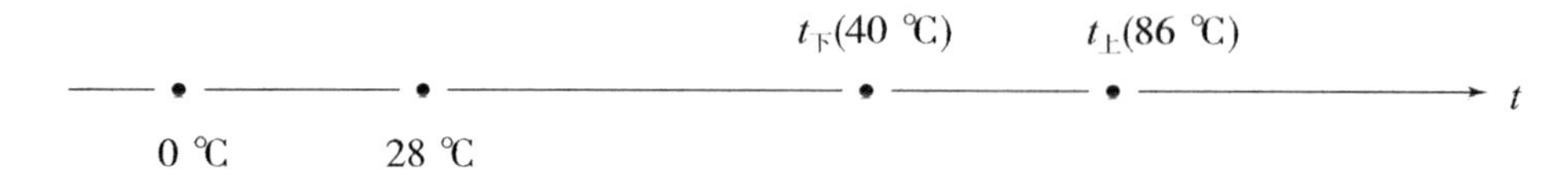

煤油在室温范围内，其蒸气浓度没有达到爆炸下限，煤油蒸气是不会发生爆炸的。

（4）汽油

$t_{下}=-38$ ℃，$t_{上}=-8$ ℃，与室温关系为

$t_{下}$(−38℃)　$t_{上}$(−8℃)

0 ℃　28 ℃　t

汽油在室温范围内，其饱和蒸气浓度已经超过爆炸上限，它与空气的混合气体遇火源不会发生爆炸。但在实际仓库的储存条件下，由于库房通风，汽油蒸气往往达不到饱和状态而处在非饱和状态，其蒸气与空气混合气体遇火源有可能发生爆炸。

通过以上分析，可以得出以下结论：

①凡爆炸温度下限（$t_{下}$）低于最高室温的可燃液体，其蒸气与空气的混合气体遇火源均能发生爆炸；

②凡爆炸温度下限（$t_{下}$）高于最高室温的可燃液体，其蒸气与空气的混合气体遇火源均不能发生爆炸；

③凡爆炸温度上限（$t_{上}$）低于最低室温的可燃液体，其饱和蒸气与空气的混合气体遇火源不发生爆炸，其非饱和蒸气与空气的混合气体遇火源有可能发生爆炸。

5.3.5.2　爆炸温度极限计算

爆炸温度下限为液体的闪点，其计算与闪点计算相同。对爆炸温度上限的计算，可根据已知的爆炸浓度上限值计算相应的饱和蒸气压，然后用克劳修斯－克拉佩龙方程等方法计算出饱和蒸气压所对应的温度，即为爆炸温度上限。

［**例 2**］已知甲苯的爆炸浓度极限范围为 1.27%～6.75%，求其在 $1.013\ 25\times10^5$ Pa 大气压下的爆炸温度极限。

解：①求爆炸浓度极限所对应的饱和蒸气压。

$$p_{饱下}=1.013\ 25\times10^5\times1.27\%=1\ 287\ \text{(Pa)}$$

$$p_{饱上}=1.013\ 25\times10^5\times6.75\%=6\ 839\ \text{(Pa)}$$

②用插值法计算爆炸温度极限。

饱和蒸气压为 1 287 Pa 和 6 839 Pa 时，甲苯所处的温度范围分别为 0 ~ 10 ℃和 30 ~ 40 ℃。利用插值法和表 5 - 6 中的数据得

下限：
$$t_{下} = 0 + \frac{1\ 287 - 889}{1\ 693 - 889} \times (10 - 0) = 4.95\ (℃)$$

上限：
$$t_{上} = 30 + \frac{6\ 839 - 4\ 860}{7\ 960 - 4\ 960} \times (40 - 30) = 36.38\ (℃)$$

5.3.5.3　爆炸温度极限影响因素

①可燃液体的性质。液体的蒸气爆炸浓度极限低，则相应的液体爆炸温度极限低；液体越易蒸发，则爆炸温度极限越低。

②压力。压力升高使爆炸温度上、下限升高，反之，则下降。这主要是因为总压升高时，为使蒸气浓度达到爆炸浓度极限，需要相应地增加蒸气压力。表 5 - 9 给出了压力对甲苯闪点的影响结果。由表可知，压力升高，闪点升高，即爆炸温度下限升高。

表 5 - 9　压力对甲苯闪点的影响结果

总压力/Pa	甲苯饱和蒸气压/Pa	甲苯闭合闪点/℃
74 078	889	0.1
100 000	1 200	4.9
197 368	2 368	16.3

③水分或其他物质含量。由于水蒸气在可燃蒸气与空气的混合气体中起着惰性气体作用，因此，在可燃液体中加入水会使其爆炸温度极限升高。如果在闪点高的可燃液体中加入闪点低的可燃液体，则混合液体的爆炸温度极限比前者的低，但比后者的高。实验发现，即使低闪点液体的加入量很少，也会使混合液体的闪点比高闪点液体的闪点低得多。例如，在煤油中加入 1% 的汽油，煤油的闪点要降低 10 ℃以上。

④火源强度与点火时间。一般来说，在其他条件相同时，液面上的火源强度越高，或者点火时间越长，液体的爆炸温度下限（或闪点）越低。这是因为此时液体接收的热量很多，液面上蒸发出的蒸气量增加。例如，在电焊电弧作用于液面时，由于电弧的能量很高，液体在初温低于正常实验条件下的闪点时也会发生闪燃；一个较大的机械零件进入淬火油前在油面上有一段停留时间，可能导致淬火油在较低的初始温度下发生闪燃或着火。

5.4　液体着火

可燃液体的着火有引燃（或点燃）和自燃两种形式。

5.4.1　液体引燃

可燃液体的蒸气与空气的混合物在一定的温度条件下，与火源接触发生连续燃烧现象，称为可燃液体的引燃。发生引燃着火的液体的最低温度称为液体的燃点（或着火点）。

5.4.1.1　引燃着火条件

可燃液体的蒸气与空气的混合气体被点燃后，要在液面上建立稳定火焰，必须满足下列条件

$$G_1 \leqslant \frac{f \cdot \Delta H_c \cdot \dot{G}_1 + \dot{Q}_E - Q_1}{L_V} \tag{5-15}$$

式中，G_1——蒸发速度或燃烧速度，$g/(m^2 \cdot s)$；

f——燃烧热中传回到液体表面的百分数；

$\dot{Q}_E$——单位面积的液面上，外界热源的加热速度，kW/m^2；

$\dot{Q}_1$——单位面积的液面的热损失速度，kW/m^2；

L_V——液体的蒸发热，kJ/g。

f包括辐射传热分数f_r和对流传热分数f_c两部分，即，$f=f_r+f_c$。在点火瞬间，火焰不大且不亮，$f_r \approx 0$，而f_c趋近于φ，所以式（5-15）可改写为

$$G_1 \leqslant \frac{\varphi \cdot \Delta H_c \cdot G_1 + \dot{Q}_E - \dot{Q}_1}{L_V} \tag{5-16}$$

$$S = (\varphi \cdot \Delta H_c - L_v) G_1 + \dot{Q}_E - \dot{Q}_1 \geqslant 0 \tag{5-17}$$

如果引燃不成功（如闪燃），则有

$$G_1 > \frac{\varphi \cdot \Delta H_c \cdot G_1 + \dot{Q}_E - \dot{Q}_1}{L_V} \tag{5-18}$$

$$S = (\varphi \cdot \Delta H_c - L_V) G_1 + \dot{Q}_E - \dot{Q}_1 < 0 \tag{5-19}$$

引燃能否成功与Q_E的大小有很大的关系。点燃成功后，如迅速撤走外界点火源，这时S有可能小于零，火焰又会熄灭。可见液体的燃点也不是一个物性常数，它受外界加热源和自身热损失的影响。

5.4.1.2 低闪点液体引燃

所谓低闪点液体，是指闪点低于环境温度的液体。对这类液体，由于液面上的蒸气浓度已经达到着火浓度，其蒸气与空气的混合气体遇火源就会被引燃，火焰迅速通过混合气体传播到整个液面。之后，液体边蒸发边与空气在火焰中混合燃烧。

5.4.1.3 高闪点液体引燃

当液体闪点高于环境温度时，液面上的蒸气浓度低于爆炸浓度下限，这时不可能用点火源对液体表面进行快速的引燃。常见的点燃方式有两种：一种是对液体进行整体加热，使其温度大于燃点，然后进行点燃；另一种是利用灯芯点火，用小火焰或小的灼热体紧靠液面加热，所引起的燃烧就属于灯芯点火方式。

灯芯点火的原理为：由于毛细现象，灯芯将可燃液体吸附到灯芯中，又由于灯芯比热容小，灯芯上的液体的热对流运动被限制，因此很容易用小火加热，使灯芯上的可燃液体被加热到燃点以上温度而被点燃。灯芯周围的液体被加热，表面张力的平衡被破坏，从而使液体产生回流，即在液体表面上产生一个净作用力，使驱热流体离开受热区，而液面以下邻近的冷流体则流向加热区。回流加热的结果会使液体的整体温度提高，当灯芯附近的液体温度达到燃点时，火焰就开始从灯芯向整个液面传播。

由于主体火焰前端的表面液体被逐渐加热，蒸气浓度逐渐增加，所以可以观察到火焰脉冲现象（即一闪即灭的现象），其火焰颜色和特征与预混火焰的类似。液体温度增加，脉冲宽度减小。当液体温度进一步增加时，脉冲现象消失。紧接着脉冲现象之后，经过一段过渡，蒸气蒸发的同时与空气在火焰中充分混合，使火焰充分发展，一般火焰为黄色，有烟产生。影响火焰向前传播的一般因素如下。

①液体性质。一般来说，不同液体液面上火焰传播速度不同。液体蒸发热越大，液面上蒸气浓度越低，火焰传播速度越小；相反，液体蒸发热越小，液面上蒸气浓度越高，火焰传播速度越快。

②液体温度。温度升高，蒸气浓度增加，火焰传播速度增加。蒸气浓度增加到与空气浓度之比等于化学当量比时，火焰传播速度最快。某些液体液面上火焰最大传播速度见表5－10。

表5－10　某些液体液面上火焰最大传播速度

名称	相对密度	最大火焰传播速度/(cm·s^{-1})	最大火焰传播速度时的温度/K	名称	相对密度	最大火焰传播速度/(cm·s^{-1})	最大火焰传播速度时的温度/K
丙酮	0.792	50.18	2 121	环氧乙烷	0.965	100.35	2 411
丙烯醛	0.841	61.75		正庚烷	0.688	42.46	2 214
丙烯腈	0.797	46.75	2 461	酸醛己酯	0.901	35.59	—
苯	0.885	44.60	2 365	正己烷	0.664	42.46	2 239
丁酮	0.805	39.45		异丙醛	0.785	38.16	—
甲基乙基甲酮	0.601	47.60	2 319	甲醇	0.793	52.32	—
二硫化碳	1.263	54.46		正戊烷	0.631	42.46	2 250
环己烷	0.783	42.46	2 250	甲苯	0.872	38.60	2 344
环戊烷	0.751	41.17	2 264	汽油	—	37.74	—
正癸烷	0.734	40.31	2 286	喷气燃料JP－1	0.810	36.88	—
二乙醚	0.714	43.74	2 253				

③液层厚度。显然，液体越深，局部加热液面所引起的对流向深层液体散热越多，液体表面升温就越慢，火焰从中心火源蔓延到整个液面的着火时间就越长；相反，液体越浅，对流向液体深层散热越少，液体表面升温就越快，整个液面着火感应期就越短。但液体深度小到一定程度以后，由于向容器壁的散热增加，着火感应期会迅速增加。当液体深度小于1 mm时，液层则不能被引燃。

5.4.2　液体自燃

如果可燃液体（或其局部）的温度达到燃点，但没有接触外界明火源，那么就不会着火。若继续对液体加热，当液体温度达到一定值以后，即使没有火源，液体也会发生着火。这种液体在没有火源作用，而靠外界加热引起的着火现象称自燃着火。发生自燃着火的最低温度称为自燃点。一些典型可燃液体的自燃点见表5－11。

表5－11　一些典型可燃液体的自燃点　℃

液体名称	自燃点	液体名称	自燃点	液体名称	自燃点
二硫化碳	102	汽油	260	乙酸乙酯	460
乙醚	170	环己烷	260	甲苯	535
苯甲醛	190	甲酸丁酯	320	丙酮	540
煤油	220	乙醇	425	苯	555

在温度较低时，液体蒸气与空气中的氧已开始进行氧化反应，但速度缓慢，放热较少，并且随时散失在环境中。由于放热速度等于散热速度，液体蒸气与空气组成的混合气体只能在室温条件下进行缓慢氧化，反应不会加速，液体不会自燃。

5.4.2.1　自燃点影响因素

液体的自燃点不是物性参数，它不仅与其本性有关，而且还受下列因素影响。

①压力。增加压力，会使可燃液体蒸气和空气组成的混合气体浓度增大，反应速度变快，放热速度增加，会促使放热速度提早大于散热速度，从而使自燃点降低。表5-12列出了3种物质在不同压力时的自燃点。需要指出的是，在动态平衡时，增加压力，蒸气变为液体，蒸气压力变化不大，主要是氧浓度增加。

表5-12　3种物质在不同压力作用下的自燃点的变化　　℃

物质名称	自燃点					
	1×10^5 Pa	5×10^5 Pa	10×10^5 Pa	15×10^5 Pa	20×10^5 Pa	25×10^5 Pa
汽油	480	350	310	290	280	250
苯	680	620	590	520	500	490
煤油	460	330	250	220	210	200

②蒸气浓度。在自燃点温度下，液体已经全部汽化，蒸气与氧的浓度比可随意改变。增加可燃蒸气浓度会使反应速度加快，放热速度增加，自燃点降低。但是当可燃蒸气浓度增大到与空气中的氧浓度等于当量比时，自燃点最低，再增加可燃蒸气浓度，自燃点反而会增加。

③氧含量。空气中氧含量的提高有利于化学反应发生，因此会使可燃液体的自燃点降低；反之，氧含量下降会使自燃点升高。图5-4表示了空气中氧含量对JP-6燃料自燃点的影响。从图5-4可看出，在较小的含量范围内，氧气含量对自燃点的影响十分显著；超过该范围，这一影响不太显著。

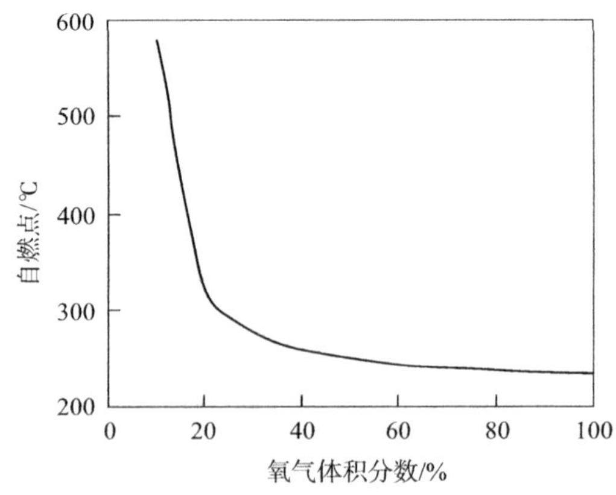

图5-4　氧含量对JP-6燃料自燃点的影响

④催化剂。催化剂是一种能改变化学反应速度的物质，但其本身在反应中不发生变化。催化剂有正催化剂和负催化剂两种。正催化剂（例如铁、钒、铂、钴）可以加快反应速度，能降低物质的自燃点。负催化剂可以减慢反应速度，因而可以提高物质的自燃点。

⑤容器特性。容器材料的性质不同，其导热等性能不一样，因此对同一种可燃液体的自燃点的影响也不同。容器材质对几种可燃液体自燃点的影响见表 5－13。

表 5－13　容器材质对几种可燃液体自燃点的影响　℃

液体名称	材质			
	铁管	石英管	玻璃瓶	钢杯
苯	753	723	580	649
甲醇	740	565	475	474
乙醇	724	641	421	391
乙醚	533	549	188	193

容器的几何尺寸不同，可燃液体的自燃点也随之变化。在容积大的容器中，自燃点降低。这是因为大容器的表面积与容器体积之比较低，反应介质单位体积的热损失率也较低。甲醇和甲苯自燃点随容器大小变化的情况如图 5－5 所示。另外，容器的直径越小，可燃液体的自燃点越高。例如，在直径分别为 0.5 cm、1.0 cm、2.5 cm 的容器中，二硫化碳的自燃点分别为 270 ℃、238 ℃、202 ℃。

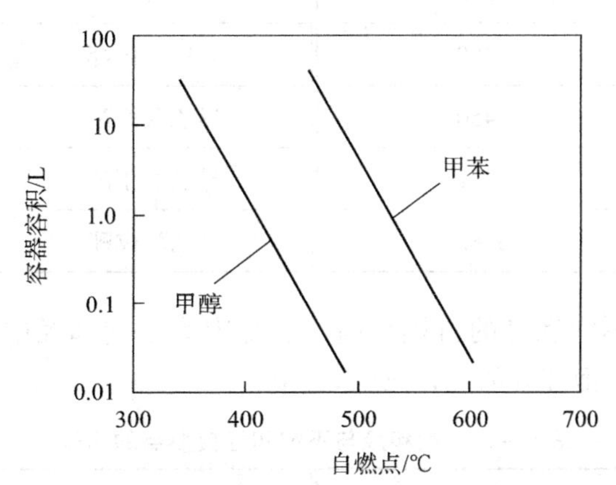

图 5－5　容器容积对甲醇和甲苯自燃点的影响

5.4.2.2　同类液体自燃点变化规律

①同系物的自燃点随相对分子质量的增大而降低。同系物内化学键的键能随相对分子质量的增大而变小，因而反应速度快，自燃点降低。表 5－14 表示了烷烃和醇类自燃点随相对分子质量的变化。

表 5－14　烷烃和醇类自燃点随相对分子质量的变化

烷烃	相对分子质量	自燃点/℃	醇类	相对分子质量	自燃点/℃
甲烷	16	537	甲醇	32	470
乙烷	30	472	乙醇	46	414
丙烷	44	446	丙醇	60	404
丁烷	58	430	丁醇	74	345

②有机物中，对于同分异构体物质，其正构体自燃点比异构体自燃点低，见表5－15。有机物正构体比异构体自燃点低是电子效应与空间效应造成的。电子效应有两种作用：斥力和引力。异构体中C原子上的氢原子被烷基R取代以后，R基的电负性小，与分子中电荷中心产生共振（相当于正负电荷中和），使分子稳定化。空间效应就是分子中C原子上的H被取代基取代以后，使得空间拥挤，造成分子中的反应中心难以和另一个反应分子接近，反应不易进行，自燃点升高。

表5－15　同分异构体物质正构体与异构体自燃点的比较　℃

正构体	自燃点	异构体	自燃点
正丁烷	450	异丁烷	462
正丁烯	384	异丁烯	465
正丁醇	345	异丁醇	413
正丙醇	404	异丙醇	431
正戊醇	306	异戊醇	336
正戊醛	206	异戊醛	228
甲酸丙酯	400	异甲酸丙酯	460
乙酸丙酯	450	异乙酸丙酯	460
乙酸丁酯	371	异乙酸丁酯	421
乙酸戊酯	378.5	异乙酸戊酯	379

③饱和烃比相应的不饱和烃的自燃点高。这是因为不饱和烃中含有比较活泼的π键，容易参加反应，自燃点比饱和烃的低，见表5－16。

表5－16　饱和烃与不饱和烃自燃点的比较　℃

饱和烃	自燃点	不饱和烃	自燃点
乙烷	472	乙烯	425
丙烷	446	丙烯	410
丁烷	430	丁烯	384
戊烷	309	戊烯	275
丙醇	404	丙烯醇	363

④烃的含氧衍生物（如醇类、醛类、醚类）的自燃点低于分子中含有相同碳原子数的烷烃的自燃点，而且醇类自燃点高于醛类自燃点，见表5－17。含氧有机物中因含有氧原子，在燃烧反应中，氧原子的析出可促使反应速度加快，从而使自燃点降低。

表5-17 烷烃与烃的含氧衍生物自燃点的比较 ℃

烷烃	自燃点	烃的含氧衍生物			
		醇类	自燃点	醛类	自燃点
甲烷	537	甲醇	470	甲醛	430
乙烷	472	乙醇	414	乙醛	185
丙烷	446	丙醇	404	丙醛	221
丁烷	430	丁醇	345	丁醛	230
戊烷	309	戊醇	306	戊醛	206

⑤环烷类的自燃点一般高于相应烷类的自燃点，见表5-18。

表5-18 烷类与环烷类的自燃点 ℃

烷类	自燃点	环烷类	自燃点
丙烷	470	环丙烷	495
丁烷	345	环丁烷	—
戊烷	285	环戊烷	361
己烷	265	环己烷	259

从以上内容可以看出，有机化合物同系物的自燃点变化规律几乎与其闪点变化规律相反，这是因为闪点主要受分子间力的影响，而自燃点主要取决于活化能的大小。

5.5 液体燃烧速度

5.5.1 液体的燃烧速度

5.5.1.1 液体燃烧速度表示方法

液体燃烧速度通常有两种表示方法，即质量速度和线速度。

①燃烧线速度（v）：单位时间内燃烧掉的液层厚度。可表示为

$$v = \frac{H}{t} \tag{5-20}$$

式中，H——液体燃烧掉的厚度，mm；

t——液体燃烧所需时间，h。

②质量燃烧速度（G）：单位时间内单位面积（m^2）燃烧的液体的质量（kg），可表示为

$$G = \frac{m}{s \cdot t} \tag{5-21}$$

式中，m——燃烧掉的液体质量，kg；

s——液体燃烧的表面积，m^2；

t——液体燃烧时间，h。

5.5.1.2 液体燃烧速度测定

图5-6所示是液体燃烧速度测定装置示意图。测定时，容器和滴定管中都装满可燃液体，液体因燃烧而逐渐下降，但可利用滴定管逐渐上升而多出的液体来补充烧掉的液体，使液面始终保持在 O—O 线上。记录下燃烧时间和滴定管上升的体积，即可算出可燃液体的燃烧速度。

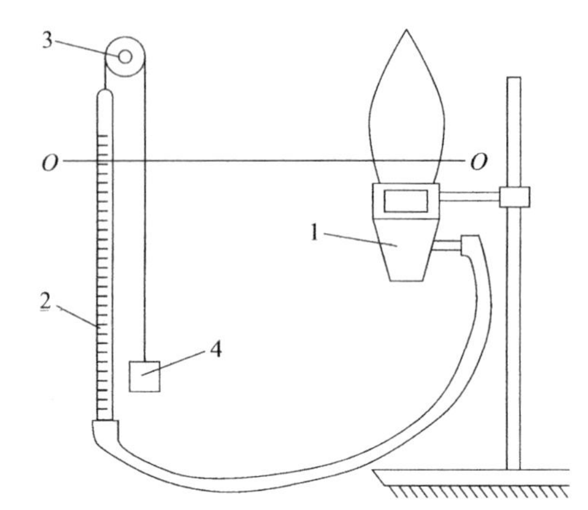

1—直径为62 mm的石英容器；2—滴定管；3—滑轮；4—重锤。

图5-6　液体燃烧速度测定装置

5.5.1.3 影响液体燃烧速度因素

（1）液体初温的影响

液体燃烧的质量速度 G 可表示为

$$G=\frac{\dot{Q}^n}{L_V+\bar{c}_p(T_2-T_1)} \tag{5-22}$$

式中，$\dot{Q}^n$——液面接受热量的速度，kJ/(m^2·h)；

L_V——液体的蒸发热，kJ/kg；

$\bar{c}_p$——液体的平衡定压热容，kJ/(kg·K)；

T_2——燃烧时的液面温度，K；

T_1——液体的初温，K。

从式（5-22）可以看出，液体初温 T_1 升高，燃烧速度加快。这是因为初温高，液体预热到 T_2 所需的热量就少，从而使更多的热量用于液体的蒸发。

（2）容器直径大小的影响

液体通常盛装于圆柱形立式油罐容器中，其直径大小对液体的燃烧速度有很大的影响，如图5-7所示。从图5-7可以看出，火焰有三种燃烧状态：液池直径小于0.03 m时，火焰为层流状态，燃烧速度随直径增加而减小；直径大于1 m时，火焰呈充分发展的湍流状态，燃烧速度为常数，不受直径变化的影响；直径为0.01~1 m时，随直径的增加，燃烧状态逐渐从层流状态过渡到湍流状态，燃烧速度在0.1 m处达到最小值，之后燃烧速度随直径增加而逐渐上升到湍流状态的恒定值。

液面燃烧速度随直径变化的关系可用火焰向液面传热的三种机理中，每种传热机理在不同阶段的相对重要性发生变化来解释。整个液面接受火焰的热通量 $\dot{Q}$ 可表示为导热、对流

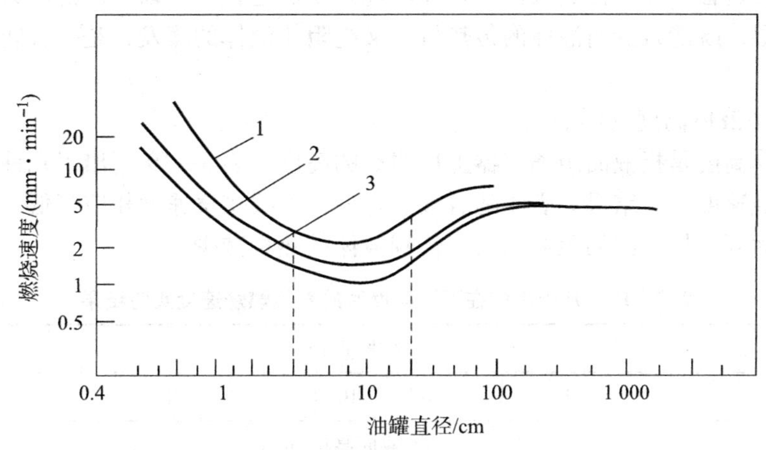

图 5－7　液体燃烧速度随罐径的变化

和辐射三项热通量之和，即

$$\dot{Q} = \dot{q}_{\text{cond}} + \dot{q}_{\text{conv}} + \dot{q}_{\text{rad}} \tag{5-23}$$

从器壁向液体的传热量为

$$\dot{q}_{\text{cond}} = \lambda \pi D (T_{\text{F}} - T_1) \tag{5-24}$$

式中，λ——考虑了火焰向器壁传热、器壁内传热和器壁向液体传热三项传热的传热系数；

D——容器直径，m；

T_{F}——火焰温度，K；

T_1——液体温度，K。

容器上方高温气体向液体的对流传热量为

$$\dot{q}_{\text{conv}} = h \frac{\pi D^2}{4} (T_{\text{F}} - T_1) \tag{5-25}$$

式中，h——对流换热系数。

火焰及高温气体向液体的辐射传热量为

$$\dot{q}_{\text{rad}} = \sigma \frac{\pi D^2}{4} (\phi_{\text{F}} \varepsilon_{\text{F}} T_{\text{F}}^4 - \varepsilon_1 T_1^4) \tag{5-26}$$

式中，σ——斯忒藩－波尔兹曼常量；

ϕ_{F}——火焰及高温气体对液面的形态系数；

ε_{F}——火焰及高温气体的辐射率；

ε_1——液体的辐射率。

将式（5－24）、式（5－25）和式（5－26）相加并除以液面面积，即得式（5－19）中 $\dot{Q}''$的表达式为

$$\dot{Q}'' = \frac{4\sum \dot{q}}{\pi D^2} = \frac{4\lambda (T_{\text{F}} - T_1)}{D} + h(T_{\text{F}} - T_1) + \sigma(\phi_{\text{F}} \varepsilon_{\text{F}} T_{\text{F}}^4 - \varepsilon_1 T_1^4) \tag{5-27}$$

式（5－27）表明，当直径 D 很小时，导热占主导地位，D 越小，$\dot{Q}''$越大，燃烧速度越大；当 D 很大时，$\dot{Q}''$与 D 无关。这就明确了在油池火灾中，蒸发过程是火灾蔓延的控制过

程。要控制蒸发过程，必须控制液体与外界环境的换热过程，所以采用泡沫灭火剂在液面上生成一层泡沫层，既能减少向液体的传热量，又能阻止液体的蒸发，是一种防治油池火灾的好方法。

（3）容器中液体高度的影响

容器中液体高度是指液面距离容器上口边缘的高度。表5－19列出了几种液体在不同高度时的直线燃烧速度实验结果。表明随着液位降低，直线燃烧速度相应降低。这是因为随着液位下降，液面到火焰底部的距离加大，传到液体的热量减少。

表5－19　几种液体在不同高度时的直线燃烧速度实验结果　　mm·min^{-1}

液体名称	容器直径/mm											
	5.2				10.9				22.6			
	液面高度/mm											
	0	2.5	6.5	8.5	0	2.5	6.5	8.5	0	2.5	6.5	8.5
乙醇	—	7.1	3.1	1.0	3.6	2.5	1.0	0.4	2.0	1.4	0.6	0.45
煤油	9.0	6.2	—	—	3.3	2.4	0.4	—	1.9	1.2	0.55	0.3
汽油	—	15	5.7	2.4	6.4	5.4	1.9	0.9	2.9	2.3	1.2	0.8

（4）液体中含水量的影响

液体中含水时，由于从火焰传递出的热量有一部分要消耗于水分蒸发，蒸发的水蒸气充满燃烧区，使可燃蒸气与氧气浓度降低，使燃烧速度下降。图5－8所示为含水量不同的重油在直径为0.8 m的储罐中燃烧时液面高度的变化情况。

（5）有机同系物液体密度的影响

同系物液体的密度大小可以表明液体挥发性的大小，进一步说明燃烧速度的快慢。一般地，液体的密度越小，其燃烧速度越快。利用24.4 mm直径的容器测定几种石油产品的燃烧速度，结果如图5－9所示。由图可见，石油产品（烷烃同系物）的燃烧速度与其密度成反比关系。

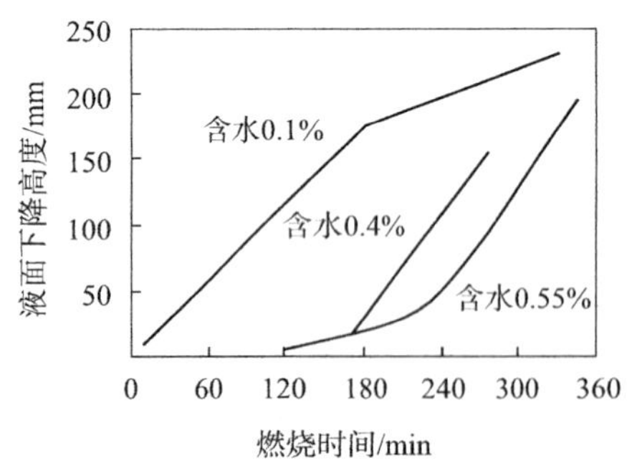

图5－8　含水量对重油燃烧速度的影响

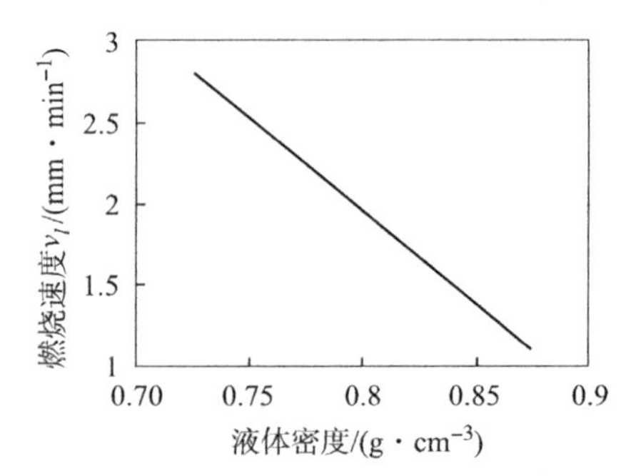

图5－9　石油产品燃烧速度与密度的关系

（6）风的影响

风既有利于可燃蒸气与氧的充分混合，又可以将燃烧产物及时输送走，因此，风可以加快燃烧速度。以汽油、柴油和重油为例，风速对汽油和柴油的燃烧速度影响大，但对重油几乎没有影响。如果风速增大到超过某个程度，几乎所有液体的燃烧速度都趋于某一固定值，但风速过大又有可能使燃烧熄灭。

5.5.2　液体稳定燃烧火焰特征

5.5.2.1　火焰燃烧状态

如前所述，当液池直径 $D<0.03$ m 时，火焰呈层流状态；当 $0.03\text{ m}<D<1.0$ m 时，燃烧由层流向湍流转变；当 $D>1.0$ m 时，火焰发展为湍流状态，火焰的形状由层流状态的圆锥形变为不规则的湍流火焰。

大多数实际液体火灾为湍流火焰，在这种情况下，油面蒸发速度较大，火焰燃烧剧烈。由于火焰的浮力运动，在火焰底部与液面之间形成负压区，结果大量的空气被吸入，形成激烈翻卷的上下气流团，并使火焰产生脉动，烟柱产生蘑菇状的卷吸运动，使大量的空气被卷入。

5.5.2.2　火焰倾斜度

液池内油品的火焰大体上呈锥形，锥形底就等于燃烧的液池面积。锥形火焰受到风的作用会产生一定的倾斜度，这个角度的大小与风速有直接的关系。当风速大于或等于 4 m/s 时，火焰会向下风向倾斜 60°~ 70°。此外，实验还表明，在无风的条件下，火焰会在不定的方向倾斜 0°~5°，这是空气在液池边缘被吸入的不平衡或火焰卷入空气不对称造成的。

5.5.2.3　火焰高度

火焰高度通常是指由可见发光的碳微粒所组成的柱状体的顶部高度，它取决于液池直径和液体种类。如果以圆池直径 D 为横坐标，以火焰高度 H 与圆池直径 D 之比 H/D 为纵坐标，可以得出图 5－10 所示的实验结果。

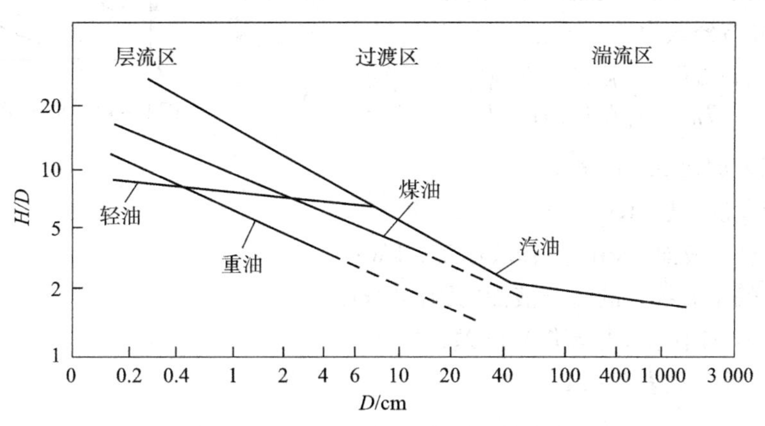

图 5－10　不同石油产品的火焰高度

从图 5－10 可以看出，在层流火焰区域内，H/D 随 D 的增大而降低；而在湍流火焰区域内，H/D 基本与 D 无关。一般地，有如下的关系：

层流火焰区

$$H/D \propto D^{-0.1\sim-0.3} \tag{5-28}$$

湍流火焰区

$$H/D \approx 1.5\sim2.0 \tag{5-29}$$

由实验得出的汽油火焰高度与液池直径的关系列于表 5－20，表中数据与式（5－28）基本吻合。

表 5－20　汽油火焰高度与液池直径的关系

D/m	H/m	H/D
22.30	35.10	1.56
5.40	11.45	2.12
0.38～0.44	1.30	3.25

Heskestad 对广泛的实验数据进行了数学处理，得到了下面的火焰高度 H(m) 公式

$$H=0.23\dot{Q}_C^{2/5}-1.02D \tag{5-30}$$

式中，$\dot{Q}_C$——整个液池火焰的热释放速度，kW。

5.5.2.4　火焰温度特征

火焰温度主要取决于可燃液体种类，一般石油产品的火焰温度在 900～1 200 ℃之间。火焰沿纵轴的温度分布如图 5－11 所示。从油面到火焰底部存在一个蒸气带，从火焰辐射到液面的热量有一部分被蒸气带吸收，因此，温度从液面到火焰底部迅速增加；到达火焰底部后，有一个稳定阶段；高度再增加时，则由于向外损失热量和卷入空气，火焰温度逐渐下降。

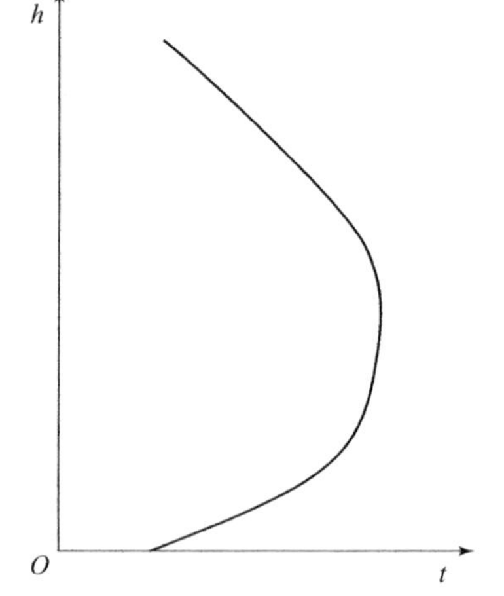

图 5－11　火焰沿纵轴的温度分布

McCaffrey 应用数学模拟理论对实验结果进行整理，得到了火焰中心线上火焰内、火焰顶部过渡段及火焰上方的浮烟羽的温度分布公式为

$$\frac{2g\Delta T_0}{T_0}=\left(\frac{K}{C}\right)^2\left(\frac{h}{\dot{Q}_C^{2/5}}\right)^{2\eta-1} \tag{5-31}$$

式中，g——重力加速度，m/s^2；

T_0——环境温度，K；

$\dot{Q}_C$——整个液池火焰的热释放速度，kW；

h——火焰中心线上的点与液面的距离，m；

ΔT_0——火焰中心线与环境温度差，K。

公式中的常数项见表 5－21。

表 5－21　公式中的常数项

区域	K	η	$h/\dot{Q}_C^{2/5}/(\mathrm{m}\cdot\mathrm{kW}^{-2/5})$	C
火焰	6.8 $\mathrm{m}^{1/2}\cdot\mathrm{s}^{-1}$	1/2	<0.08	0.9
火焰间断区	1.9 $\mathrm{m}\cdot(\mathrm{kW}^{1/5}\cdot\mathrm{s})^{-1}$	0	0.08～0.2	0.9
烟羽	1.1 $\mathrm{m}\cdot(\mathrm{kW}^{1/5}\cdot\mathrm{s})^{-1}$	－1/3	>0.2	0.9

5.5.2.5 火焰内气流速度

由于热对流，火焰内的气体向上做加速运动，因此，随着高度增加，气体的流动速度加大。在火焰上方，由于卷入的冷空气使烟羽温度下降，故气流向上的流动速度逐渐减慢。McCaffrey 总结的火焰中心线上的气流速度公式如下

$$\frac{u_0}{\dot{Q}_C^{1/5}}=K\left(\frac{h}{\dot{Q}_C^{2/5}}\right)^{\eta} \tag{5-32}$$

5.5.2.6 火焰辐射

火焰通过辐射对液池周围的物体传热，这是火焰的另一个特征。火焰对物体的辐射热通量取决于火焰温度与厚度、火焰内辐射粒子的浓度、火焰与被辐射物体之间的几何关系等因素。计算火焰的辐射对确定油罐间的防火安全距离、设计消防洒水系统是十分必要的。下面介绍两种近似计算方法。

1. 点源法

油罐火灾辐射示意图如图5-12所示，火焰高度近似由下式计算

$$H=0.23\dot{Q}_C^{2/5}-1.02D \tag{5-33}$$

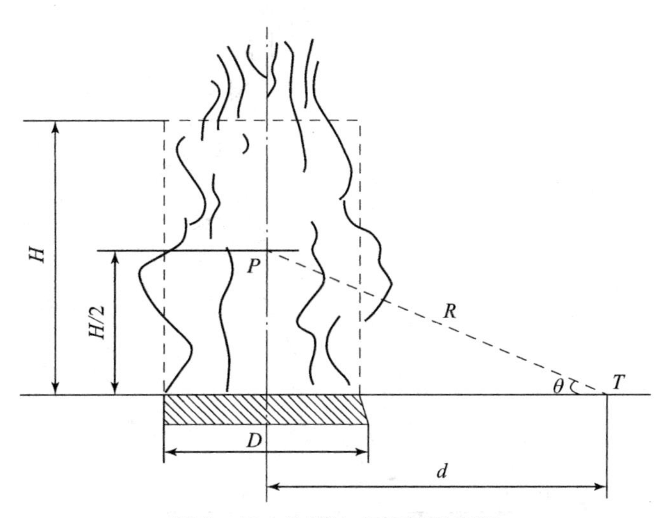

图5-12 油罐火灾辐射示意图

液池的热释放速度 $\dot{Q}_C$ 为

$$\dot{Q}_C=G\cdot\Delta H_C\cdot A_f \tag{5-34}$$

式中，A_f——液面面积；

G——单位面积液面上液体的蒸发速度；

ΔH_C——液体的蒸发热。

假定总热量的30%以辐射能的方式向外传递，则辐射热速度为

$$\dot{Q}_r=0.3G\cdot\Delta H_C\cdot A_f \tag{5-35}$$

所谓点源法，即假定 $\dot{Q}_r$ 是从火焰中心轴上离液面高度为 $H/2$ 处的点源 P 发射出去的，因此，离点源 R 距离处的辐射热通量为

$$\dot{Q}_r''=0.3G\cdot\Delta H_C\cdot A_f/(4\pi R^2) \tag{5-36}$$

在图5-12中，存在如下关系

$$R^2 = (H/2)^2 + d^2 \tag{5-37}$$

式中，d——火焰中心轴到被辐射体的水平距离。

假定被辐射体与视线 PT 的夹角为 θ，则投射到辐射接受体表面的辐射热通量为

$$\dot{Q}_r'' = 0.3G \cdot \Delta H_C \cdot A_f \cdot \sin\theta/(4\pi R^2) \tag{5-38}$$

2. 长方形辐射面法

在该方法中，火焰被假定为高 H、宽 D 的长方形平板，热量由平板两面向外辐射，两面的辐射力均为

$$E = 1/2[0.3G \cdot \Delta H_C \cdot A_f/(H \cdot D)] \tag{5-39}$$

根据热辐射定律，图 5-12 中点 T 处的辐射热通量为

$$\dot{Q}_{r,T}'' = 2\phi E \tag{5-40}$$

式中，ϕ——T 所处的水平微元面对每个矩形火焰面的角系数。

如图 5-13 所示，微元面（$\mathrm{d}A_2$）相对有限面（A_1）的辐射角系数可用下式计算

$$\phi = \int_0^{A_1} \frac{\cos\theta_1 \cos\theta_2}{\pi r^2} \mathrm{d}A_1 \tag{5-41}$$

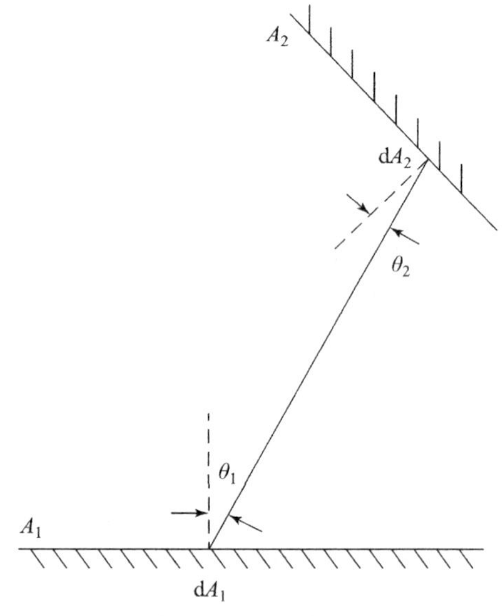

图 5-13　两表面间的相互辐射角系数的确定

5.6　沸溢和喷溅

可燃液体的蒸气与空气在液面上边混合边燃烧，燃烧放出的热量会在液体内部传播。由于液体特性不同，热量在液体中的传播具有不同的特点。在一定的条件下，热量在液体中的传播会形成热波，并引起液体的沸溢和喷溅，使燃烧变得更加强烈。

5.6.1　基本概念

沸点：原油中最轻的烃类沸腾时的温度，也是原油中最低的沸点。

终沸点：原油中最重的烃类沸腾时的温度，也是原油中最高的沸点。

沸程：原油中不同密度、不同沸点的所有馏分转变为蒸气的最低沸点和最高沸点的温度范围。各种单组分液体只有沸点而无沸程。

轻组分：原油中相对密度最小、沸点最低的很少一部分烃类组分。

重组分：原油中相对密度最大、沸点最高的很少一部分烃类组分。

5.6.2　单组分液体燃烧时热量在液层传播的特点

单组分液体（如甲醇、丙酮、苯等）和沸程较窄的混合液体（如煤油、汽油等）在自由表面燃烧时，很短时间内就形成稳定燃烧，并且燃烧速度基本不变。这类物质的燃烧具有以下特点。

5.6.2.1　液面温度接近但稍低于液体沸点

液体燃烧时，火焰传给液面的热量使液面温度升高。达到沸点时，液面的温度则不再升高。液体在敞开空间燃烧时，蒸发在非平衡状态下进行，并且液面要不断地向液体内部传热，所以液面温度不可能达到沸点，而是稍小于沸点。层内部的温差大，有利于热量向内传播。

5.6.2.2　液面加热层很薄

单组分油品和沸程很窄的混合油品，在液池内稳定燃烧时，热量只传播到较浅的油层中，即液面加热层很薄。这与人们通常认为的“液面加热层随时间不断加厚”是不符合的。图 5－14 所示是汽油和丁醇稳定燃烧时液面下的温度分布。

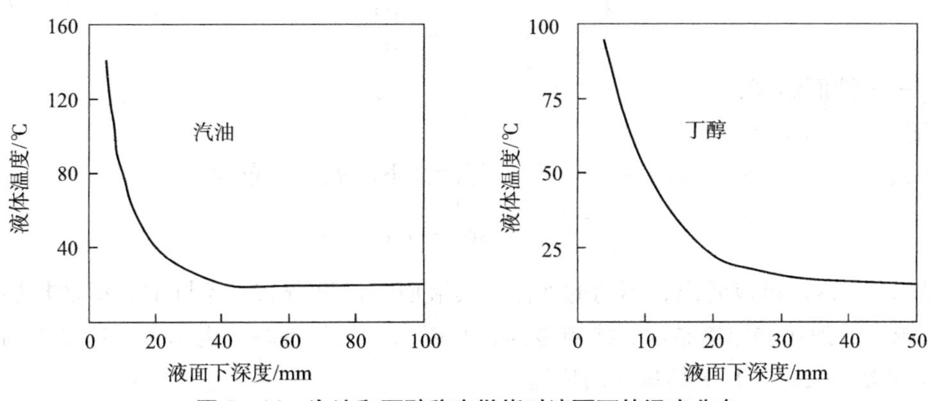

图 5－14　汽油和丁醇稳定燃烧时液面下的温度分布

液体稳定燃烧时，火焰的形状和热释放速度是一定的，因此，火焰传递给液面的热量也是一定的。这部分热量一方面用于蒸发液体，另一方面向下加热液体层。如果加热厚度越来越厚，则根据傅里叶导热定律，通过液面传向液体的热量越来越少，而用于蒸发液体的热量越来越多，从而使火焰燃烧加剧。显然，这与液体稳定燃烧的前提是不符合的。因此，液体在稳定燃烧时，液面下的温度分布是一定的。

建立如图 5－15 所示的坐标系，设 x 是离开液面的深度，T 是 x 处的温度，则液体内部的温度分布服从下列能量方程

$$K\frac{\mathrm{d}^2 T}{\mathrm{d}x^2} = -u\rho c\frac{\mathrm{d}T}{\mathrm{d}x}$$

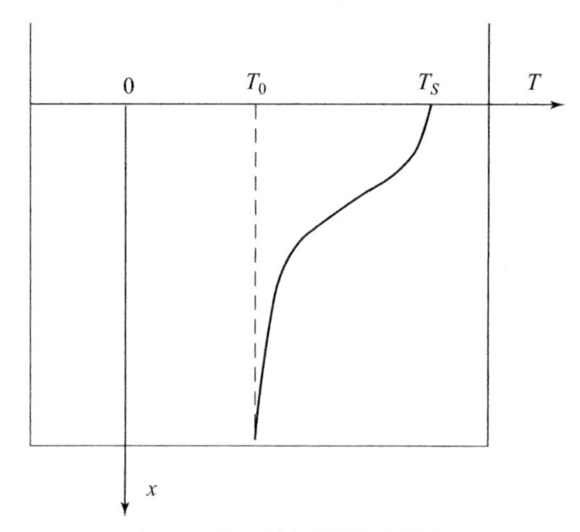

图5-15　液面下温度分布

$$\frac{\mathrm{d}^2 T}{\mathrm{d}x^2} = -\frac{u}{\alpha}\frac{\mathrm{d}T}{\mathrm{d}x} \tag{5-42}$$

式中，u——液体燃烧线速度；

α——热扩散系数，$\alpha = K/(\rho c)$；

K、ρ、c——液体的导热系数、密度和比热容。与式（5-41）相对应的边界条件为

$$\begin{cases} x=0, & T=T_S \\ x=\infty, & T=T_\infty, \ \dfrac{\mathrm{d}T}{\mathrm{d}x}=0 \end{cases} \tag{5-43}$$

式中，T_S——液面温度；

T_∞——液体初温。

联立式（5-42）和式（5-43）求解，得液面下的温度分布为

$$\frac{T-T_\infty}{T_S-T_\infty} = \exp(-u/\alpha \cdot x) \tag{5-44}$$

从式（5-44）可以看出，不同的液体，其液面下温度分布是不同的，即加热层厚度不同。u/α越小，加热层厚度越大；沸点越高，T_S越高，加热层厚度也越大，这是因为液面与液层内部的温差大，有利于热量向内传播。

如果液池面积不大，或者随着液体层不断下降，液面下温度的实际分布则与式（5-44）不完全相符，这是部分热量通过池壁传递的缘故。

5.6.3　原油燃烧时热量在液层中传播的特点

沸程较宽的混合液体，主要是一些重质油品，如原油、渣油、蜡油、沥青、润滑油等，由于没有固定的沸点，在燃烧过程中，火焰向液面传递的热量首先使低沸点组分蒸发并进入燃烧区燃烧，而沸点较高的重质部分，则携带接收的热量向液体深层沉降，形成一个热的锋面向液体深层传播，逐渐深入并加热冷的液层。这一现象称为液体的热波特性，热的锋面即为热波。

热波的初始温度等于液面的温度，等于该时刻原油中最轻组分的沸点。随着原油的连续

燃烧，液面蒸发组分的沸点越来越高，热波的温度会由150 ℃逐渐上升到315 ℃，比水的沸点高得多。

热波在液层中向下移动的速度称为热波传播速度，它比液体的直线燃烧速度（即液面下降速度）大，见表5－22。在已知某种油品的热波传播速度后，就可以根据燃烧时间估算液体内部高温层的厚度，进而判断含水的重质油品发生沸溢和喷溅的时间。因此，热波传播速度是扑救重质油品火灾时要用到的重要参数。

表5－22　热波传播速度与直线燃烧速度的比较　　$mm \cdot min^{-1}$

油品分类		热波传播速度	直线燃烧速度
轻质油品	含水量<0.3%	7~15	1.7~7.5
	含水量>0.3%	7.5~20	1.7~7.5
重质油品及燃料油	含水量<0.3%	3~8	1.3~2.2
	含水量>0.3%	3~20	1.3~2.3
初馏分（原油轻组分）		4.2~5.8	2.5~4.2

5.6.4　重质油品沸溢和喷溅

原油黏度比较大，并且都含有一定的水分。原油中的水一般以乳化水和水垫两种形式存在。所谓乳化水，是原油在开采运输过程中，原油中的水由于强力搅拌形成细小的水珠悬浮于油中而成。久置后油水分离，水因密度大而沉降在底部形成水垫。

在热波向液体深层运动时，由于热波温度远高于水的沸点，因而热波会使油品中的乳化水汽化，大量的蒸气就要穿过油层向液面上浮，在向上移动过程中形成油包气的气泡，即油的一部分形成了含有大量蒸气气泡的泡沫。这样，必然使液体体积膨胀，向外溢出，同时，部分未形成泡沫的油品也被下面的蒸气膨胀力抛出罐外，使液面猛烈沸腾起来，就像“跑锅”一样。这种现象叫沸溢。

沸溢过程说明，沸溢形成必须具备三个条件：

①原油具有形成热波的特性，即沸程宽，密度相差较大；

②原油中含有乳化水，水遇热波变成蒸气；

③原油黏度较大，使水蒸气不容易从下向上穿过油层。如果原油黏度较低，水蒸气很容易通过油层，就不容易形成沸溢。

随着燃烧的进行，热波的温度逐渐升高，热波向下传递的距离也加大，当热波到达水垫时，水垫的水大量蒸发，蒸汽体积迅速膨胀，以至把水垫上面的液体层抛向空中，向罐外喷射。这种现象叫喷溅。

一般情况下，发生沸溢要比发生喷溅的时间早得多。发生沸溢的时间与原油种类、水分含量有关。根据实验，含有1%水分的石油，经45~60 min燃烧就会发生沸溢。喷溅发生时间与油层厚度、热波移动速度以及油的燃烧线速度有关。可近似用下式计算

$$\tau = \frac{H-h}{v+v'} - KH \tag{5-45}$$

式中，H——储罐中油面高度，m；

h——储罐中水垫层的高度，m/h；

v——原油燃烧线速度，m/h；

v'——原油的热波传播速度，m/h；

K——提前系数，h/m，储油温度低于燃点时取0，储油温度高于燃点时取0.1。

油罐火灾在出现喷溅前，通常会出现油面蠕动、涌涨现象；火焰增大、发亮、变白；出现油沫2~4次；烟色由浓变淡，发出剧烈的“嘶嘶”声等。金属油罐会发生罐壁颤抖，伴有强烈的噪声（液面剧烈沸腾和金属罐壁变形引起的），烟雾减少，火焰更加发亮，火舌尺寸更大，火舌形似火箭。

当油罐火灾发生喷溅时，能把燃油抛出70~120 m。不仅使火灾猛烈发展，而且严重危及扑救人员的生命安全，因此，应及时组织撤退，以减少人员伤亡。

5.7 池火灾

由油罐或防油堤盛着的液体燃烧产生的火灾称为池火灾。大多数液体火灾属于此种情况，下面介绍这类火灾的特性。

池火灾的大小是由单位时间有多少燃料被点燃来决定的。单位时间内的燃料消耗量称为燃烧速度，通常以液面下降速度或燃料消耗质量来表示。

由池火灾产生的火焰，一般其火焰高度接近容器直径的两倍。这就是说，池火灾的规模不仅取决于液体燃料的量，而且取决于油的面积，油的面积越大，则火灾规模越大。因此，要减小火灾，必须防止油面扩大，否则，池火灾转化为防油堤火灾，甚至发展为场地火灾，就扩大火灾的危险范围了。

池火灾还有一个危险性要注意，即沸溢现象，也就是像原油那样含水的油发生的火灾现象。当含水油发生火灾时，火灾使油温上升，表面近处的重质油达到200~300 ℃，高温逐渐成为热波而下降，接触水分的结果是水突然沸腾，以猛烈的形式将着火的油喷出来，此时在防油堤周围停留是非常危险的。

练　习　题

1. 可燃液体主要有哪些危险性？分别举例说明。

2. 什么是可燃液体的闪点？掌握液体闪点的计算方法。

3. 什么是液体的爆炸温度极限？

4. 如何用爆炸温度极限判断可燃液体的蒸气在室温条件下爆炸的危险性？

5. 可燃液体自燃点的影响因素有哪些？如何防止其自燃？

6. 什么叫热波？什么叫沸溢？什么叫喷溅？分别简要说明沸溢和喷溅的形成过程，并说明它们的相同点和不同之处。

第6章 可燃固体燃烧

典型案例：上海“11.15”特别重大火灾事故

2010年11月15日14时14分，电焊工吴国略和工人王永亮在加固上海胶州路728号公寓大楼10层脚手架的悬挑支架过程中，违规进行电焊作业引发火灾，造成58人死亡、71人受伤，建筑物过火面积12 000平方米，直接经济损失1.58亿元。

事故直接原因：在胶州路728号公寓大楼节能综合改造项目施工过程中，施工人员违规在10层电梯前室北窗外进行电焊作业，电焊溅落的金属熔融物引燃下方9层位置脚手架防护平台上堆积的聚氨酯保温材料碎块、碎屑，从而引发火灾。

事故间接原因：一是建设单位、投标企业、招标代理机构相互串通、虚假招标和转包、违法分包。二是工程项目施工组织管理混乱。三是设计企业、监理机构工作失职。四是上海市、静安区两级建设主管部门对工程项目监督管理缺失。五是静安区公安消防机构对工程项目监督检查不到位。六是静安区政府对工程项目组织实施工作领导不力。

6.1 可燃固体着火

6.1.1 可燃固体燃烧特点

可燃固体在着火之前，通常因受热发生分解、气化反应，释放出可燃性气体，所以着火时仍首先形成气相火焰。可燃固体的着火过程可用图6－1表示。可燃性固体分为天然物质和人工合成物质两大类。天然物质的性能差异较大，而人工合成物质的性能稳定，这些特点也能在着火条件上体现出来。

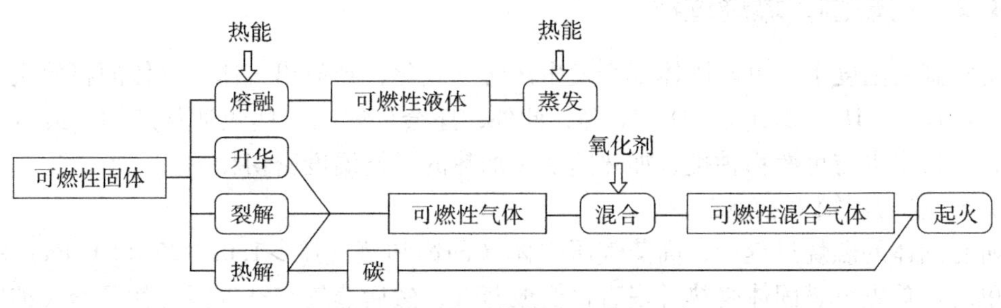

图6－1 可燃性固体的着火过程示意图

固态是物质“三态”之一，固体是指以固态形式存在的物质。例如，在常温下，铝、钢铁、岩石、木材、玻璃、棉、麻、化纤、塑料等都是固体。固体可分为晶体和非晶体两大类。其中，熔点≥300 ℃的固体通常称为高熔点固体，燃烧时不易熔化，晶体硅及大多数金属为高熔点固体；熔点<300 ℃的固体称为低熔点固体，燃烧时容易熔化或直接气化（升华），如白磷、硫黄、钠、钾等为低熔点固体。另外，有的固体是纯净物，如硫黄、钠、铁等；有的固体则是混合物，如煤炭、木材、纸张、棉涤混纺织物等。研究表明，一方面，从固体物质本身进行比较，不同类别的固体，其燃烧过程具有许多不同特征；另一方面，相对于气体、液体物质而言，固体物质具有一些重要的燃烧特性。

（1）稳定的物理形态

固体物质的组成粒子（分子、原子、离子等）间通常结合得比较紧密，因此固体物质都具有一定的刚性和硬度，而且还有一定的几何形状。

（2）受热软化、熔化或分解

固态条件下，固体物质的组成粒子间具有较强的相互作用力，粒子只能在一定的位置上产生振动，而不能移动，因此，固体不会像气体或液体那样能自由扩散或流动；但是，在加热作用下，固体组成粒子的动能会增加，使得粒子振动的幅度加大，固体的刚性和硬度因此而降低，表现出软化的现象。如钢铁在约400 ℃时开始软化，约700 ℃时失去支撑力，这正是大跨度钢结构建筑物在火灾中易倒塌的原因。

固体物质软化后，如果继续受到强热作用，固体就会熔化变成液体。如铁加热到1 530 ℃以上就熔化成铁水。大多数物质熔化后体积膨胀。在规定条件下，固体熔化的最低温度叫作该物质的熔点。固体熔化是一个吸热过程，并规定单位质量的晶体物质在熔点时从固态变成液态所吸收的热量叫作这种物质的熔解热，如铁的熔解热为7.84×10^5 kJ/kg。

对于组成复杂的固体物质，受热作用达到一定温度时，其组分还会发生从大分子裂解成小分子的变化。如木材、煤炭、化纤、塑料燃烧中产生的黑烟毒气，有一部分就是热分解的产物。应当注意的是，热分解是一种化学变化，这个过程也是一个吸热过程。

大多数固体可燃物在燃烧过程中都伴随有熔化或分解的变化，这些变化要吸收部分热量，因此，物质的熔解热或分解热越大，它的燃烧速度就会越慢；反之，则快。

（3）受热升华

部分物质因为具有较大的蒸气压，在热作用下，它们的固态物质不经液态直接变成气态，表现出升华现象。如樟脑、碘、萘等都容易升华。升华也是一个吸热过程，但是易升华的可燃固体产生的蒸气与空气混合后具有爆炸危险。

6.1.2 可燃固体燃烧过程

在足够高的温度下，可燃固体都会发生热解、气化，释放出气体。气体的释放次序大体是H_2O、CO_2、C_2H_6、C_2H_4、CO、H_2等，此外，还会分解出一些焦油状产物。最后剩下多孔的炭，炭量多少与可燃物种类、加热速度及加热的最终温度密切相关。

（1）高蒸气压固体的燃烧过程

在所有固体的燃烧过程中，高蒸气压固体（即饱和蒸气压$>1.013\,25\times10^5$ Pa）的燃烧是最简单的。首先可燃固体受热升华直接变成蒸气，然后蒸气与空气混合就可形成扩散有焰燃烧或预混动力燃烧（爆炸）。如萘、樟脑等。

其燃烧过程是：可燃固体$\xrightarrow{\text{升华}}$气体$\xrightarrow{\text{扩散、混合}}$有焰燃烧（或爆炸）$\xrightarrow{\text{连续氧化、燃烧}}$产物。

（2）高熔点纯净物固体的燃烧过程

高熔点纯净物可燃固体的燃烧过程也比较简单，不需要经过物理相变或化学分解的过程，可燃物与空气在固体表面上直接接触并进行燃烧。如焦炭、木炭、铝、铁等的燃烧。

其燃烧过程是：可燃固体$\xrightarrow{\text{空气扩散}}$空气与固体表面接触$\xrightarrow{\text{氧化}}$表面燃烧$\xrightarrow{\text{连续氧化、燃烧}}$产物。

（3）低熔点纯净物固体和低熔点混合物固体的燃烧过程

低熔点纯净物固体（如硫黄、白磷、钠、钾）和低熔点混合物固体（如石蜡、沥青）的燃烧，首先是可燃固体熔化、气化两个相变过程，然后蒸气与空气混合燃烧。

其燃烧过程是：可燃固体$\xrightarrow{\text{熔化}}$液体$\xrightarrow{\text{蒸发}}$气体$\xrightarrow{\text{扩散、混合}}$有焰燃烧$\xrightarrow{\text{连续氧化、燃烧}}$产物。

（4）高熔点混合物固体的燃烧过程

在所有类型的固体中，高熔点混合物可燃固体的组成和结构最为复杂，它们可能含有上述类型特性的所有可燃物，比如煤炭中含有碳、烷烃、烯烃、煤焦油等物质，松木中含有松香、纤维素、木质素等成分，因此，这类固体物质的燃烧过程也最为复杂。在燃烧过程中，一方面，它们具有受热发生相变或热分解的倾向；另一方面，它们的燃烧过程也是分阶段、分层次进行的。

第一步，受热可燃固体在其表面逸出可燃气体进行有焰燃烧；

第二步，低熔点可燃固体熔化、气化进行有焰燃烧；

第三步，高熔点可燃固体受热分解、炭化产生可燃气体进行有焰燃烧；

第四步，不能再分解的高熔点固体（一般是炭质）进行表面燃烧。

显然，固体材料的可燃组分及其含量决定着这类固体的燃烧性能。一般来说，固体中所含易挥发、易分解的可燃成分越多，那么该固体的燃烧性能就越好；反之亦然。如油煤比褐煤易燃，松木较桦木燃烧快。

6.2　可燃固体燃烧形式

6.2.1　蒸发燃烧

固体的蒸发燃烧是指可燃固体受热升华或熔化后蒸发，产生的可燃气体与空气边混合边着火的有焰燃烧（也叫均相燃烧）。如硫黄、白磷、钾、钠、镁、松香、樟脑、石蜡等物质的燃烧都属于蒸发燃烧。

固体的蒸发燃烧是一个熔化→气化→扩散→燃烧的连续过程。蜡烛燃烧是典型的固体物质蒸发燃烧的形式。观察蜡烛燃烧会发现，稳定的固体蒸发燃烧存在三个明显的物态区域，即固相区、液相区、气相区。在燃烧前，受热固体只发生升华或熔化、蒸发等物理变化，而化学成分并未发生改变，进入气相区后，可燃蒸气扩散到空气中即开始边混合边燃烧并形成火焰，此时的燃烧特征与气体的燃烧完全一样，只是火焰的大小取决于固体熔化以及液体气化的速度，而熔化和气化的速度则取决于固体及液体从火焰区吸收的热量多少。事实上，燃烧过程中固相区的固体和液相区的液体总是可以从火焰区不断吸收热量，使得固体熔化及液体气化的速度加快，从而就能形成较大的火焰，直至燃尽为止。

6.2.2 表面燃烧

所谓表面燃烧，是指固体物质在其表面上直接吸附氧气而发生的燃烧（也叫非均相燃烧或无焰燃烧）。在发生表面燃烧的过程中，固体物质受热时既不熔化或气化，也不发生分解，只是在其表面直接吸附氧气进行燃烧反应，所以表面燃烧不能生成火焰，而且燃烧速度也相对较慢。

在生产生活中，结构稳定、熔点较高的可燃固体，如焦炭、木炭、铁等物质的燃烧就属于典型的表面燃烧实例。燃烧过程中它们不会熔融、升华或分解产生气体，固体表面呈高温炽热发光而无火焰的状态，空气中的氧不断扩散到固体高温表面被吸附，进而发生气 - 固非均相反应，反应的产物带着热量从固体表面逸出。

6.2.3 分解燃烧

固体受热分解产生可燃气体而后发生的有焰燃烧，叫分解燃烧。能发生分解燃烧的固体可燃物，一般都具有复杂的组分或较大的分子结构。

煤、木材、纸张、棉、麻、农副产品等物质，它们都是成分复杂的高熔点固体有机物，受热不发生整体相变，而是分解析出可燃气体扩散到空气中发生有焰燃烧。当固体完全分解不再析出可燃气体后，留下的炭质固体残渣即开始进行无焰的表面燃烧。

塑料、橡胶、化纤等高聚物，它们是由许多重复的物质结构单元（链节）组成的大分子。绝大多数高分子材料都是易燃材料，而且受热条件下会软化熔融，产生熔滴，发生分子断裂，从大分子裂解成小分子，进而不断析出可燃气体扩散到空气中发生有焰燃烧，直至燃尽为止。

6.2.4 阴燃

阴燃是某些固体物质无可见光的缓慢燃烧，通常产生烟和伴有温度升高的现象。在物质的燃烧性能实验方面，阴燃的定义是：在规定的实验条件下，物质发生的持续、有烟、无焰的燃烧现象。阴燃与有焰燃烧的主要区别是无火焰，与无焰燃烧的主要区别是能热分解出可燃气体。在一定条件下，阴燃可以转变为有焰燃烧。

6.2.4.1 阴燃发生条件

阴燃是固体材料特有的燃烧形式，其能否发生完全取决于固体材料自身的理化性质及其所处的外部环境。

阴燃主要发生在固体物质处于空气不流通的情况下，如固体堆垛内部的阴燃、处于密封性较好的室内固体阴燃。但也有暴露于外加热流的固体粉尘层表面上发生阴燃的情况。无论哪种情况，阴燃的发生都要求有一个供热强度适宜的热源。因为供热强度过小，固体无法着火；供热强度过大，固体将发生有焰燃烧。在多孔材料中，常见的引起阴燃的热源包括：

（1） 自燃热源

固体堆垛内的阴燃多半是自燃的结果，而固体堆垛自燃的基本特征就是在堆垛内部以阴燃反应开始燃烧，然后缓慢向外传播，直到在堆垛表面转变为有焰燃烧。

（2）阴燃本身成为热源

一种固体正在发生着的阴燃，可能成为引燃源导致另一种固体阴燃，如香烟的阴燃常常引起地毯、被褥、木屑、植被等阴燃，进而发生恶性火灾。

（3）有焰燃烧火焰熄灭后的阴燃

例如，固体堆垛有焰燃烧的外部火焰被水扑灭后，由于水流没有完全进入堆垛内部，那里仍处于炽热状态，因此可能发生阴燃；室内固体在有焰燃烧过程中，当空气被消耗到一定程度时，火焰就会熄灭，接着固体燃烧以阴燃形式存在。

此外，不对称加热、固体内部热点等，都有可能引起阴燃。

6.2.4.2　阴燃传播理论

柱状纤维素材料沿水平方向的阴燃现象能很好地说明阴燃的传播问题。研究表明，如果材料的一端被适当加热，就可能发生阴燃，接着它沿着未燃区向另一端传播。阴燃的结构分为 3 个区域，如图 6－2 所示。

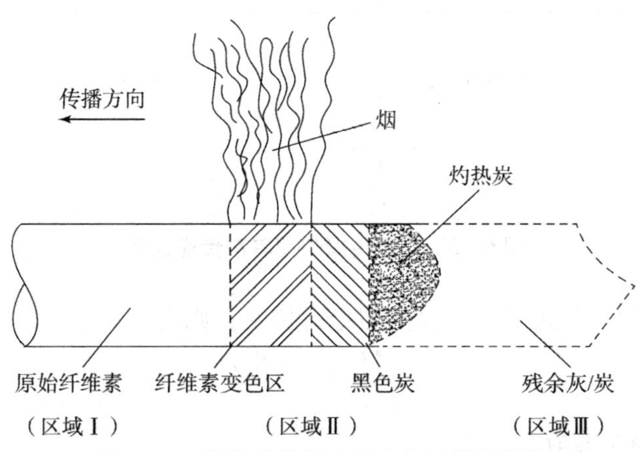

图 6－2　纤维素棒沿水平方向阴燃的结构

区域Ⅰ：热解区。在该区内温度急剧上升，并且从原始材料中挥发出烟。相同的固体材料在阴燃中产生的烟与在有焰燃烧中产生的烟大不相同，因阴燃通常不发生明显的氧化，其烟中含有可燃性气体、冷凝成悬浮粒子的高沸点液体和焦油等，所以它是可燃的。曾发生过由于乳胶垫阴燃而导致的烟雾爆炸事故。

区域Ⅱ：炭化区。在该区中，炭的表面发生氧化并放热，温度升高到最大值。在静止空气中，纤维素材料阴燃在这个区域的典型温度为 600～750 ℃。该区产生的热量一部分通过传导进入原始材料，使其温度上升并发生热解，热解产物（烟）挥发后就剩下炭。对于多数有机材料，完成这种分解、炭化过程，要求温度大于 250～300 ℃。

区域Ⅲ：残余灰/炭区。在该区中，灼热燃烧不再进行，温度缓慢下降。

因为阴燃传播是连续的，所以，实际上以上各区域间并无明显界限，其间都存在逐渐变化的过渡阶段。阴燃能否传播及传播快慢主要取决于区域的稳定性及其向前的热传递情况。

为了能从理论上说明阴燃的传播速度，将区域Ⅰ和区域Ⅱ之间的界面定为燃烧起始表面。由于穿过这一界面的传热速度决定了阴燃的传播速度，因此，在静止空气中，根据火焰传播的基本方程，有

$$v_{ag}=\frac{q}{\rho\Delta h} \tag{6-1}$$

式中，v_{ag}——阴燃的传播速度；

q——穿过燃烧起始表面的净传热量；

ρ——固体材料（堆积）的密度；

Δh——单位质量的材料从环境温度上升到着火温度时焓的变化量。

阴燃传播的简单热传递模型如图6-3所示。当着火温度与区域Ⅱ的最高温度 T_{max} 相差不太大时，环境温度（即材料的初始温度）为 T_0，材料的比热容为 c，则有

$$\Delta h=c(T_{max}-T_0) \tag{6-2}$$

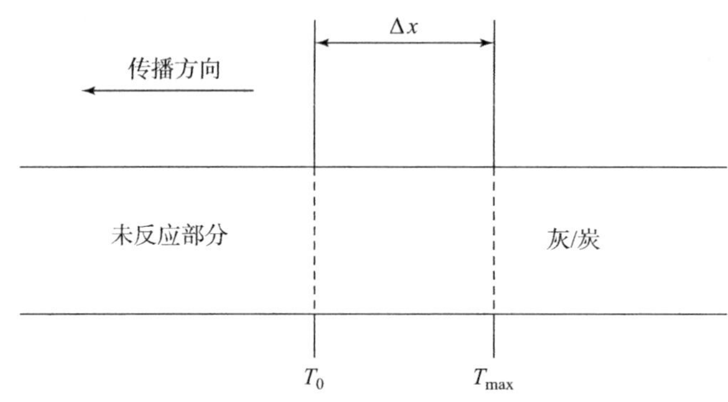

图6-3 阴燃传播的简单热传递模型

假定热传递是通过导热进行的，且为似稳态传热，则有

$$q\approx\frac{k(T_{max}-T_0)}{x} \tag{6-3}$$

式中，k——材料的导热系数；

x——传热距离。

将式（6-2）和式（6-3）代入式（6-1）中，得

$$v_{ag}\approx\frac{k}{\rho cx}=\frac{\alpha}{x} \tag{6-4}$$

式中，α——热扩散系数。

实验发现，传热距离为0.01 m左右。对于绝缘纤维板，α 约为 8.6×10^{-3} mm/s。

尽管用式（6-4）确定的阴燃的传播速度比较粗略，但其数量级是比较可靠的。例如，绝缘纤维板实际阴燃的传播速度的数量级为 10^{-2}，这和上述计算结果基本相符。

6.2.4.3 阴燃影响因素

阴燃是一种十分复杂的燃烧现象，受到多方面因素的影响。这些因素主要有如下4项。

（1）固体材料的性质和尺寸

实验表明，质地松软、细微、杂质少的材料阴燃性能好。这是由于这类材料的保温性能和隔热性能都比较好，热量不容易散失。棉花就是这类材料的典型代表。

单一材料的尺寸（主要指直径）对阴燃的影响很复杂，难以得出统一结论。粉尘层尺寸对阴燃的影响可从厚度和粒径两个方面说明。对于细小粒径的粉尘层，在一定范围内，随着厚度减小，阴燃的传播速度增加，但厚度减小到一定程度后，阴燃的传播速度反而减小，

而且存在维持粉尘层阴燃的厚度下限，见表6－1。这种影响可解释为：厚度较大，空气较难进入阴燃区；厚度太小，热量损失太大。

表6－1　不同粒径粉尘层阴燃的厚度下限

粒径/mm	0.5	1.0	2.0	3.6
厚度下限/mm	约12	约36	约47	约36

由表6－1可见，随着粒径的增大，厚度下限增加，但当粒径增大到一定程度后，由于伴有灼热燃烧，厚度下限反而减少。对于一定厚度的粉尘层，随着粒径的减小，阴燃的传播速度缓慢增加。尽管粒径减小，空气进入阴燃区的难度增大，但因此改进了绝热条件，减少了热损失，而粉尘层阴燃的行为特征表明，后一种作用稍微占有优势，所以传播速度稍有增加。

顺便指出，粉尘层堆积密度减小，阴燃的传播速度也会增加。这一结论也可仿上述解释。

（2）外加空气流（风）速度

实验表明，受到外加空气流作用的粉尘层，阴燃的厚度下限会明显减小，如图6－4所示。外加空气流速度增加，阴燃的传播速度也明显增大，尤其是当空气流动方向与阴燃传播方向一致时。这除了因为空气流促进了氧向阴燃区的传输外，还因为增加了区域Ⅱ向区域Ⅰ传递的热量。对于粗大粒径的粉尘，这种影响效果更加显著。如果空气流速度过大，阴燃就会转变为有焰燃烧。

增加环境中的氧浓度，阴燃的传播速度也明显增大，这也是因为氧向阴燃区的扩散速度得到加强。由于燃烧区的最高温度与氧浓度有直接关系，即氧浓度越高，燃烧区温度越高，所以上述外加空气流或环境中氧浓度对阴燃的影响同时也表明了燃烧区的最高温度对阴燃的影响。实验结果也说明，区域Ⅱ内最高温度增加，阴燃的传播速度也增大，如图6－5所示。式（6－4）中，由于忽略了很多影响阴燃的实际因素，所以没有体现出阴燃的传播速度与区域Ⅱ最高温度的这种关系。

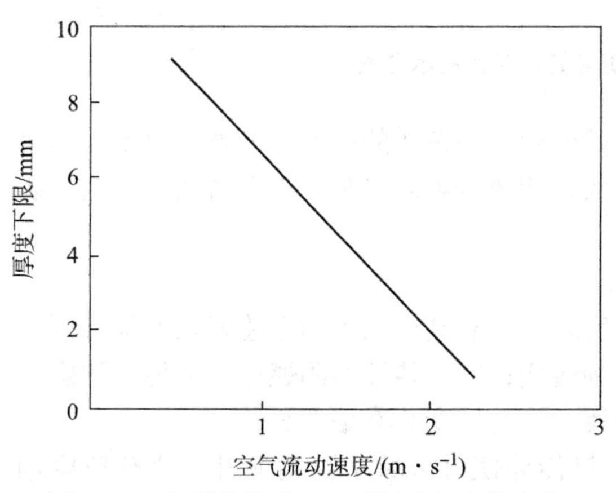

图6－4　阴燃的厚度下限跟随空气流的变化
（山毛榉锯末，平均粒径0.48 mm）

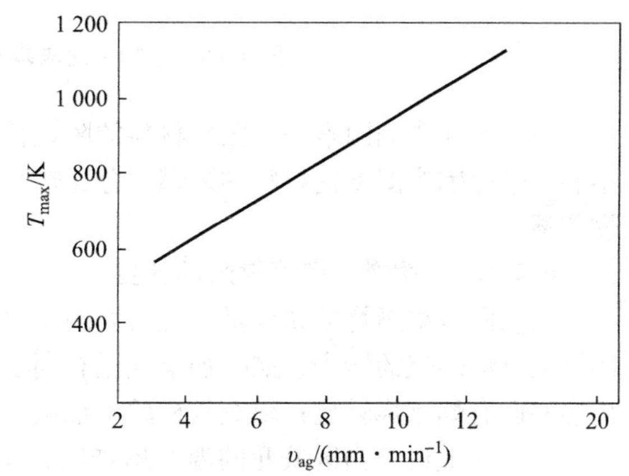

图6－5　阴燃传播速度 v_{ag} 和
区域Ⅱ最高温度 T_{max} 之间的关系
（纤维素棒的水平阴燃）

（3）阴燃的传播方向

实验发现，相同的固体材料在相同的环境条件下，向上传播的阴燃速度最快，水平传播的阴燃速度次之，向下传播的阴燃速度最慢。这表明向上传播的阴燃状态更加危险。一般解释如下：对于向上传播的阴燃，燃烧或热解产物受浮力作用流向材料未燃部分，对其起到预热作用，而且这种情况下氧进入区域Ⅱ的阻碍作用较小；与此相反，向下传播的阴燃就不存在这种预热作用，而且这种情况对向区域Ⅱ扩散供氧不利；水平传播的阴燃情况居中。

（4）双元材料体系的阴燃

有些高聚物泡沫（例如高弹性的柔性聚氨酯泡沫）单独存在时是难以阴燃的，但是如果它们与许多像织物类的材料组成双元材料体系时，就可以发生阴燃。这说明某些易阴燃材料对其他一些难阴燃材料的阴燃起决定作用，如图6－6所示。如果泡沫材料阴燃是在静止的空气中发生的，区域Ⅱ所达到的最高温度不会超过400 ℃，它明显低于纤维素阴燃的区域Ⅱ的最高温度（不低于600 ℃），这可能是某些泡沫材料单独存在时难以阴燃的主要原因。即使在图6－6所示的情形中，泡沫阴燃传播的速度也是比较慢的。还有人提出，这些泡沫的阴燃传播机理涉及穿过稀疏网眼结构的辐射传热问题。

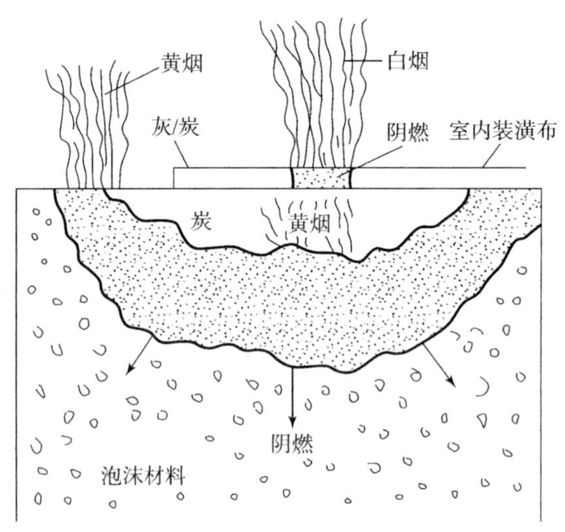

图6－6　织物－泡沫体系阴燃的相互作用示意图

除了上述影响因素外，固体材料的阴燃特性还受到其中杂质的影响。另外，湿度对阴燃不利，这是因为湿度使材料的未燃部分比热容增大，使热分解对热量的需求增加，限制了阴燃传播。

6.2.4.4　阴燃向有焰燃烧的转变

阴燃向有焰燃烧的转变是阴燃研究的重要内容之一。有利于阴燃的上述因素也都有利于阴燃向有焰燃烧的转变，如外加空气流有利于这种转变；向上传播的阴燃比向下传播的阴燃更容易向有焰燃烧转变；棉花等松软、细微的阴燃很容易转变为有焰燃烧等。

从总体上讲，当区域Ⅱ的温度增加时，由于热传导使得区域Ⅰ温度上升，热解速度加快，挥发分增多，这时区域Ⅰ附近空间的可燃气体浓度加大。当温度继续升高时，也可自燃着火。这就完成了阴燃向有焰燃烧的转变。由于这一转变过程是个非稳态过程，要准确确定转变温度是很难的。

概括地讲，阴燃向有焰燃烧的转变主要有以下几种情形：

①阴燃从材料堆垛内部传播到外部时转变为有焰燃烧。在材料堆垛内部，由于缺氧，只

能发生阴燃。但只要阴燃不中断传播，它终将发展到堆垛外部，由于不再缺氧，就很可能转变为有焰燃烧。

②加热温度提高，阴燃转变为有焰燃烧。阴燃着的固体材料受到外界热量的作用时，随着加热温度的提高，区域Ⅰ内挥发分的释放速度加快。当这一速度超过某个临界值后，阴燃就会发展为有焰燃烧。这种转变也能在材料堆垛内部发生。

③密闭空间内材料的阴燃转变为有焰燃烧（甚至轰燃）。在密闭空间内，因供氧不足，其中的固体材料发生着阴燃，生成大量的不完全燃烧产物充满整个空间，这时如果突然打开空间的某些部位，因新鲜空气进入，在空间内形成可燃性混合气体，进而发生有焰燃烧，也有可能导致轰燃。这种阴燃向轰燃的突发性转变是非常危险的。

6.3　典型固体物质燃烧

6.3.1　木材燃烧

木材及木质制品（如胶合板、木屑板、粗纸板、纸卡片等）是建筑装饰中最常用的材料，它广泛用于框架、板壁、屋顶、地板、室内装饰及家具等方面。在火灾发生时，常涉及木材，所以研究这种多用途的物质在火灾中的反应显得十分重要。

6.3.1.1　木材化学成分

木材一般分为两大类，即针叶木（又称软木）和阔叶木（又称硬木）。针叶木有云杉、冷杉、铁杉、落叶松、松木、柏木等。阔叶木有杨木、枫木、桉木、榉木等。木材的种类、产地不同，组成也不同，但主要由碳、氢、氧构成，还有少量氮和其他元素，且通常不含有硫元素。在表 6-2 中列举了部分干木材的元素质量分数。木材是典型的混合物，主要由纤维素[$(C_6H_{10}O_5)_x$]（含量为 39.97%~57.84%）、木质素（含量为 18.24%~26.17%）组成，还有少量的蛋白质、脂肪、树脂、无机质（灰分）等成分。

表 6-2　部分干木材的元素质量分数　　%

种类	碳	氢	氧	氮	灰分
橡树	50.16	6.02	43.26	0.09	0.37
桉木	49.18	6.27	43.19	0.07	0.57
榉木	48.99	6.20	44.25	0.06	0.50
山毛榉	49.60	6.11	44.17	0.09	0.57
桦木	48.88	6.06	44.67	0.10	0.29
松木	50.31	6.20	43.08	0.04	0.37
白杨	49.37	6.21	41.60	0.95	1.86
枞木	52.30	6.30	40.50	0.10	0.80

6.3.1.2　木材燃烧过程

木材属于高熔点类混合物，在干燥、高温、富氧条件下，木材燃烧一般包含蒸发燃烧、分解燃烧和表面燃烧三种燃烧形式。在高湿、低温、贫氧条件下，木材还能发生阴燃。木材燃烧过程大体分为干燥准备、有焰燃烧和无焰燃烧三个阶段。

（1）干燥准备阶段

在热作用下，木材中的水分蒸发，大约105 ℃时，木材呈干燥状态；温度达到150～200 ℃时，木材开始弱分解，产生水蒸气（分解物）、二氧化碳、甲酸、乙酸等气体，为燃烧做准备。

（2）有焰燃烧阶段

温度在200～250 ℃时，木材开始炭（焦）化，产生少量水蒸气及一氧化碳、氢气、甲烷等气体，伴有闪燃现象；当温度达到250～280 ℃时，木材开始剧烈分解，产生大量的CO、H_2、CH_4等气体，此时明火可将其点燃，但并不能维持稳定燃烧。这表明可燃气体浓度还不够大，所以260 ℃相当于可燃液体的闪点，这里称为木材的闪火温度。尽管木材种类繁多，但闪火温度均在260 ℃附近。随着温度的升高，木材进行稳定的有焰燃烧，直到木材的有机质组分完全分解为止，有焰燃烧才结束。表6－3为某些树种的闪火温度和起火温度。

表6－3　某些树种的闪火温度及起火温度　℃

树种	闪火温度	起火温度	树种	闪火温度	起火温度
杉	240	421	白桦	263	438
杨树	253	445	榉木	264	426
夷松	262	437	桂树	270	455
针枞	262	438	落叶松	271	416
红松	263	430			

（3）无焰燃烧阶段

当木材析出的可燃气体很少时，有焰燃烧逐渐减弱，氧气开始扩散到炭质表面进行燃烧；当两种形式燃烧同时进行一段时间，并且不能再析出可燃气体后，则完全转变成炭的无焰燃烧，直至熄灭。

一般来说，木材结构是各向异性的，如图6－7所示，导致顺木纹方向透气性好、导热系数大，垂直于木纹方向透气性差、导热系数小，一旦受热，则不易散掉，容易形成局部高温，对热解、气化反而有利，所以垂直于木纹方向较顺木纹方向容易起火。实验表明，垂直于木纹方向的最小点火能小，这些结果在森林火灾和建筑火灾中的木制品烧损情况中都有表现，即沿垂直于木纹方向烧损严重，而烧痕往往不连续，呈现多个深洞特征。

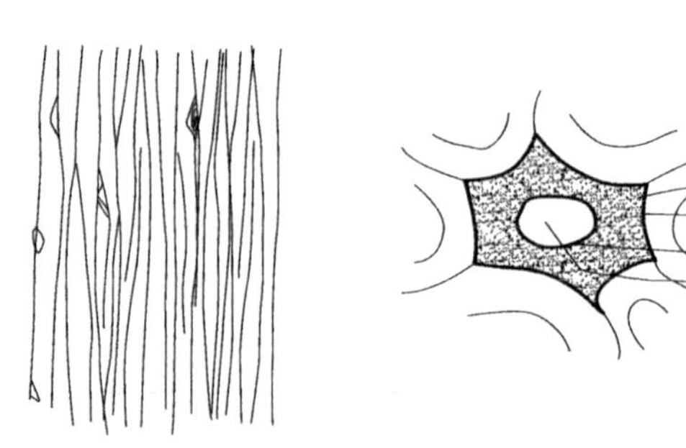

图6－7　木材结构

大量实验结果表明，尽管树种很多，但热解、气化规律相差不大；热解、气化产物的主要成分包括CO、H_2、CH_4等。

6.3.2　高聚物燃烧

高聚物也叫聚合物，是指由单体合成得到的高分子化合物，一般指合成纤维、合成橡胶和塑料，即“三大合成材料”。

6.3.2.1　高聚物化学成分

高聚物是以烯烃、炔烃、醇、醛、羧酸及其衍生物，以及 HCl、HBr、NH_3、H_2S、S 等无机物为基础原料进行化学反应而合成的，因此，它们主要由碳、氢、氧元素构成，同时，还含有 Cl、Br、N、S 等元素。现代生产生活中，三大合成材料具有广泛的用途，在许多方面已成为天然材料的替代品，而且与使用天然材料不同，合成材料的制品几乎都是纯净物（有的含少量添加剂），例如聚氯乙烯、尼龙、聚丙烯腈（人造羊毛）、氯丁橡胶等。

6.3.2.2　高聚物的燃烧过程

大多数高聚物都具有燃烧性，但一般不发生蒸发燃烧和表面燃烧，只会分解燃烧。在热作用下，高聚物一般经过熔融、分解和着火三个阶段进行燃烧。

（1）熔融阶段

高聚物具有很好的绝缘性、很高的强度、良好的耐腐蚀性。但是高聚物的耐热性差，容易受热软化、熔融变成黏稠状熔滴。表 6－4 列举了部分高聚物的软化、熔化、分解温度。

表 6－4　部分高聚物的软化、熔化、分解温度　℃

高聚物	软化温度	熔化温度	分解温度	分解产物	燃烧产物
聚乙烯	123	220	335～450	H_2、CH_4、C_2H_4	CO、CO_2、C
聚丙烯	157	214	328～410	H_2、CH_4、C_3H_6	CO、CO_2、C
聚氯乙烯	219	—	200～300	H_2、C_2H_4、HCl	CO、CO_2、HCl
ABS	202	313	—	—	—
醋酸纤维	200	260	—	CO、CH_3OH	CO、CO_2、C
尼龙－6	180	215～220	310～380	己内酰胺	CO、CO_2、N_2O_x、HCN
涤纶	235～240	255～260	283～306	C、CO、NH_3	CO、CO_2、N_2O_x、HCN
腈纶	190～240	—	250～280	C、CO、NH_3	CO、CO_2、N_2O_x、HCN
维纶	220～230	—	250	C、CO、NH_3	CO、CO_2、N_2O_x、HCN

（2）分解阶段

温度继续升高，高聚物熔滴开始变成蒸气，继而气态高聚物分子开始断键，从高分子裂解成小分子，产生烷烃、烯烃、H_2、CO 等可燃气体，同时冒出黑色炭粒浓烟。塑料、合成纤维的分解温度一般为 200～400 ℃；合成橡胶的分解温度为 400～800 ℃。

（3）着火阶段

高聚物着火其实是热分解产生的可燃气体着火。火场上可能出现以下几种情况：热分解产生的可燃气体数量较少，遇明火产生一闪即灭现象，即发生闪燃；可燃气体和氧气浓度都达到燃烧条件，遇明火立即发生持续稳定的有焰燃烧；虽然有较多的可燃气体，却因缺氧（如在封闭房间内）而使燃烧暂时不能进行，但是一旦流入新鲜空气（如开启门窗），则有可能立即发生爆燃，使火势迅速扩大。

当高分子材料燃烧时，在其表面附近存在几个不同的反应区，在各个反应区内进行着性质不同的化学反应。图6-8所示为高分子材料燃烧时的反应区示意图。从图中可见，高分子材料燃烧时存在凝聚相热分解区、气体分解产物预热区和火焰气相反应区。在气相反应区中，可燃气体燃烧并放出热量。热量以热辐射的方式传递到气体分解产物预热区，加热气体。经预热的气体不断进入火焰气相反应区，使燃烧得以持续进行。同时，火焰区的热量也传递到固体表面，加热固体，使之升温、热解，产生气体。燃烧所需氧气通过扩散进入反应区。

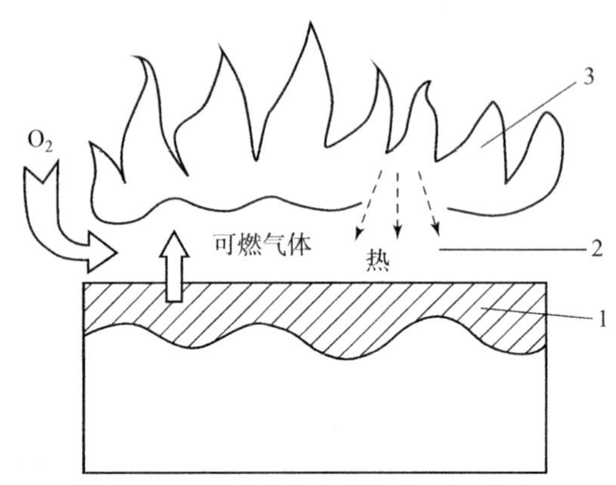

1—凝聚相热分解区；2—气体分解产物预热区；3—火焰气相反应区。

图6-8　高分子材料燃烧时的反应区示意图

由以上分析可看出，由于高聚物一般不溶于水，并且是靠高温分解进行燃烧，所以同扑救木材、棉、麻、纸张等天然物品的火灾一样，水也是扑救高聚物火灾的最好灭火剂。

6.3.2.3　高聚物燃烧特点

（1）发热量大

大多数合成高聚物材料的燃烧热都比较高，如软质聚乙烯的热值为46 610 kJ/kg，比煤炭、木材的热值分别高出1倍和2倍还多。其发热量大，使高聚物的燃烧温度可达2 000 ℃左右，从而加剧了燃烧。高聚物材料的热值及火焰温度见表6-5。

表6-5　高聚物材料的热值及火焰温度

材料名称	燃烧热/(kJ·kg^{-1})	火焰温度/℃	材料名称	燃烧热/(kJ·kg^{-1})	火焰温度/℃
软质聚乙烯	46 610	2 120	赛璐珞	17 300	—
硬质聚乙烯	45 800	2 120	缩醛树脂	16 930	—
聚丙烯	43 960	2 120	氯丁橡胶	23 430~32 640	—
聚苯乙烯	40 180	2 210	香烟	—	500~800
ABS	35 250	—	火柴	—	800~900
聚酰胺（尼龙）	30 840	—	煤（一般）	23 010	—
有机玻璃	26 210	2 070	木材	14 640	—

（2）燃烧速度快

高聚物因为发热量大，使得燃烧温度高，火场热辐射强度增大，传给未燃材料的热量也增多，因而加快了材料软化、熔融、分解的速度，所以其燃烧速度也随之加快。高聚物的燃烧速度见表6－6。

表6－6　高聚物的燃烧速度　　mm·min⁻¹

材料名称	燃烧速度	材料名称	燃烧速度
聚乙烯	7.6～30.5	硝酸纤维	迅速燃烧
聚丙烯	17.8～40.6	醋酸纤维	12.7～50.8
聚苯乙烯	27.9	聚氯乙烯	自熄
有机玻璃	15.2～40.6	尼龙	自熄
缩醛	12.7～27.9	聚四氟乙烯	不燃

（3）发烟量大

高聚物中含碳量都很高，如聚苯乙烯的含碳量约为99.84%。因此，在燃烧时很难燃烧完全，大部分碳都以黑烟的形式释放到空气中。据对比实验分析，高聚物燃烧的发烟量通常是木材、棉、麻等天然材料的2～3倍，一般起火后不到15 s就产生烟雾，不到1 min就会让视线模糊起来。火场上浓密的烟雾加大了受困人员逃生以及救援人员施救的难度。

（4）有熔滴

在燃烧过程中许多聚合物都会软化熔融，产生高温熔滴。高温熔滴产生后会带着火焰滴落、流淌，一方面扩大了燃烧面积，另一方面对火场人员构成了巨大威胁。如聚乙烯、聚丙烯、有机玻璃、尼龙等。

（5）产物毒性大

实际上，在所有重大火灾中，造成人员伤亡的主要原因是吸入了高温有毒的气体燃烧产物（其毒性大小一般用半数致死量LD_{50}来确定）。实验证明，可燃物的化学组成和燃烧温度是决定燃烧产物毒性大小的两个重要因素。一般来说，对于同一可燃物而言，燃烧温度较低的燃烧产物，其毒性比燃烧温度高的燃烧产物的毒性大（如在400 ℃、600 ℃时，木材燃烧产物的LD_{50}分别为14 mg/L和55 mg/L）；而在同一燃烧温度下，高聚物的燃烧产物的毒性比天然材料燃烧产物的毒性大，这是由于高聚物燃烧会迅速产生大量的CO、CO_2、N_2O_x、HCN、$COCl_2$（光气）等有害气体。例如，当燃烧温度为600 ℃时，木材、聚氯乙烯、腈纶毛线的LD_{50}分别是55 mg/L、21.6 mg/L、3.22 mg/L。可见，高聚物燃烧产物的毒性非常大，火场上加强防排烟措施就显得尤为重要。

6.3.3　金属燃烧

6.3.3.1　金属组成

常温常压下，除汞是液体之外，其他金属都是固体。金属由金属键构成，金属里具有自由电子，因而表现出良好的导电性、导热性，同时，金属的熔点都比较高，通常具有一定的刚韧性。现实生活中，金属一般是以单质或合金两种形式加以应用。在空气中，性质稳定的金属（如铁、铜、铝等）通常被加工制造成各种形状的设备和零件，有时则被制成金属粉屑，如金粉（铜粉）、铝粉（银粉）等；而性质活泼的金属则要特殊保存，如K、Na一般保存在煤油中。

6.3.3.2　金属燃烧过程

金属的燃烧形式主要有两种，即蒸发燃烧和表面燃烧。

（1）金属的蒸发燃烧

低熔点活泼金属如钠、钾、镁、钙等，容易受热熔化变成液体，继而蒸发成气体扩散到空气中，遇到火源即发生有焰燃烧，这种燃烧现象称为金属的蒸发燃烧。发生蒸发燃烧的金属通常被称为挥发性金属。实验证明，挥发性金属的沸点较其氧化物的熔点要低（钾除外），见表6-7。所以，在燃烧过程中，金属固体总是先于氧化物被蒸发成气体，扩散到空气中燃烧，而氧化物则覆盖在金属的表面上；只有当燃烧温度达到氧化物的熔点时，固体表面的氧化物才会变成蒸气扩散到气相燃烧区，在与空气的界面处因降温凝聚成固体微粒，从而形成白色烟雾。因此，生成大量氧化物白烟是金属蒸发燃烧的最明显特征。

表6-7　挥发性金属及其氧化物的性质　　℃

金属	熔点	沸点	燃点	氧化物	熔点	沸点
Li	179	1 370	190	Li_2O	1 610	2 500
Na	98	883	114	Na_2O	920	1 277
K	64	760	69	K_2O	527	1 477
Mg	651	1 107	623	MgO	2 800	3 600
Ca	851	1 484	550	CaO	2 585	3 527

（2）金属的表面燃烧

铝、铁、钛等高熔点金属通常被称为非挥发性金属。非挥发性金属的沸点比其氧化物的熔点要高，见表6-8。所以，在燃烧过程中，金属氧化物总是先于金属固体熔化变成气体，使金属表面裸露而与空气接触，发生非均相的无焰燃烧。由于金属氧化物的熔化消耗了一部分热量，减缓了金属的氧化燃烧速度，固体表面呈炽热发光现象，如氧焊、电焊、切割火花等。非挥发性金属的粉尘悬浮在空气中可能发生爆炸，且无烟生成。

表6-8　非挥发性金属及其氧化物的性质　　℃

金属	熔点	沸点	燃点	氧化物	熔点	沸点
Al	660	2 500	1 000	Al_2O_3	2 050	3 527
Ti	1 677	3 277	300	TiO_2	1 855	4 227
Zr	1 852	3 447	500	ZrO_2	2 687	4 927

6.3.3.3　金属燃烧特点

实验表明，金属元素几乎都会在空气中燃烧。金属的燃烧性能不尽相同，有些金属在空气或潮气中能迅速氧化，甚至自燃；有些金属只是缓慢氧化而不能自行着火；某些金属，特别是ⅠA族的锂、钠、钾，ⅡA族的镁、钙，ⅢA族的铝，还有锌、铁、钛、锆、铀、钚在片状、粒状和熔化条件下容易着火，属于可燃金属，但大块状的这类金属点燃比较困难。

有些金属如铝和钢，通常不认为是可燃物，但在细粉状态时可以点燃和燃烧。金属镁、铝、锌及其合金的粉尘悬浮在空气中还可能发生爆炸。

还有些金属如钠、钚、钍，它们既可以燃烧，又具有放射性。在实际运用上，放射性既不影响金属火灾，也不受金属火灾性质的影响，使消防复杂化，而且造成污染问题。在防火中还需要重视某些金属的毒性，如汞。

金属的热值较大，所以燃烧温度比其他材料的要高（如 Mg 的热值为 25 080 kJ/kg，燃烧温度可高达 3 000 ℃以上）。大多数金属燃烧时遇到水会产生氢气而引发爆炸，还有些金属（如钠、镁、钙等）的性质极为活泼，甚至在氮气、二氧化碳中仍能继续燃烧，从而增加了金属火灾的扑救难度，需要特殊灭火剂如三氟化硼、7150 等进行施救。

练 习 题

1. 可燃固体的燃烧特性有哪些？举例说明。
2. 了解各类可燃固体的燃烧过程。
3. 可燃固体的燃烧形式有哪些？分别有哪些特征？举例说明。
4. 了解木材、高聚物和金属的燃烧过程及特点。

第7章 粉尘爆炸

典型案例：江苏昆山某金属制品厂金属粉尘爆炸

2014年8月2日7时34分，位于江苏省苏州市昆山市昆山经济技术开发区的昆山中荣金属制品有限公司抛光二车间发生特别重大铝粉尘爆炸事故，当天造成75人死亡、185人受伤。依照《生产安全事故报告和调查处理条例》规定的事故发生后30日报告期，共有97人死亡、163人受伤（事故报告期后，经全力抢救医治无效陆续死亡49人，尚有95名伤员在医院治疗，病情基本稳定），直接经济损失3.51亿元。

直接原因：事故车间除尘系统较长时间未按规定清理，铝粉尘集聚。除尘系统风机开启后，打磨过程产生的高温颗粒在集尘桶上方形成粉尘云。1号除尘器集尘桶锈蚀破损，桶内铝粉受潮，发生氧化放热反应，达到粉尘云的引燃温度，引发除尘系统及车间的系列爆炸。因没有泄爆装置，爆炸产生的高温气体和燃烧物瞬间经除尘管道从各吸尘口喷出，导致全车间所有工位操作人员直接受到爆炸冲击，造成群死群伤。

间接原因：中荣金属制品有限公司违法违规组织项目建设和生产；对安全生产重视不够，安全监管责任不落实；违法违规进行建筑设计、安全评价、粉尘检测、除尘系统改造。

7.1 粉尘爆炸概述

在粉体的制造、处理及有粉尘产生的工程中，如果粉体或粉尘是可燃物质，当它们分散悬浮在空气中并有点火源存在时，就有可能发生爆炸。第一次有记载的粉尘爆炸发生在1785年意大利的一个面粉厂，至今已有200多年。但是，长期以来粉尘爆炸灾害并没有被人们所认识。这大概是因为：粉尘爆炸在数量和规模上不像新闻媒体报道的气体爆炸或石油罐着火那样大；人们一般对粉尘爆炸的危险性没有足够认识；粉尘危险场所比较有限，在一般的家庭或商业界不大可能有粉尘爆炸的危险。然而，随着现代工业的发展，新材料不断涌现，如塑料、有机合成、粉末金属等的生产，多采用粉体为原料。工业粉尘种类的扩大、使用量的增加、工艺的连续化等大大增加了粉尘爆炸的潜在危险。另外，粉尘爆炸源也逐渐增多，这些都使得粉尘爆炸事故的危害性和频率逐渐增大。

2005—2015年，我国大陆地区共发生粉尘爆炸事故72次，发生粉尘爆炸的主要粉尘种类为金属、木材、食品等，如图7－1和图7－2所示。

整块固体物质被粉碎成粉尘以后，其燃烧特性有了很大的变化，原来是非燃物质可能变成可燃物质；原来是难燃物质可能变成易燃物质，在一定条件下甚至发生粉尘爆炸。

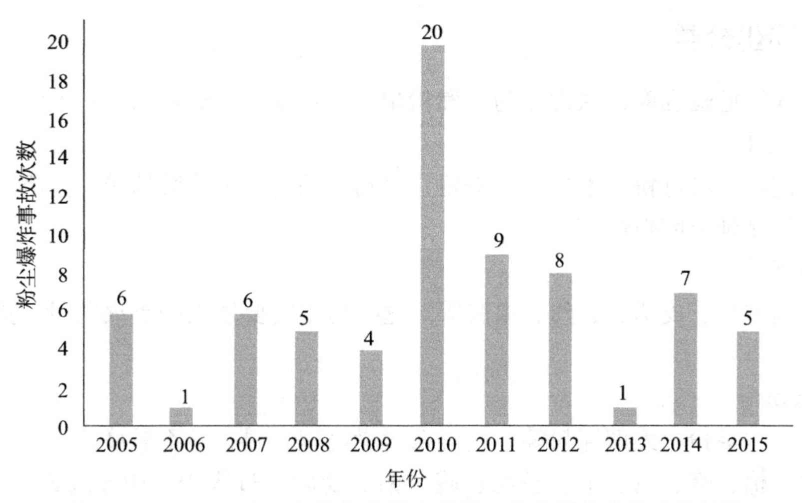

图7－1　2005—2015年期间我国大陆地区粉尘爆炸事故次数统计

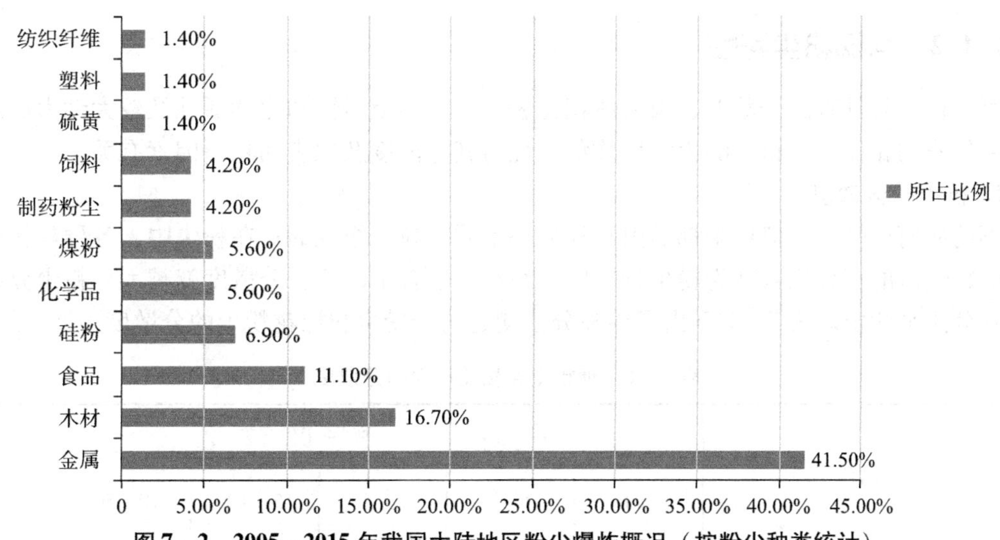

图7－2　2005—2015年我国大陆地区粉尘爆炸概况（按粉尘种类统计）

根据英国标准研究所对粒子的划分，物质粒径小于1 000 μm的称为粉末；当粒径小于76 μm时，称为粉尘。在国际火灾预防协会所颁布的文件规定中，任何粒径在420 μm以下的单个固体都称为粉尘。在工业生产过程中产生的粉尘中，超过70%是可燃的，因此大多数具有粉尘处理装置的工厂有可能受到粉尘爆炸的威胁。粉尘爆炸由空气中悬浮的可燃粉尘的快速燃烧触发，火焰快速蔓延并最终可能导致爆炸的发生。

凡颗粒极微小，遇点火源能够发生燃烧或爆炸的固体物质，叫可燃粉尘。其中，悬浮在空气中的称为悬浮粉尘，具有爆炸危险性；堆积在物体表面上的称为沉积粉尘，具有火灾危险性。粉尘的平均粒径规定在1～76 μm范围内，小于1 μm的称为烟尘。当粉尘是有机物或硫黄时，燃爆后的生成物为CO、CO_2、SO_2等气体。如果粉尘是金属粉末，燃爆后则会生成MgO、CaO、TiO_2等金属氧化物的高温粒子，因而导致的灾害也有所不同，后者引起的烧伤比较严重，同时也容易造成重大火灾。

7.1.1 粉尘分类

粉尘按照火灾危险程度，通常分为易燃粉尘、可燃粉尘、难燃粉尘三类。

（1）易燃粉尘

如糖粉、淀粉、可可粉、木粉、小麦粉、硫粉、茶粉、硬橡胶粉等。这类粉尘需要点火能量很小，火焰蔓延速度很快。

（2）可燃粉尘

如米粉、锯木屑、皮革屑、丝、虫胶等。这类粉尘需要较大的点火能量，火焰蔓延速度较慢。

（3）难燃粉尘

如炭黑粉、木炭粉、无烟煤粉等。这类粉尘燃烧速度慢，且不易蔓延。

工厂在加工棉、麻、糖、烟、谷物、硫、铝等物质的过程中，由于粉碎、研磨、筛分、混合、抛光等操作都能产生大量粉尘，这些粉尘要比原来物质的火灾危险大得多，在一定条件下能够发生爆炸。

7.1.2 可燃粉尘特性

可燃粉尘是具有高分散度、很大体积比表面积、强吸附性和化学活性及较大动力稳定性的固－气非均相体系。粉尘的火灾爆炸危险性与其分散度及比表面积等因素有关。

1. 粉尘的分散度

不论如何产生，任何粉尘都是由直径大小不同的粒子组成的。在粉尘中，各种颗粒粒径范围的粉尘占的百分比数称为粉尘分散度。细小粒子含量越高，分散度就越大，粉尘分散度可用筛分法来测定。表7－1列出了用筛分法测定的糖粉尘和棉花粉尘的分散度。

表7－1 糖粉尘和棉花粉尘的分散度 %

粉尘名称	粒径/μm					
	<1	1～2	2～5	5～10	10～50	>50
干切糖时得到的糖粉尘	39.6	38.5	—	10.6	10.7	0.6
在距离地面0.5 m高的制备车间得到的棉花粉尘	—	—	22.4	12.8	38.7	17.2

由表7－1可见，糖粉尘的分散度大于棉花粉尘的分散度。可燃粉尘的分散度大，则比表面积大，化学活性强，能悬浮在空间，因而火灾爆炸危险性大。

不同物质、不同条件会产生分散度不同的粉尘；空气湿度越大，会使粒度很小的粉尘被吸附在水蒸气表面而降低分散度；空间空气流动速度不同，粉尘的分散度会有相应的改变；地面附近的粉尘分散度最小，距地面越高，粉尘的分散度越大。

2. 粉尘的体积比表面积

粉尘的体积比表面积主要取决于粉尘的粒度。粉尘粒度越小，体积比表面积越大。表7－2列出了立方体物质逐渐粉碎为小颗粒时，其体积比表面积增加的数字。实际上，粉尘粒子呈不规则的形状，有片状、粒状，如纤维材料粉尘一般是横断面不大的长形粒子。粉尘的体积比表面积增加，反应速度必然增大。

表 7－2　立方体物质粉碎时的体积比表面积

立方体棱长/cm	立方体颗粒数量	体积比表面积/($cm^2 \cdot cm^{-3}$)
1	1	6
0. 1	103	60
0. 01	106	600
0. 001	109	6 000
0. 000 1	1 012	60 000

3. 粉尘的吸附性和活性

物体内部的粒子在四面八方被具有相等吸引力的粒子所包围，而其表面粒子只是在它的旁边和内侧下方受到具有相同内聚力的相同粒子的吸引。因此，表面粒子有一部分吸引力没有得到满足，这种不饱和力叫作剩余力，剩余力是造成表面吸附的主要原因。任何物质的表面都具有把其他物质吸向自己的吸附作用。表面吸附作用示意如图 7－3 所示。

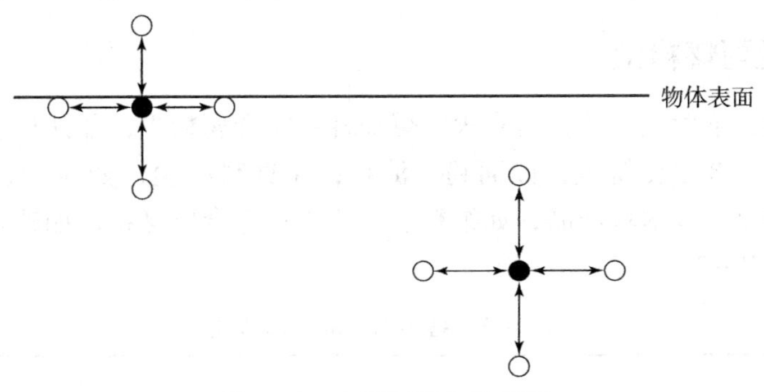

图 7－3　表面吸附作用示意

粉尘具有很大的比表面积，必然具有极大的表面能，可吸附空气中的氧气，活性大大增加，表现出很大的化学活性和较快的反应速度。例如很多金属，如 Al、Mg、Zn 等在块状时一般不能燃烧，而呈粉尘状时，不仅能燃烧，若悬浮于空气中达到一定浓度时，还能发生爆炸。

4. 粉尘的自燃点

固体物质粉碎越细，自燃点越低；沉积粉尘的自燃点比悬浮粉尘的低。这是由于悬浮粉尘粒子间距比沉积粉尘粒子间距大，因而在氧化过程中热损失增加，这就导致悬浮粉尘的自燃点远高于沉积粉尘的自燃点。

5. 粉尘的动力稳定性

粉尘悬浮在空气中同时受到两种作用，即重力作用与扩散作用。

重力作用使粉尘发生沉降，粉尘质量越大，在密度一定的条件下，体积越大，重力作用越显著，这种过程称为沉积。另外，粉尘又受到扩散作用的影响，扩散作用会使粉尘具有在空间均匀分布的趋势。扩散作用是由热运动造成的，有使粒子在空间均匀分布的趋向，故能抵抗重力而阻止粒子下沉。粒子质量较大的分散体系扩散速度较慢，不足以抗衡重力的作用，故产生了粉尘的沉积。粒子越大，沉积速度越快。而对粒子较小的分散体系，当粒子受重力作用而下降时，扩散作用使之分布均匀，最后达到沉积平衡时，粒子扩散随高度就有一定的分布，在高处总比低处少一些。这种粒子始终保持着分散状态而不向下沉积的稳定性称为动力稳定性。

粒子大小是分散系动力稳定性的决定性因素，分散度越大，动力稳定性越强。粒子的扩散作用与粒子大小有关，粉尘粒子越大，扩散作用越小；粒子越小，扩散作用越大。粒子的扩散系数 D（即单位浓度梯度时，单位时间通过单位截面积的扩散物质流）可用下式表示

$$D = \frac{RT}{N} \cdot \frac{1}{6\pi\eta r} \qquad (7-1)$$

式中，r——球形粒子半径；

T——温度；

η——介质黏度；

N——阿伏伽德罗常数；

R——气体常数。

当粉尘粒子小到一定程度以后，扩散作用与重力作用平衡，粉尘就不会沉降了。

7.1.3 常见可燃粉尘

已有资料表明，下面几类粉尘具有火灾爆炸性：①金属粉尘，如镁粉、铝粉；②煤炭粉尘，如活性炭和煤；③粮食粉尘，如面粉、淀粉；④饲料粉尘，如血粉、鱼粉；⑤农副产品，如棉、麻、烟草；⑥木材产品，如纸粉、木粉等；⑦合成材料，如塑料、燃料。各种粉尘的爆炸特性见表7－3。

表7－3 各种粉尘的爆炸特性

粉尘名称	悬浮粉尘的自燃点/℃	爆炸下限 /($g \cdot m^{-3}$)	最大爆炸压力 /(10^5 Pa)	压力上升速度 /(10^5 Pa·s^{-1})		最小点火能量/mJ
				平均	最大	
镁	520	20	5.0	308	333	80
铝	645	35～40	6.2	151	399	20
镁铝合金	535	50	4.3	158	210	80
钛	460	45	3.1	53	77	120
硅	775	160	4.3	32	84	900
铁	316	120	2.5	16	30	100
钛铁合金	370	140	2.4	42	98	80
锰	450	210	1.8	14	21	120
锌	860	500	6.9	11	21	900
锑	416	420	1.4	6	55	—

续表

粉尘名称	悬浮粉尘的自燃点/℃	爆炸下限 /(g·m^{-3})	最大爆炸压力 /(10^5 Pa)	压力上升速度 /(10^5 Pa·s^{-1})		最小点火能量/mJ
				平均	最大	
煤	610	35～45	3.2	25	56	40
煤焦油沥青	580	80	3.8	25	45	80
硅铁合金	860	425	2.5	14	21	400
硫	190	35	2.9	49	137	15
玉米	470	45	5.0	74	151	40
牛奶粉	875	7.6	2.0	—	—	—
可可	420	45	4.3	30	84	100
咖啡	410	85	3.5	11	18	160
黄豆	560	35	4.6	56	172	100
花生壳	570	85	2.9	14	245	370
砂糖	410～525	19	3.9	113	352	30
小麦	380～470	9.7～60	4.1～6.6	—	—	50～160
木粉	225～430	12.6～25	7.7	—	—	20
软木	815	30～35	7.0	—	—	45
松香	440	55	5.7	133	525	—
硬脂酸铝	400	15	4.3	53	147	15
纸浆	480	60	4.2	36	102	80
棉绒屑	470	35	7.1	140	385	45
酚醛树脂	500	25	7.4	210	730	10
酚醛塑料制品	490	30	6.6	161	770	10
脲酸树脂	470	90	4.2	49	126	80
脲酸塑料制品	450	75	6.4	65	161	80
环氧树脂	540	20	6.0	140	420	15
聚乙烯树脂	410	30	6.0	112	385	10
聚氯乙烯树脂	660	63	—	—	—	8
聚丙烯树脂	420	20	5.3	105	350	30
聚醋酸乙烯树脂	550	40	4.8	35	70	160
聚乙烯醇树脂	520	35	5.3	91	217	120
聚苯乙烯制品	560	15	5.4	105	250	40
双酚 A	570	20	5.2	161	455	15
季戊四醇	450	30	6.3	119	665	10
氯乙烯丙烯腈共聚树脂	570	45	3.4	56	112	25

7.2　粉尘爆炸机理

7.2.1　粉尘爆炸条件

粉尘爆炸的条件归结起来有以下五个方面。

其一，要有一定的粉尘浓度。粉尘爆炸所采用的化学计量浓度单位与气体爆炸不同，气体浓度采用体积分数表示，而粉尘浓度采用单位体积所含粉尘粒子的质量来表示，单位是 g/m^3 或 mg/L，如果浓度太低，粉尘粒子间距过大，火焰难以传播。

其二，要有一定的氧含量。一定的氧含量是粉尘得以燃烧的基础。

其三，要有足够能量的点火源。粉尘爆炸所需的点火能量比气体爆炸大 1～2 个数量级，大多数粉尘云最小点火能量在 5～50 mJ 量级范围。

其四，粉尘必须处于悬浮状态，即粉尘云状态。这样可以增加气固接触面积，加快反应速度。

其五，粉尘云要处在相对封闭的空间，这样压力和温度才能急剧升高，继而发生爆炸。

上述条件中，前三个条件是必要条件，即所谓的粉尘爆炸“三要素”，后两个是充分条件。

7.2.2　粉尘爆炸机理

7.2.2.1　气相点火机理

气相点火机理认为，粉尘气相点火过程分为颗粒加热升温、颗粒热分解或蒸发气化、与空气混合形成爆炸性混合气体并发火燃烧三个阶段，如图 7－4 所示。

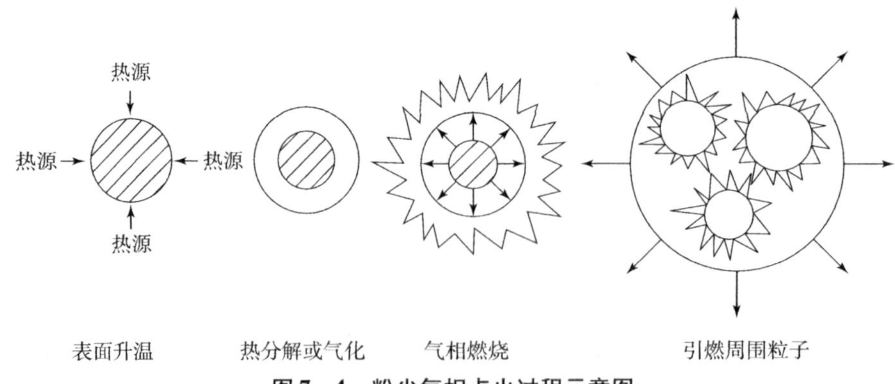

图 7－4　粉尘气相点火过程示意图

从图 7－4 中可以看出，粉尘气相点火过程如下：由于热辐射、热对流、热传导等方式，粉尘颗粒从外界获取能量；与固体一样，当温度升高到一定值后，颗粒迅速发生热分解或气化而形成气体；这些热分解或蒸发气体与空气混合形成爆炸性气体混合物，发生气相反应，释放出化学反应热，并使相邻粉尘颗粒发生升温、气化和点火。热分解或热蒸发作用在此起到了极为重要的作用，此过程使粉尘表面被可燃气体覆盖包围，所以粉尘气相点火机理与可燃气体/空气混合物点火机理基本相同。可以认为，可分解、干馏出气体的粉尘相当于储存了可燃气体的容器，在热量的作用下，可燃气体被释放出来。但是，粉尘爆炸是由粉尘粒子表面与氧发生反应所引起的。与气体爆炸不同，它是可燃物与氧化剂均匀混合后的反应，是在某种凝固的可燃物与周围存在着的氧化剂所形成的不均匀状态中进行的反应。因此，我们认为粉尘爆炸是介于气体爆炸与炸药爆炸之间的一种状态。这种爆炸所放出的能量，若以最大值进行比较，可达气体爆炸的数倍。但粉尘爆炸与气体爆炸或炸药爆炸是不相同的，前者所需要的发火能比后两者要大得多。

从目前来看，多数学者用气相点火机理描述粉尘爆炸过程，认为粉尘爆炸大致要经历如下过程：

①粒子表面受热，表面温度上升；

②粒子表面的分子产生热分解或干馏，成为气体排放在粒子周围；

③这种气体与空气混合成爆炸性混合气体，点火产生火焰；

④这种火焰产生的热，进一步促进粉尘分解，不断放出可燃气体，与空气混合后点火、传播。

由此可见，粉尘爆炸实质上是气体爆炸。因此，可以认为粉尘本身包含有可燃性气体。

由上述的①可知，促使粒子表面温度上升的原因不只是热传导，热辐射起的作用更大，这是与气体爆炸的不同之处。

与气体爆炸相比，粉尘爆炸有以下特点：

①形成爆炸性混合物的机制不同。可燃气体靠自身的扩散就可以形成爆炸性混合物，粉尘必须有足够数量的尘粒飞扬在空气中才有可能发生粉尘爆炸，而尘粒飞扬与颗粒大小及气体扰动速度有关。只有直径小于 10 μm 的颗粒才能在运动气流中长时间悬浮，形成爆炸尘云。更大的颗粒扬起后，只能在空中短暂停留，随后很快沉降。

②粉尘燃烧过程比气体燃烧过程复杂。有的粉尘要经过粒子表面的分解或蒸发阶段。即便是直接氧化的颗粒，也只有一个表面向中心延烧的过程。因而感应期（即接触火源到完成化学反应的时间）长，可达数十秒，是气体的数十倍，这样就有可能用装置快速探测爆炸的苗头，进而抑制爆炸的发生。

③点燃需要的能量和引燃诱导时间不同。气体点燃能量较低，为 0.02 ~ 1 mJ。粉尘的点燃能量范围很大，大部分粉尘的点燃能量 <100 mJ。气体点燃的诱导时间比较短，粉尘点燃的诱导时间比气体点燃诱导时间长得多。

④粉尘爆炸产生的能量通常比气体的大。粉尘 - 空气混合物的能量密度比气体/空气混合物大，且沉积粉尘可以悬浮补充到已有的反应体系。

⑤发生爆炸的时候，会有燃烧的颗粒飞散，如果飞到可燃物或人体上，会使可燃物局部严重碳化或使人体严重烧伤。

⑥粉尘爆炸有产生二次爆炸的可能性，其发生与扩大过程如图 7 - 5 所示。静止堆积的粉尘被风吹起，悬浮在空气中，如果遇点火源，就会发生爆炸。爆炸产生的冲击波又使其他堆积的粉尘悬浮在空气中，而飞散的火花和辐射热成为点火源，引起第二次爆炸，最后整个粉尘存放场受到爆炸灾害。这种连续爆炸会造成极其严重的破坏。

⑦与气体相比，粉尘容易引起不完全燃烧，因而在生成气体过程中有大量的一氧化碳存在。此外，有些爆炸性粉尘（如塑料）自身分解出毒性气体。所以，在粉尘燃烧后，容易使人中毒伤亡。以往在煤矿场因煤粉爆炸而死亡的人中，有一大半是因为一氧化碳中毒死

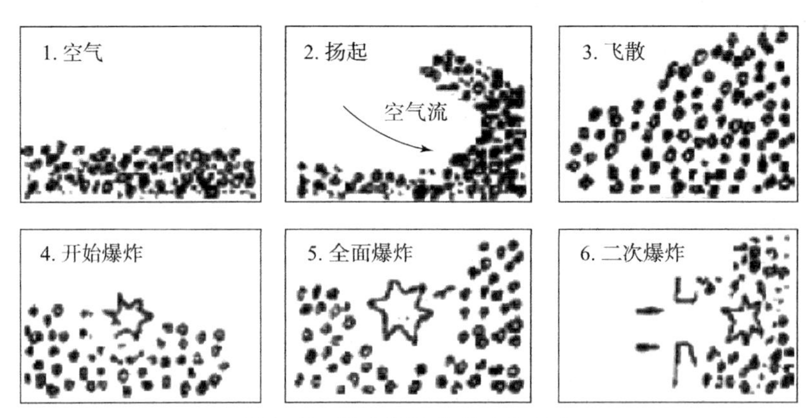

图 7－5　粉尘爆炸的发生与扩大

去的。

7.2.2.2　表面非均相点火机理

表面非均相点火机理认为粉尘点火过程分为三个阶段：首先，氧气与颗粒表面直接发生反应，使颗粒发生表面点火；然后，挥发分在粉尘颗粒周围形成气相层，阻止氧气向颗粒表面扩散；最后，挥发分点火，并促使粉尘颗粒重新燃烧。因此，对于表面非均相点火过程，氧分子必须先通过扩散作用到达颗粒表面，并吸附在颗粒表面发生氧化反应，然后，反应产物离开颗粒表面扩散到周围环境中。关于表面反应产物问题，目前主要存在两种观点：一种认为碳与氧反应直接生成二氧化碳；另一种则认为，在一般燃烧温度范围（1 000～2 000 K），碳首先与氧气发生反应生成一氧化碳，然后扩散到周围环境中被氧化成二氧化碳。

对于特定粉尘/空气混合物来说，粉尘点火过程究竟是气相点火还是表面非均相点火，迄今为止尚未形成统一的理论判据。一般认为，对于大颗粒粉尘，由于加热速度较慢，以气相反应为主；而对于加热速度较快的小颗粒粉尘，则以表面非均相反应为主。加热速度快慢以 100 ℃/s 为界，颗粒大小则以 100 μm 为界，粒径与加热速度及点火机理关系如图 7－6 所示。从图中可以看出，在一定条件下，气相点火和表面非均相点火不仅可以并存，还会相互转换。

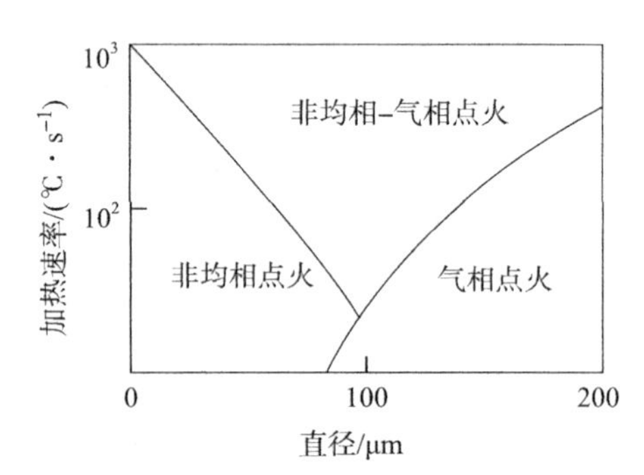

图 7－6　粒径与加热速度及点火机理关系

事实上，单个粉尘颗粒点火机理并不能完全代表粉尘云点火行为。首先，粉尘云点火过程必须考虑颗粒之间的相互作用和影响。其次，粉尘云中粉尘颗粒大小和形状不完全相同，粉尘颗粒存在一定粒径分布范围，这种颗粒尺度分布的非单一性对粉尘云点火也会产生影响。再次，粉尘云点火还必须考虑氧浓度影响，而且随着粉尘浓度增大，这种颗粒之间争夺氧的情形会变得愈加突出。因此，在粉尘/空气混合物中，每个颗粒的热损失要小，也就是说，粉尘云点火温度要比单个颗粒点火温度低。一般来说，粉尘云点火及火焰传播过程主要由小粒径粉尘颗粒点火行为控制，大颗粒粉尘只发生部分反应（颗粒表面被烧焦），有时甚至根本不发生反应。也就是说，只有那些能在空中悬浮一段时间，并保持一定浓度的小颗粒粉尘云才会发生点火和爆炸。

7.2.3　爆炸发展过程

7.2.3.1　火焰加速传播

粉尘云点火成功后，初始层流火焰只有在一定条件下才会转变为紊流火焰，使火焰传播加速，这种转变主要取决于以下两方面机理：

①当雷诺数足够大时，火焰阵面前沿的未燃粉尘云形成湍流；

②爆燃波与火焰相互作用，形成湍流。

初始粉尘爆燃火焰可以看作一种自由传播火焰，一旦受到扰动（如障碍物、压缩波等），便会发生褶皱和扭曲，不仅增大了火焰面积和能量释放速度，还会使火焰传播出现严重的不稳定性，爆燃火焰通过热辐射和湍流扩散方式向未燃粉尘云传递能量，使处于火焰前沿的未燃粉尘云湍流度和点火能量不断增强，从而导致火焰传播不断加速。这种火焰加速传播的结果是在一定边界条件下使火焰传播趋于某一最大值，或转变为爆轰。关于水平巷道中煤粉爆炸火焰加速传播实验结果如图7－7所示。其中，巷道内径为ϕ2.3 m，长度为230 m，点火端封闭，煤粉浓度为360 g/m^3，85%煤粉粒径在74 μm以下，挥发分质量分数为33%，点火源为800 g黑火药。从图中可以看出，在巷道两端均为全封闭条件下，火焰沿巷道加速传播的最大速度可达800 m/s。

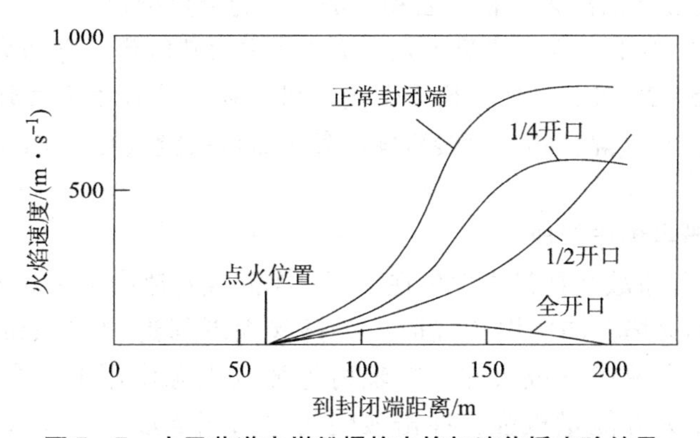

图7－7　水平巷道中煤粉爆炸火焰加速传播实验结果

7.2.3.2　爆燃向爆轰转变

在绝大多数情况下，粉尘爆炸都以爆燃形式出现，当粉尘层流火焰转变成湍流火焰后，尚需经过相当一段距离的连续加速传播才能转为爆轰，如果是在密闭管道中，则往往在接近管端时才会转变为爆轰，这种转变主要受激波绝热压缩加热和湍流作用机制控制。

在激波作用下，粉尘云中气体被极端压缩而使温度急剧升高，由于颗粒的不可压缩性和较大惯性，在先导激波过后的点火弛豫区内，气体和粉尘颗粒之间存在温度不平衡，颗粒通过与气体之间进行对流换热使温度升高，当温度升高至点火温度时，粉尘颗粒开始发生表面燃烧，并释放出热量。由于部分反应热加给颗粒本身，使颗粒温度迅速升至最大值。随着颗粒面氧浓度逐渐减小和燃烧速度减慢，颗粒再次通过与气体之间对流转换使两相之间温度逐渐趋于平衡。激波对未燃粉尘的这种极端绝热压缩行为，导致激波与粉尘颗粒相互作用过程如图 7－8 所示。值得指出的是，对于粒径过大或过小的粉尘颗粒，由于所需点火弛豫时间过长或在滞止区内滞留时间过短，粉尘颗粒都不易被点燃，粉尘最佳点火粒径范围为 20～100 μm。

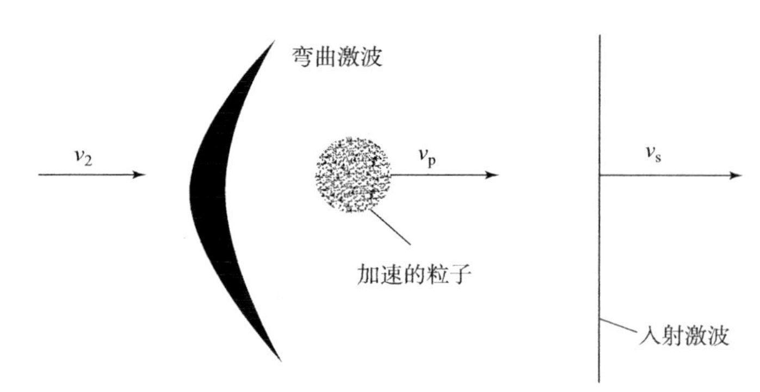

图 7－8　激波与粉尘颗粒相互作用过程

粉尘爆燃火焰在长管道或通道中逐渐被加速，在一定条件下甚至有可能发展成为爆轰，这种从爆燃转变为爆轰的过程称为 DDT（Deflagration to Detonation Transition）。根据经典 C－J 爆轰理论，粉尘云 DDT 过程波阵面前后参数关系可表述为：

$$\frac{p_2}{p_1} = \frac{1 + \gamma_m Ma_s^2}{1 + \gamma_2} \tag{7-2}$$

式中，p_2——爆轰压力，MPa；

p_1——爆轰波前沿未燃粉尘云压力，MPa；

$Ma_s = D_s/c_0$——爆轰波阵面马赫数，D_s 为爆轰波阵面速度，m/s，c_0 为爆轰波前沿未燃粉尘云中的声速，m/s；

γ_m、γ_2——爆轰波前沿未燃粉尘云和燃烧产物的绝热指数。

粉尘/空气混合物 DDT 过程一般只需几十毫焦放电火花能量，爆速为 1 500～2 000 m/s，爆压为初始压力的 15～20 倍。另外，粉尘爆轰还可以在激波管中通过强点火源激发直接形成，对于大多数粉尘/空气混合物，直接激发爆轰所需点火能量要比 DDT 过程大得多，一般在 10^3～10^6 J 范围。

7.2.3.3　二次粉尘爆炸形成

事实上，粉尘爆炸事故往往最先发生在工厂、车间或巷道中某一局部区域，这种初始爆炸（原爆）冲击波和火焰在向四周传播时，会扬起周围邻近的堆积粉尘，形成处于可爆浓度范围的粉尘云，在原爆飞散火花、热辐射等强点火源作用下，会引起二次或多次粉尘爆炸。由于原爆点火源能量极强，冲击波使粉尘云湍流度进一步增强，因此，二次或多次粉尘爆炸具有极强的破坏力，有时甚至会发展成为爆轰。二次粉尘爆炸形成过程如图 7－9 所示。

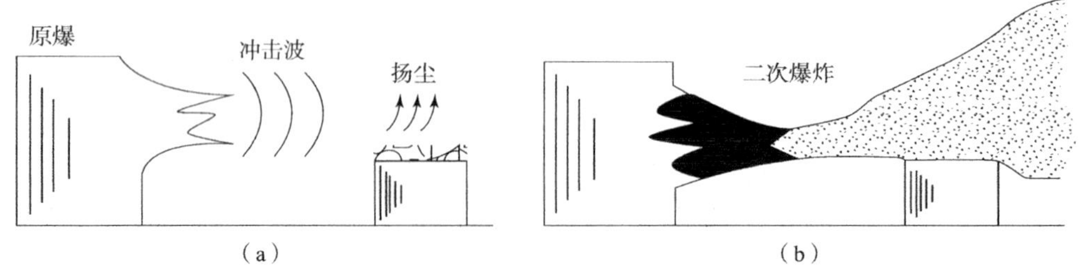

图 7－9　二次粉尘爆炸形成过程

（a）初次粉尘爆炸扬尘；（b）二次或多次粉尘爆炸

7.3　粉尘爆炸影响因素

可燃粉尘/空气混合物能否发生着火、燃烧或爆炸，爆炸猛烈程度如何，能否成长为爆轰，主要与粉尘的理化性质及外部条件有关。就粉尘自身的因素来说，又有化学因素和物理因素两类。化学因素主要指燃烧热和燃烧速度，此外，还有与水汽及二氧化碳的反应等。物理因素主要指粉尘浓度和粒度分布，还有颗粒形状、颗粒的比热、热传导率、表面状态、带电性和颗粒凝聚特性等。外部条件形成的因素则有气流运动状态、氧气浓度、可燃性气体浓度、湿度、窒息气体浓度、阻燃性粉尘浓度和灰分、点火源状态等。下面分述其要点。

7.3.1　粉尘理化性能

1. 颗粒度

多数爆炸性粉尘粒度在 1～150 μm 范围内。粒度越小，粒子带电性越强，使体积和质量极小的粉尘粒子在空气中的悬浮时间更长，燃烧速度更接近可燃气体混合物的燃烧速度，燃烧过程也进行得更完全。可燃粉尘的粒度与最小点燃能量的关系如图 7－10 所示。

粉尘爆炸范围，特别是下限浓度受粉尘粒度分布的影响很大。平均粒径与爆炸下限浓度的关系如图 7－11 所示；不同粒径分布与爆炸下限浓度的关系如图 7－12 所示。

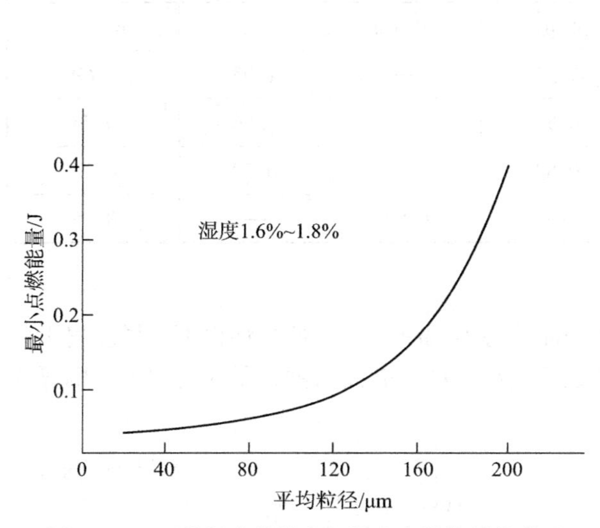

图 7－10　可燃粉尘的粒度与最小点燃能量的关系

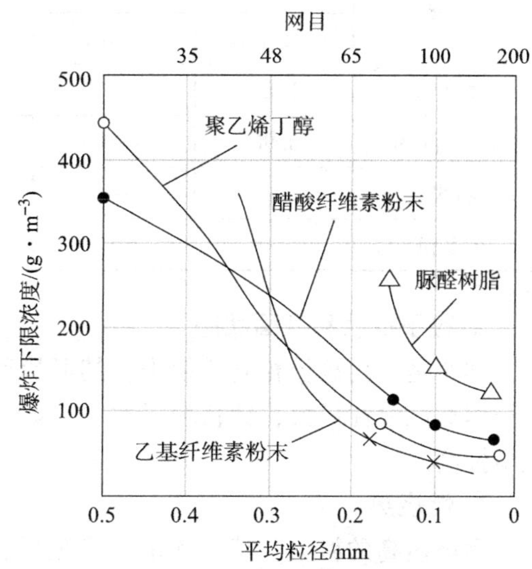

图 7－11　塑料粉尘的平均粒径与爆炸下限浓度的关系

随着粉尘粒度变细，其爆炸性能增大。这是因为：一方面，颗粒表面积及其与氧气的接触面积随粉尘粒径增大而减小，颗粒表面燃烧放热速度随之减慢；另一方面，颗粒与周围气体对流换热速度随粒径增大而减慢，导致粉尘颗粒点火弛豫时间增长。两方面因素综合作用，导致爆炸指数 p_{max} 和 $(dp/dt)_{max}$ 均随粉尘粒径增大而减小。表 7－4 中的数值是不同粒度的铝粉在体积为 43 L 的储藏器中爆炸时的压力。表 7－5 为不同种类粉尘在不同粒径下的爆炸压力。

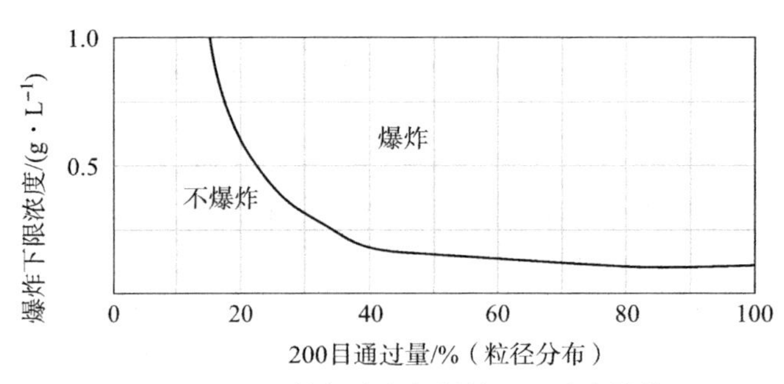

图7－12　不同粒径分布与爆炸下限浓度的关系

表7－4　不同粒度铝粉的爆炸压力

铝粉粒径/μm	浓度/(g·m^{-3})	压力/kPa
0.3	70	1 074
0.6	70	871.4
1.3	70	780.2

表7－5　不同种类粉尘在不同粒径下的爆炸压力

粉尘	压力/(10^5 Pa)					
	22 μm	25 μm	30 μm	40 μm	50 μm	60 μm
木材	1.24	—	1.23	—	1.05	0.69
马铃薯淀粉	0.98	—	0.94	—	0.86	0.74
石炭	—	—	0.84	—	0.70	0.26
小麦粉	—	1.01	—	0.94	—	0.65

2. 粒子形状和表面状态

即使是平均粒径相同的粉尘，其形状和表面状态不同时，爆炸危险性也不一样。扁平状粒子爆炸危险性最大，针状粒子次之，球形粒子最小。粒子表面新鲜，暴露时间短，则爆炸危险性高。

3. 燃烧热

燃烧热高的粉尘，其爆炸浓度下限低，一旦发生爆炸，即呈高温，爆炸威力极大。粉尘爆炸下限浓度与燃烧热的关系如图7－13所示。

4. 挥发分

粉尘含可燃挥发分越多，热分解温度越低，爆炸危险性和爆炸产生的压力越大。一般认为，煤尘可燃挥发分小于10%的，基本上没有爆炸危险性。

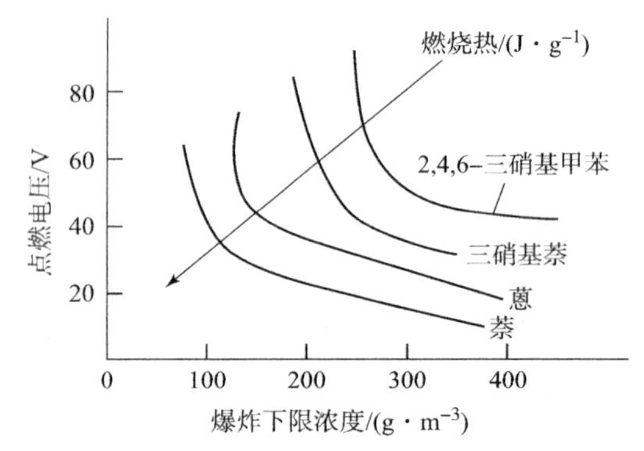

图7－13　粉尘爆炸下限浓度与燃烧热的关系

5. 灰分和水分

粉尘中的灰分（即不燃物质）和水分增加，其爆炸危险性便降低。因为，它们一方面能较多地吸收系统的热量，从而减弱粉尘的爆炸性能；另一方面，灰分和水分会增加粉尘的密度，加快其沉降速度，使悬浮粉尘浓度降低。实验表明，煤尘中含灰分达 30%~40% 时不爆炸。目前煤矿所采用的岩粉棚和布撒岩粉，就是利用灰分能削弱煤尘爆炸这一原理来防止煤尘爆炸的。

6. 燃烧速度

燃烧速度越大的粉尘，最大爆炸压力越大。

7.3.2　外部条件

1. 氧含量

氧含量是粉尘爆炸敏感的因素，随着空气氧含量的增加，最小点燃能降低，爆炸浓度范围扩大，爆炸上限增大。对苯二甲酸粉尘的爆炸范围与空气中氧含量的关系如图 7－14 所示。在纯氧中，粉尘的爆炸下限浓度只有空气中爆炸下限浓度的 1/4~1/3，而能够发生爆炸的最大颗粒尺寸则可增大到空气中相应值的 5 倍，粉尘爆炸下限浓度与粒径及氧含量的关系如图 7－15 所示。

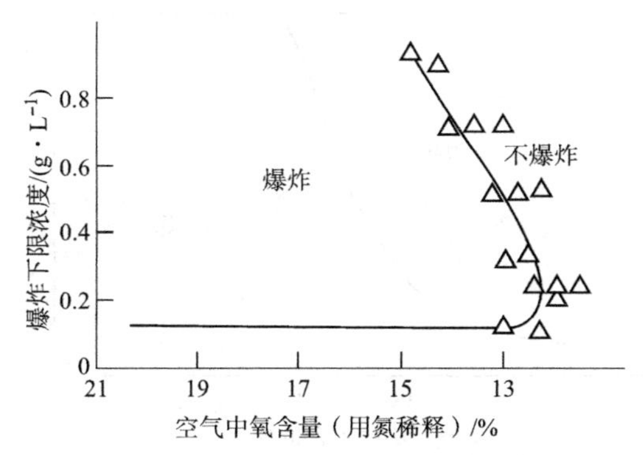

图 7－14　对苯二甲酸粉尘的爆炸范围与空气中氧含量的关系

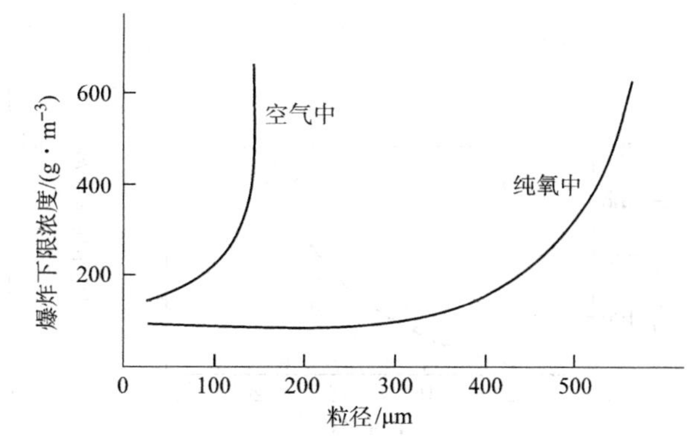

图 7－15　粉尘爆炸下限浓度与粒径及氧含量的关系

氧含量对粉尘爆炸特性参数的影响如图 7－16 所示。粉尘爆炸指数 $p_{\max}$ 和 $(\mathrm{d}p/\mathrm{d}t)_{\max}$ 随氧含量减小而降低。这主要是因为随着氧含量减小，一方面，颗粒之间供氧不足而出现争夺氧气的情况，使已燃颗粒表面燃烧速度减小，导致粒径较大的颗粒不能完全燃烧；另一方面，未燃粉尘颗粒则因升温较慢而变得难以点火，甚至不能着火。

2. 空气湿度

空气湿度增加，粉尘爆炸危险性减小。因为湿度增大，有利于消除粉尘静电和加速粉尘的凝聚沉降。同时，水分的蒸发消耗了体系的热能，稀释了空气中的氧含量，减小了粉尘的燃烧反应速度，使粉尘不易爆炸。图 7－17 表示出了空气中水含量对粉尘爆炸的最小点燃能量的影响。

含尘空气中有水分存在时，爆炸下限浓度提高，甚至失去爆炸性，图 7－18 表示了这种关系。

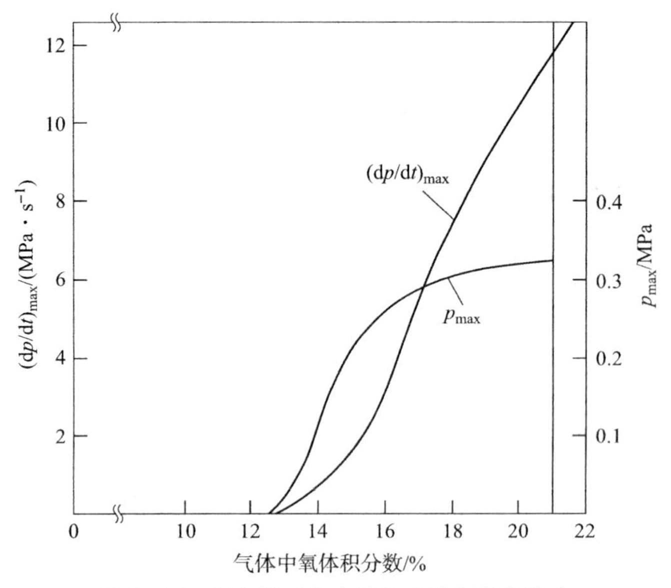

图 7－16　氧含量对粉尘爆炸特性参数的影响

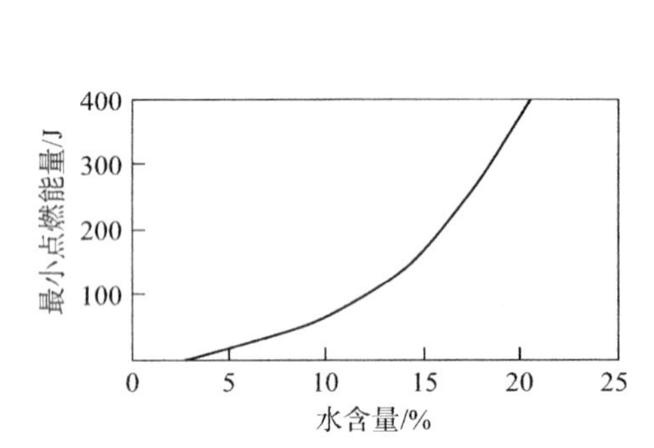

图 7－17　空气中水含量对粉尘爆炸的最小点燃能量的影响

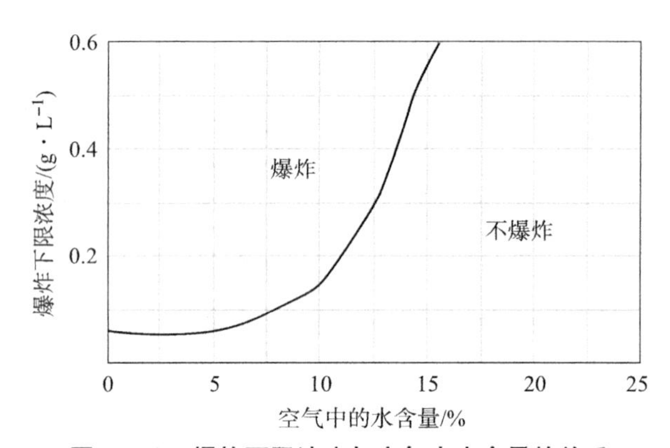

图 7－18　爆炸下限浓度与空气中水含量的关系

3. 可燃气体的含量

当粉尘与可燃气体共存时，粉尘爆炸浓度下限相应下降，并且最小点燃能量也有一定程度的降低。即可燃气的出现，大大增加了粉尘的爆炸危险性。图 7－19 表示出了甲烷含量对煤尘爆炸下限浓度的影响。从图中可见，煤尘的爆炸下限浓度跟随甲烷含量的增加而呈直线下降。当煤尘与甲烷共存时，煤尘的爆炸下限浓度服从如下关系：

$$\text{含甲烷煤尘的爆炸下限浓度} = \text{单纯煤尘的爆炸下限浓度} \times \left(1 - \frac{\text{甲烷体积分数}}{5\%}\right)$$

$$= 68 \times \left(1 - \frac{\varphi(\mathrm{CH_4})}{5\%}\right)\ \mathrm{g/m^3}$$

4. 惰性气体的含量

当可燃粉尘和空气的混合物中混入一定量的惰性气体时，不但会缩小粉尘爆炸的浓度范围，而且会降低粉尘爆炸的压力及升压速度，如图 7－20 所示。这主要是因为惰性气体降低了粉尘环境的氧含量，使粉尘的爆炸性能降低甚至完全丧失。表 7－6 列出了用氮气惰化时，一些可燃粉尘的临界氧含量。

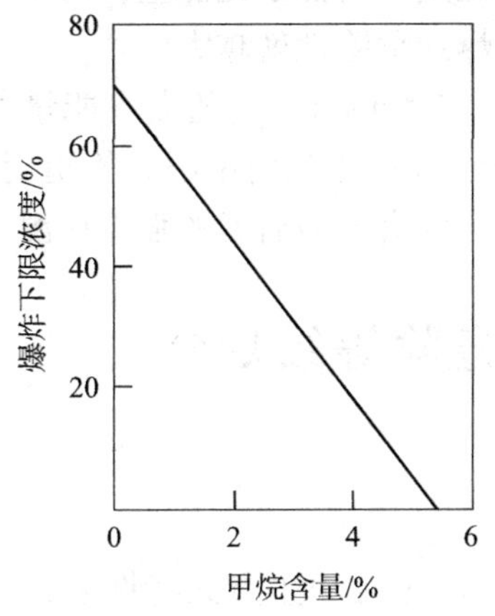

图 7－19　甲烷含量对煤尘爆炸浓度下限的影响

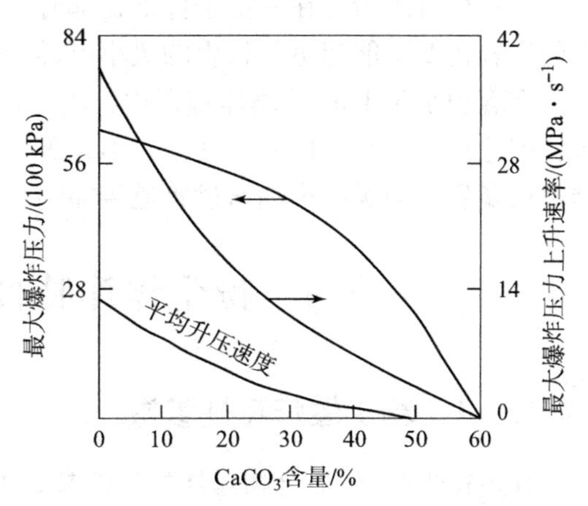

图 7－20　惰性粉尘对可燃粉尘爆炸性能的影响

表 7－6　用氮气惰化时，一些可燃粉尘的临界氧含量（体积分数）　%

粉尘名称	临界氧含量	粉尘名称	临界氧含量	粉尘名称	临界氧含量
煤尘	14.0	有机颜料	12.0	松香粉	10.0
月桂酸镉	14.0	硬脂酸钙	11.8	甲基纤维素	10.0
硬脂酸钡	13.0	木粉	11.0	轻金属粉尘	4～6

5. 温度和压强

当温度升高或压强增大时，粉尘爆炸浓度范围会扩大，所需点燃能量下降，所以危险性增大。褐煤粉尘爆炸特性参数与初始压力关系如图 7－21 所示。

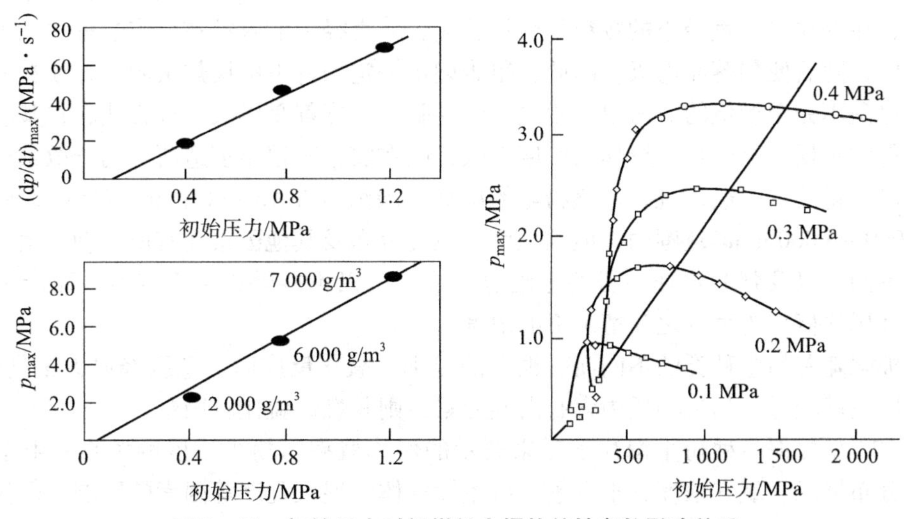

图 7－21　初始压力对褐煤粉尘爆炸特性参数影响关系

6. 点火源强度和最小点燃能量

点火源的温度越高、强度越大，与粉尘混合物接触时间越长，爆炸范围就变得更宽，爆炸危险性也就更大。

每一种可燃粉尘在一定条件下，都有一个最小点燃能量。若低于此能量，粉尘与空气形成的混合物就不能起爆。粉尘的最小点燃能量越小，其爆炸危险性就越大。

在容积小于 1 m^3 的爆炸容器内，粉尘爆炸指数 p_{max} 和（dp/dt）$_{max}$ 随点火能量增加而增大，但这种影响在大尺寸容器中并不显著。当点火源位于包围体几何中心或管道封闭端时，爆炸最猛烈。当爆燃火焰通过管道传播到另一包围体时，则会成为后者的强点火源。

7.4 粉尘爆炸特性参数及危险等级划分

7.4.1 粉尘爆炸特性参数

描述粉尘/空气混合物爆炸的特性参数可分为两组：一组是粉尘点火特性参数，如最低着火温度、最小点火能、爆炸下限、最大允许氧含量、粉尘层比电阻等，这些参数值越小，表明粉尘爆炸越易发生；另一组是粉尘爆炸效应参数，如最大爆炸压力 p_{max}、最大压力上升速度（dp/dt）$_{max}$ 和爆炸指数 K_{max} 等，这些参数越大，表明粉尘爆炸越猛烈。

1. 粉尘浓度

粉尘浓度是指单位体积所含粉尘的量。表示方法有计重和计数两种。我国采用质量浓度，以克/立方米（g/m^3）表示。

2. 爆炸极限

IEC31H《粉尘/空气混合物最低可爆浓度测定方法》规定，粉尘爆炸极限是指在标准测试装置及方法下，粉尘/空气混合物（粉尘云）能发生爆炸的浓度范围，包括爆炸下限和爆炸上限，一般用单位体积粉尘质量来表示（如 g/m^3）。

粉尘爆炸虽然是粉尘在空气中飞散时发生的，可是飞扬于空气中的颗粒由于其本身大小不一、形状不同，其中大的很快就沉降，较小的沉降较慢，都难以在空气中保持稳定的状态。另外，在爆炸时，直径小的颗粒很容易反应，而直径大的颗粒在反应过程中只不过表面被烧灼而已，随后便陨落而熄灭。因此，很难确定一定条件下的爆炸极限。即使在其下限浓度时，它也是不完全燃烧的。所以，粉尘爆炸的临界浓度都是以某一种方法，在某些条件的约束下获得的数据。至于粉尘爆炸的浓度上限，因在实验时很难创造所需的分散条件，所以一般是难以获得的。一般来说，可燃粉尘的爆炸下限浓度在 15 ~ 60 g/m^3 范围内，爆炸上限浓度在 2 000 ~ 6 000 g/m^3 范围内，但因粒度、粒度分布及其他因素而有所变动。由于粉尘的分散方式不同，以及判断爆炸与否的方法也各异，所以不能够得到准确值。而所谓临界浓度，则指其爆炸概率为百分之几情况下的浓度。

爆炸极限随着粉尘种类的不同而有很大的差别。氧化反应时，急剧释放大量气体物质，其极限浓度也就较低。如果物质中含有卤族元素，则其燃烧就比较困难。

图 7 – 22 是根据各种粉尘爆炸下限来表示的爆炸概率与粉尘浓度的关系。由于颗粒大小、粒度分布情况、氧气浓度、水含量、可燃性气体的混入程度等因素的影响，即使是同一物质，其爆炸极限也不会完全一样。

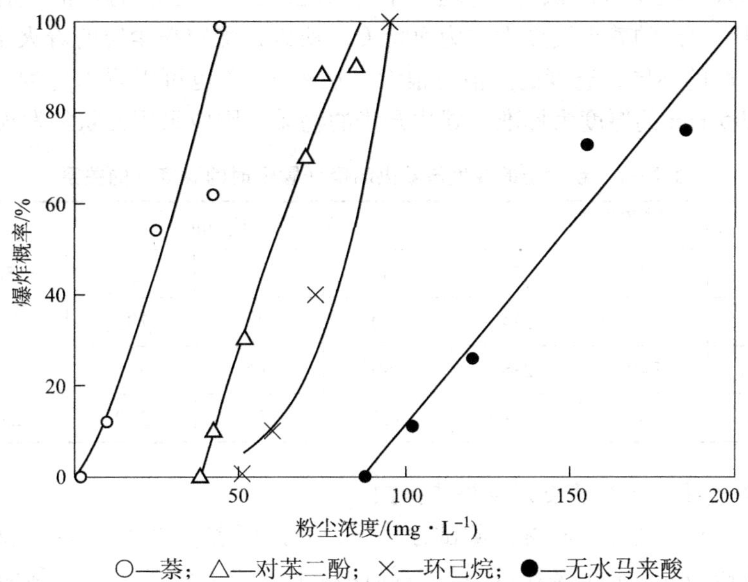

○—萘；△—对苯二酚；×—环己烷；●—无水马来酸

图7-22　爆炸概率与粉尘浓度的关系

3. 最小点火能

IEC31H《粉尘/空气混合物最小点火能测定方法》规定，粉尘云最小点火能（MIE）是粉尘云处于最易着火的条件（粉尘浓度和湍流度）时，使粉尘云着火的点火源能量的最小值。粉尘云最小点火能也称为最小点燃能或最小点燃能量。

大多数粉尘都带有静电，尤其是许多工厂在工艺操作过程中产生了大量粉尘云，这些积蓄的静电一旦放出，便会产生火花。虽然这些火花具有足够引起气体爆炸的能量，但是它们能否引起粉尘着火还不太清楚。虽然可利用火花放电的方法来测定粉尘的着火能量，但因实验条件和测试方法的不同，很难取得绝对准确的数值，因而大多数仅为相对值，虽然也可以用它来对物质的危险性做相对评价，但并不能由此得出它与静电关系方面的结论。

进行粉尘云的最小点火能实验时，由于粉尘云的生成和测试比较困难，因此得到的数据的置信度就成为一个问题。但判断堆积粉尘能否发火还是比较容易的，故常用层状粉尘的测定来代替粉尘云的测定。在采取防电措施时，可以通过粉尘层的最小点火能的测定结果来判断集尘器上的滤布能否发火。

4. 最低着火温度

粉尘最低着火温度（MIT）包括粉尘层最低着火温度（MITL）和粉尘云最低着火温度（MITC）。根据IEC31H《粉尘最低着火温度测定方法：恒温热表面上粉尘层》规定，粉尘层最低着火温度是指特定热表面上一定厚度粉尘层能发生着火的最低热表面温度，而粉尘云最低着火温度则是指粉尘云通过特定加热炉管时，能发生着火的最低炉管内壁温度。粉尘最低着火温度参数是防爆电气设备设计与选型的重要设计依据之一。

云状与层状粉尘的最低着火温度有很大的不同，并且随着测试方法的不同而存在着很大的差异。因此，和最小点火能一样，着火温度也难以得出绝对准确的值，这是我们考虑问题的前提。

着火温度也受到挥发成分的含量、环境氧气浓度等因素的制约。

根据实验结果，通常可以认为，粉尘云的着火温度为粉尘层的两倍左右。如粉尘层在250 ℃发火，则粉尘云的着火温度大约为500 ℃。所以，测定粉尘层的着火温度是很有意义的。但是随着层厚的不同，温度的差值也很大，从表7－7也可以看出这种关系。作为参考的数据，通常以5 mm的厚度为标准。碳化升华的物质，则应采用云状的发火温度。

表7－7　粉尘层的厚度与着火温度（冒烟时的温度）的关系　　℃

粉尘种类	粉尘层厚度/mm						
	3	5	6	10	20	50	500
煤烟 < 70 μm	270	234	230	210	195	171	—
劣质煤 < 70 μm	340	288	280	265	245	—	—
软木粉末	260	—	320	297	280	222	约200

5. 爆炸压力、压力上升速度以及爆炸指数

ISO 6184/1—1985规定，在标准测试方法下，测试可燃粉尘/空气混合物每次实验的爆炸超压称为爆炸压力 p，所测爆炸压力－时间曲线上升段上的最大斜率称为爆炸上升速度（$\mathrm{d}p/\mathrm{d}t$），并定义（$\mathrm{d}p/\mathrm{d}t$）与爆炸容器容积 V 的立方根乘积为爆炸指数 K_s，即

$$K_s = (\mathrm{d}p/\mathrm{d}t) \cdot V^{1/3} \tag{7-3}$$

在可燃性粉尘/空气混合物所有爆炸浓度范围内，所测 p、（$\mathrm{d}p/\mathrm{d}t$）及 K_s 值中最大者分别称为最大爆炸压力 p_{max}、最大爆炸压力上升速度 $(\mathrm{d}p/\mathrm{d}t)_{max}$ 和最大爆炸指数 K_{max}。

为了防止粉尘爆炸灾害，首先要知道其爆炸的激烈程度。与控制气体不同，想要使粉尘浓度控制在爆炸下限以下是较难办到的，加上点火源又无法排除，使周围环境的氧浓度也很难降低到不能助燃的程度，但是根据爆炸的激烈程度而采取相应的对策却是可能的。

基于这个观点，广泛采用的保护性对策是防止爆炸危险性的扩大。如难以避免在装置及管道内产生爆炸时，为了防止灾害扩大，可设计适当的爆炸压力释放装置，对事故进行妥善的处理及管理。所以，掌握爆炸压力上升速度是很有意义的。

爆炸压力及压力上升和其他的特性一样，会受到很多因素的影响，如粉尘的种类、粒度、浓度、点火源的种类、实验容器的大小、送风压力、初压、气流的干扰、氧气浓度、挥发成分以及可燃性气体的浓度、惰性粉尘及灰分的含量等。分别考虑以上因素，确定爆炸的激烈程度是很有必要的。

此外，由于粉尘的燃烧往往是不均一的，因而不可能完全燃烧，其中一部分还会附着在容器壁上，因此，所显示出的最高爆炸压力的浓度要比化学计量的高许多。

图7－23和图7－24分别表示不同性质的粉尘混合后的混合比例与最大爆炸压力及最大爆炸压力上升速度的关系。

从图7－23和图7－24中可知，压力与混合比大致呈线性关系。此外，即使只混入少量的弱爆炸性粉尘，压力上升速度也会急剧下降，当混入惰性粉尘达60%时，完全丧失爆炸性，当混入的惰性粉尘量较小时，虽然爆炸压力不会下降多少，但压力上升速度却急剧下降。如果用氮气来稀释周围空气中氧气的浓度，使氧含量稍有降低，也能对压力上升速度产生很大的影响。特别是在粉尘浓度很大时更是如此。根据压力与时间的关系得知，它使达到最大压力时的时间有所加长而成为缓慢燃烧。所以，在设计泄压装置时，若能利用这一关

系，则能控制住压力上升的速度。

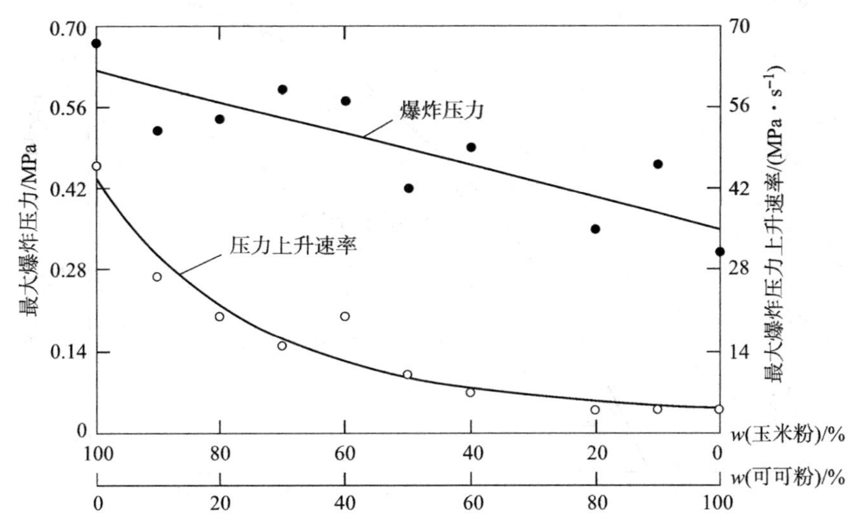

图7-23 可可粉与玉米粉混合粉尘的最大爆炸压力与最大爆炸压力上升速度

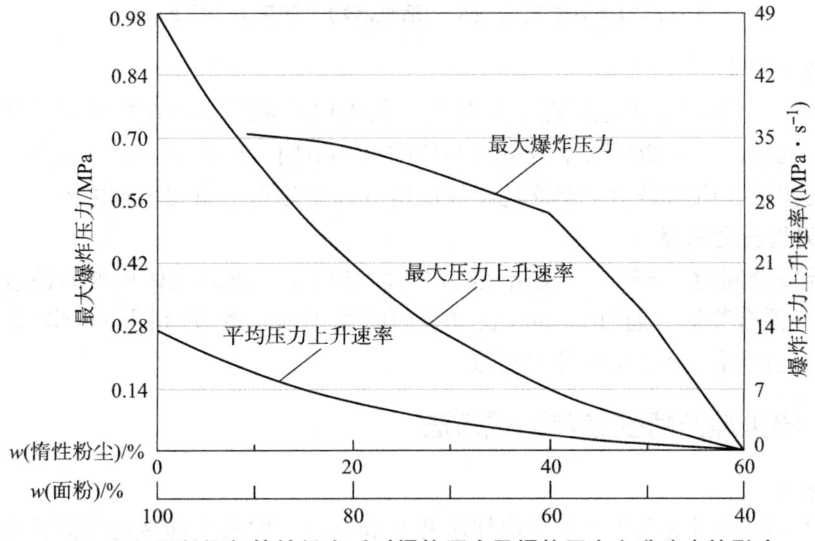

图7-24 面粉添加惰性粉尘后对爆炸压力及爆炸压力上升速度的影响

活性炭粉等物质常被用来吸收有机气体。活性炭本身虽然不会爆炸，但当其吸收的有机气体达到某种程度时，则就有可能引起急剧的爆炸。图7-25表示当活性炭吸附量达到其质量的百分之十几以后便具有爆炸性。

6. 最大允许氧含量

根据IEC31H《粉尘/空气混合物最低可爆浓度测定方法》规定，最大允许氧含量（LOC）是指粉尘/空气混合物不发生爆炸的最低氧气浓度。粉尘爆炸猛度随含氧量减小而下降，当氧气浓度不足以维持粉尘爆炸火焰自行传播时，粉尘爆炸就不会发生。本质而言，最大允许氧含量是粉尘爆炸上限的另一种表述。最大允许氧含量参数是粉尘惰化防爆的重要依据之一。

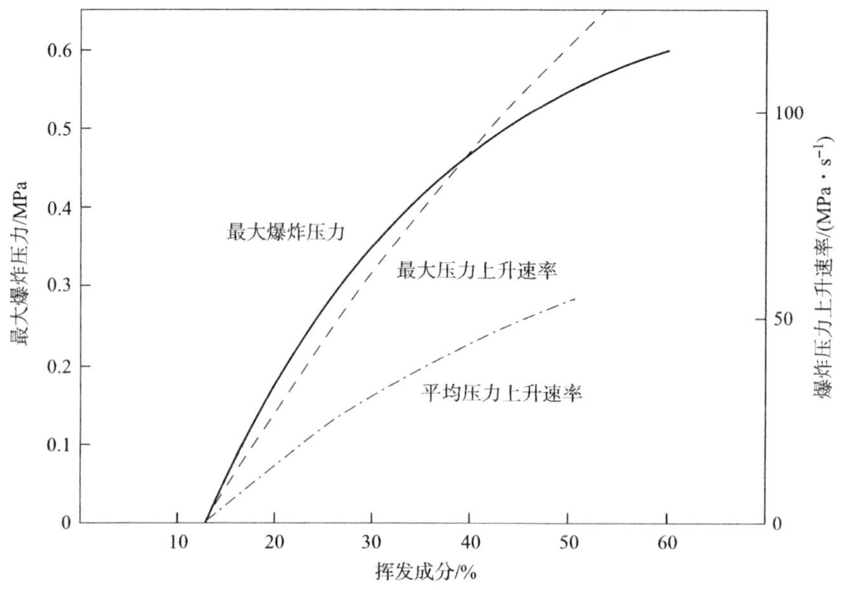

图7-25　挥发成分的含量与最大爆炸压力、平均压力上升速度及爆炸压力上升速度的关系（活性炭粉尘浓度为505 g/m³）

7. 粉尘层比电阻

根据IEC31H《粉尘层比电阻测定》规定，粉尘层比电阻是指在标准测试装置两电极之间与电极接触的单位面积粉尘层单位电极距离的最小电阻，即两电极之间粉尘层单位体积的最小电阻。粉尘层比电阻是粉尘爆炸危险场所电气设备选型的重要依据之一。

8. 最大实验安全间隙

最大实验安全间隙（MESG）是指在特定实验条件下，点燃壳体内所有浓度范围的被试可燃粉尘/空气混合物后，通过25 mm长接合面时均不能点燃壳外同种粉尘/空气混合物时的外壳空腔与壳内两部分之间的最大间隙。

7.4.2　粉尘爆炸特性参数测试方法

1. 粉尘浓度

目前粉尘浓度的测量方法可分为取样法和非取样法。取样法即从待测区域中抽取部分具有代表性的含尘气样并送入随后的分析测量系统进行测量的方法，例如，过滤称重法、β射线法、压电振动法等。这类方法存在劳动强度大、效率低、无法实现在线实时监测等缺陷。非取样法就是利用粉尘的物理、光学等特性直接测量粉尘浓度的方法，例如，光散射法、光透射法、静电法等。

（1）称重法

称重法就是将定量体积内的粉尘通过过滤方法分离并收集起来，称出粉尘的质量，再除以粉尘云的体积，就得到了粉尘的浓度。该方法是粉尘浓度的最常见测量方法，测量的精度较高，是粉尘测量的标准方法，但该方法满足不了自动、连续、无人操作以及数据的自动记录和传输的需要。另外，该方法也无法确定粉尘分散的均匀程度。

（2）β射线法

β射线通过介质层时，由于介质层的吸收作用，其射线强度将会减弱，减弱程度与介质层的质量厚度（单位面积上介质质量）有关，β 射线粉尘测量仪系统由 β 射线探测、粉尘采样、信号处理与单片机系统组成。β 射线由探测仪探测，用滤膜夹将待测滤膜置于放射源与探测仪之间进行测量。该方法可以直接测出粉尘的质量浓度而不受粉尘种类、粒度、分散度、形状、颜色、光泽等因素的影响。

（3）光透射法

光学方法是根据粉尘对光线的吸收作用而设计的，即光线强度通过粉尘区后会明显降低。光透射法所用仪器包括红外发光二极管、被测粉尘云管、光电接收二极管。红外发光二极管发出的光通过透镜会聚成平行光，它通过被测粉尘云后，通过透镜聚焦于光电接收二极管。发光强度和接收到的光强度之差就是粉尘云吸收的光强度，其与粉尘浓度有关。

（4）光散射法

光散射法的原理是光源发射的光束通过含尘气体，光被尘粒散射，在前方用接收器测量散射光的光强，光强与粉尘粒子数成正比。

光透射法和光散射法不适合测量高粉尘浓度烟气。因为在高浓度情况下，光在通过烟气时，光强衰减很快，测量的非线性增加，测量精度很难保证。

2. 爆炸下限

粉尘爆炸下限（LEL）测试装置主要有四种，即 20 L 球形装置、20 L 筒形装置、北欧 15 L 爆炸装置以及哈特曼管装置。在 IEC31H《粉尘/空气混合物最低可爆浓度测定方法》规定中，推荐 20 L 球形爆炸容器为粉尘云爆炸下限标准测试装置，如图 7－26 所示。

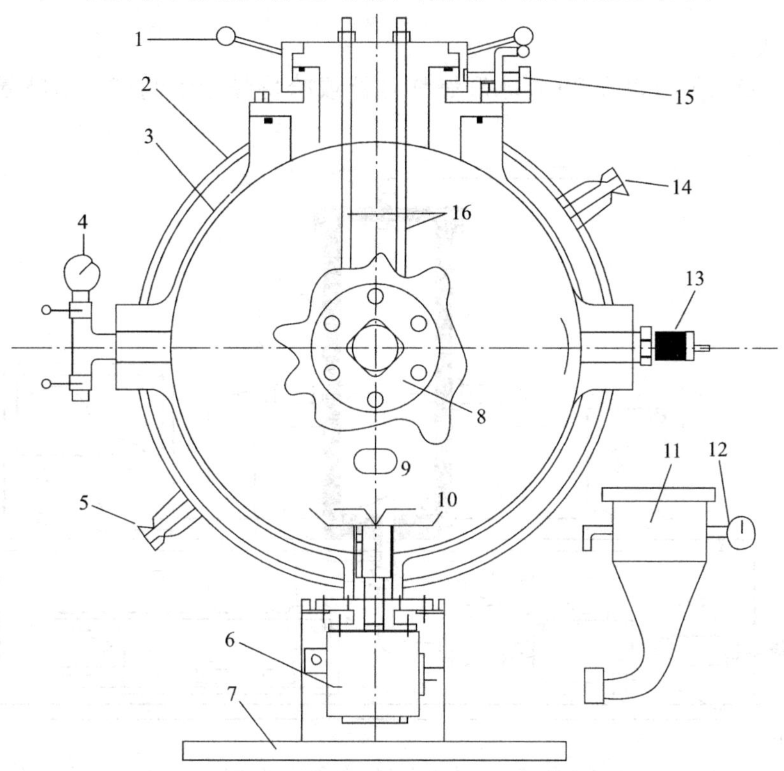

1—操作手柄；2—外壳；3—内壳；4—真空表；5—冷却水进口；6—电磁阀；7—底座；8—视窗；9—进粉口；10—粉尘喷嘴；11—储粉罐；12—压力表；13—压力传感器；14—冷却水出口；15—安全阀；16—电极。

图 7－26　20 L 球形爆炸容器

在实验测试时，先将足够量粉尘试样放入储粉罐内，加压到2.0 MPa，容器内抽真空到0.04 MPa。如果点火后容器内所测压力（包括点火源压力）≥0.15 MPa，则认为粉尘云发生了爆炸。逐渐降低粉尘浓度，重复上述过程，直至找到最低可爆炸浓度。我国常见工业粉尘爆炸特性参数测试数据见表7－8。

表7－8　部分常见工业粉尘爆炸特性参数测试数据

粉尘	中位直径 /μm	MITC /℃	MITL /℃	LEL /(g·m^{-3})	MIE /mJ	p_{max} /MPa	$(dp/dt)_{max}$ /(MPa·s^{-1})
石松子粉	35.5	420	270	20～30	6～10	0.70	12.2
玉米淀粉	15.2	420	540	50～60	25～35	0.82	11.5
米粉（东北）	58.2	420	400	50～60	27～35	0.78	7.3
面粉（东北）	52.7	420	560	70～80	30～60	0.68	8.0
亚麻粉尘	65.3	460	290	60～70	6～9	5.70	8.7
硅钙粉	12.4	560	—	60	2～5	8.40	19.8
铝粉	13.5	—	—	—	2～6	5.90	450.0
烟煤	16.4	600	240	30～40	—	8.00	14.9
褐煤	17.5	600	240	40～50	—	7.50	14.5
无烟煤	13.8	860	340	—	—	—	—

3. 最小点火能

粉尘云最小点火能可以在20 L球形爆炸容器或哈特曼管中测试。哈特曼管示意图如图7－27所示。

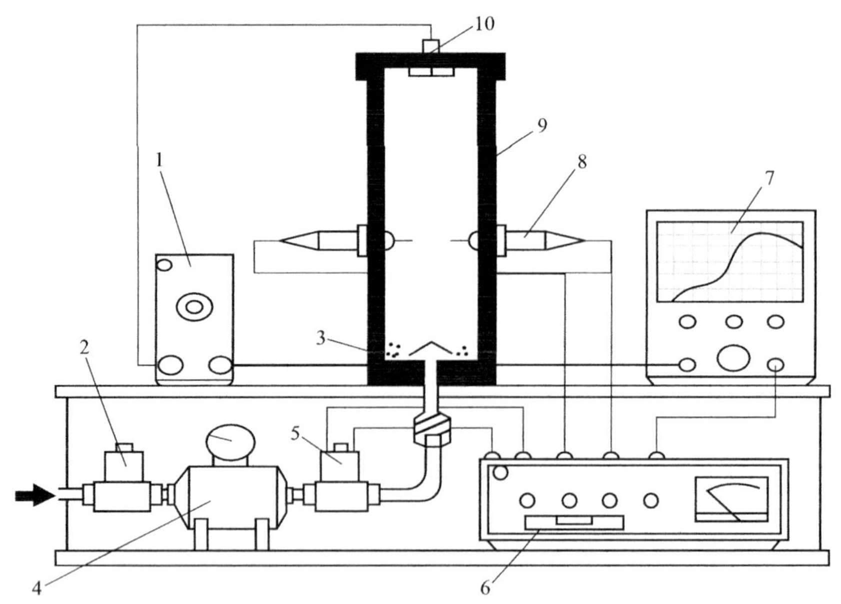

1—电荷放大器；2—进气阀；3—粉尘试样；4—储气罐；5—电磁阀；6—火花发生器；7—压力采集器；8—电极；9—哈特曼管；10—压力传感器。

图7－27　哈特曼管示意图

该装置主要包括爆炸装置和火花放电系统，火花放电系统中的限流电阻和耦合电阻均为 $10^8 \sim 10^9\ \Omega$，电容电压由静电电压表测量。通过改变电容器电压和电容器大小、数量，就可以获得不同能量的高压电火花。

在实验测试前，先设定一个放电火花能量值，调整电压、电容和电极间距，直到出现要求能量的放电火花。然后将被测粉尘用压缩空气喷入爆炸容器内，并用电火花点燃粉尘云，观察容器内粉尘云是否发生着火。

4. 最低着火温度

（1）粉尘层最低着火温度

粉尘层最低着火温度测试装置如图 7－28 所示。

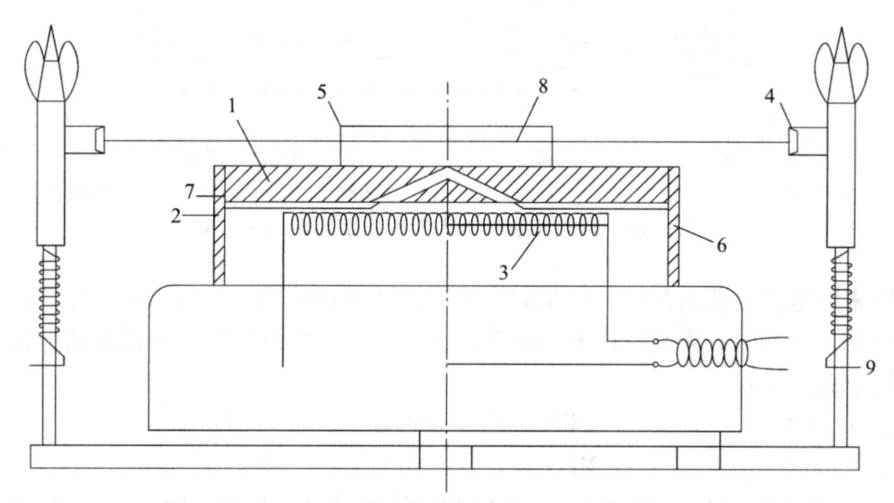

1—热板；2—支撑环；3—加热器；4—热电偶高度调节器；5—盛粉环；6—加热器温控热电偶；7—加热板内记录热电偶；8—粉尘层中测试热电偶；9—弹簧。

图 7－28 粉尘层最低着火温度测试装置（热板）

粉尘层着火之前，要经历一段时间的持续自热过程，使粉尘层温度升高，氧化反应速度加快，在接近最低着火温度过程中，粉尘层着火所经历的“诱导期”要比粉尘云和气体长许多倍。在特定温度热表面上，粉尘层能否着火取决于氧化放热速度和粉尘层向外散热速度之间的热平衡关系。如果放热速度大于散热速度，粉尘层温度就会一直升高，直至着火。

（2）粉尘云最低着火温度

粉尘云最低着火温度常用测试装置有两种：一种是 G－G（Godbert－Greenwald）炉；另一种是 BAM 炉（德国工程师协会推荐）。IEC31H 推荐 G－G 炉为粉尘云最低着火温度标准测试装置，该装置如图 7－29 所示。

G－G 炉的炉管为下口敞开的石英管，管壁上绕有电阻丝，为保证管内恒温，电阻丝绕法是炉管上、下两端较密，中部稀些。炉管上端与粉室相连，粉室依次与止逆阀、储气罐相连。炉管中有两支热电偶，一支用于温度控制，另一支与高温表或者函数记录仪相连用于测温。

实验测试时，先将炉温控制在某一恒定温度，将待测粉尘喷入炉膛，与内壁接触的粉尘首先发生着火。从 G－G 炉炉管敞开口观察，如有火焰喷出，说明炉内发生了粉尘着火，有

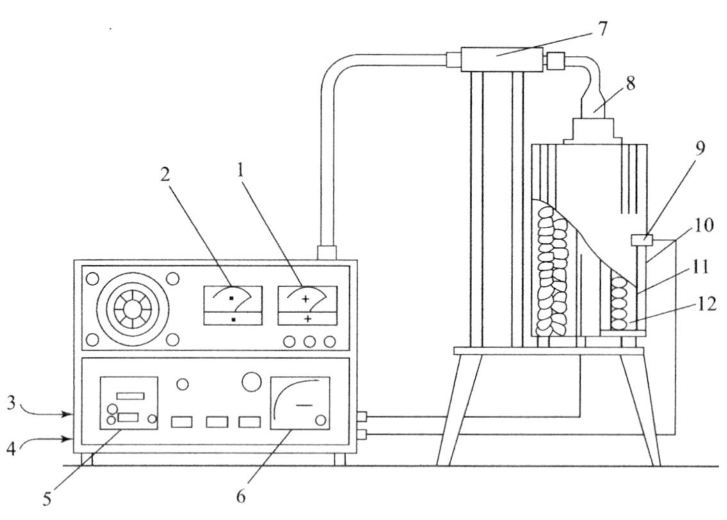

1—温度校正计；2—电压表；3—交流220 V接线；4—压缩空气进口；5—温度调节器；6—压缩空气流量计；7—粉尘样品室；8—玻璃连接器；9—热电偶；10—绝热材料；11—陶瓷衬；12—加热元件。

图7－29　粉尘云最低着火温度测试装置G－G炉

火焰传播出来，这就是着火判据；如果有零星火花从下口喷出，说明无火焰传播，不能视为着火。假设粉尘云发生着火的管内壁最低温度为T_{min}，根据IEC标准测试方法，粉尘云最低着火温度按下式计算：

若$T_{min}>300$ ℃　　　　$MITC=T_{min}-20$ ℃

若$T_{min}\leqslant300$ ℃　　　　$MITC=T_{min}-10$ ℃

BAM炉与G－G炉的主要区别是，BAM炉的炉管呈水平放置，因此，采用BAM炉测试粉尘云最低着火温度时，首先点燃的是粉尘热分解所产生的可燃气体，而不是粉尘云本身，通常，BAM炉中测得粉尘云最低着火温度要比G－G炉中测得值低20 ℃左右。

5. 爆炸压力、压力上升速度以及爆炸指数

粉尘爆炸压力p、压力上升速度（$\mathrm{d}p/\mathrm{d}t$）以及爆炸指数K_s常用测试装置有两种，即20 L球形爆炸装置和1 m^3测试装置，两种爆炸容器中测得的$\mathrm{d}p/\mathrm{d}t$虽不同，但根据式（7－3）确定的爆炸指数K_s却保持一致。

不同于气体爆炸压力、压力上升速度测试方法，粉尘爆炸指数测试不用电火花点火，而是由两个总能量为10 kJ（总质量为2.4 g）的化学点火头点火，化学点火头主要成分及配比为40%锆粉、30%硝酸钡和30%过氧化钡，容器内爆炸超压由壁面压力传感器测得。

一般来说，粉尘爆炸最大超压在0.5～0.9 MPa范围，铝粉等少数金属粉尘爆炸超压可达到1.2 MPa；多数粉尘爆炸指数在10～20 MPa·m/s范围，铝粉等少数粉尘可达110 MPa·m/s。

6. 最大允许氧含量

最大允许氧含量实验测试装置如图7－30所示。

实验测试时，为确定混合气中的氧含量，先将空气和氮气按一定比例在大储气罐中混合，并加压至0.9 MPa。哈特曼管顶部用滤纸覆盖，以允许管内原有空气进入大气，防止外界空气混入管内。通过储气室和导管使3 L混合气缓慢地进入哈特曼管，并使管内气体与预

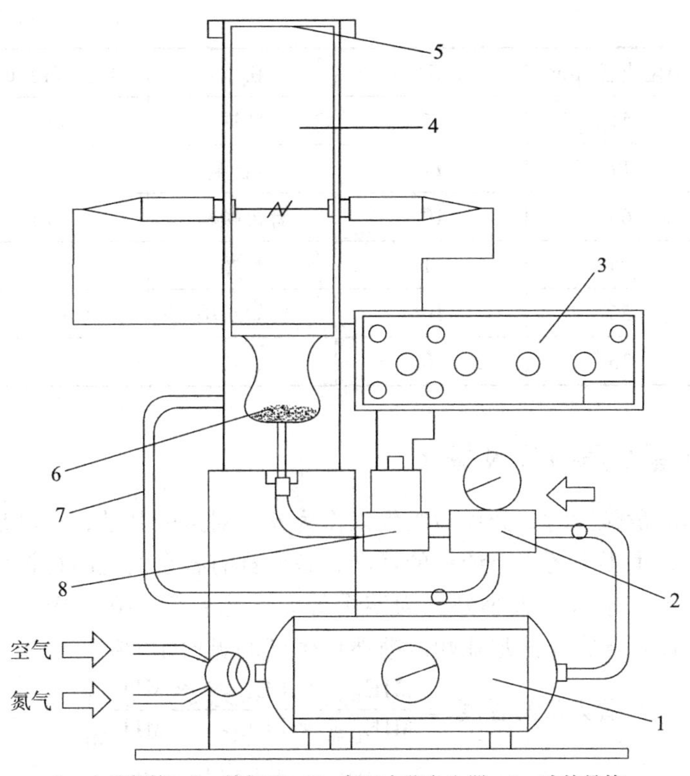

1—大储气罐；2—储气室；3—高压火花发生器；4—哈特曼管；
5—滤纸；6—粉室；7—洗气用导管；8—电磁阀。

图7-30 最大允许氧含量实验测试装置

混气体一致。启动电磁阀，由压缩空气将粉室内的粉尘样品吹入哈特曼管，经一定延迟时间后由点火头点火，观察粉尘云是否发生着火。在每一氧浓度下重复实验20次，并记录发生着火的次数。改变氮气加入比例，并重复上述实验过程，以获得粉尘着火频率与氧浓度关系曲线，则20次实验全不发生着火的氧浓度即为粉尘云的最大允许氧含量。我国部分常见可燃粉尘最大允许氧含量测试数据列于表7-9。

表7-9 部分常见可燃粉尘最大允许氧含量测试数据

粉尘	中位直径/μm	LOC/%	粉尘	中位直径/μm	LOC/%
纤维素	51	11	硬脂酸钡	<63	13
木屑	130	14	硬脂酸钙	<63	12
木材粉	27	10	硬脂酸镉	<63	12
豌豆粉	25	15	月桂酸镉	<63	14
玉米淀粉	17	9	甲基纤维素	29	15
1150黑面粉	29	13	多聚甲醛	27	7
550小麦粉	60	11	二萘酚	<30	9
麦芽饲料	25	11	铝粉	22	5
褐煤	63	12	钙铝合金	22	6

续表

粉尘	中位直径/μm	LOC/%	粉尘	中位直径/μm	LOC/%
褐煤块尘	51	15	硅铁	21	12
烟煤	17	14	镁合金	21	3
树脂	63	10	有机颜料	<10	12
橡胶	95	11	炭黑	16	12
聚丙烯腈	26	10	乙炔炭黑	86	16
聚乙烯	26	10			

7.4.3 粉尘爆炸危险等级划分

研究粉尘爆炸的危险性时划分危险级别以作为安全对策的基础，这已是人们共同关注的课题，但迄今为止，世界上还未有统一的标准，各国都有各自的危险性评价方法。

美国矿山局按爆炸指数的大小划分为四个等级，见表7-10。爆炸指数按下列公式计算，式中的煤尘是以美国宾夕法尼亚州匹兹堡市生产的煤粉作为标准的。

$$着火难易程度 = \frac{\mathrm{MIE}_{煤尘} \times \mathrm{LEL}_{煤尘} \times \mathrm{MIT}_{煤尘}}{\mathrm{MIE}_{试样} \times \mathrm{LEL}_{试样} \times \mathrm{MIT}_{试样}} \tag{7-4}$$

$$爆炸强度 = \frac{p_{\max,试样} \times (\mathrm{d}p/\mathrm{d}t)_{\max,试样}}{p_{\max,煤尘} \times (\mathrm{d}p/\mathrm{d}t)_{\max,煤尘}} \tag{7-5}$$

表7-10 爆炸等级划分

爆炸等级	着火难易程度	爆炸强度	爆炸指数
弱爆炸	<0.2	<0.5	<0.1
中等爆炸	0.2~1.0	0.5~1.0	0.1~1.0
强爆炸	1.0~5.0	1.0~2.0	1.0~10
非常强爆炸	>5.0	>2.0	>10

德国根据在标准爆炸性实验中测出的 K_{max} 值，划分了粉尘爆炸的危害等级，见表7-11。

表7-11 粉尘爆炸的危害等级

危害等级	$K_{max}/(10^5\,\mathrm{Pa\cdot m\cdot s^{-1}})$
S_{t1}	$K<200$
S_{t2}	$200\leqslant K<300$
S_{t3}	$K\geqslant 300$

此外，美国道化学公司及英国、苏联等均有不同的危险度划分方法。道化学公司按粉尘的最大爆炸压力及粒径大小等划分为5个级别；苏联划分为4个等级；英国划分为3个危险级别。

苏联根据粉尘爆炸性及火灾危险分成表7-12所列的4个等级。

表7-12　粉尘爆炸性及火灾危险分类

粉尘类型	爆炸下限浓度 /$(g \cdot m^{-3})$	自燃温度/℃	粉尘举例
Ⅰ. 爆炸危险性最大的粉尘	15		砂糖、泥煤及松香等
Ⅱ. 有爆炸危险的粉尘	16~65		铝粉、亚麻、页岩、面粉、淀粉等
Ⅲ. 火灾危险最大的粉尘	>65	<250	烟草粉等
Ⅳ. 有火灾危险的粉尘	>65	>250	锯末等

7.5　粉尘爆炸危险性评价

7.5.1　概述

可燃性粉体不像火炸药，本身并没有爆炸性，但当它悬浮分散在空气中时，有时会发生爆炸。通常把这种爆炸叫作粉尘爆炸。粉尘爆炸带来的灾害最初发生在煤矿上，在矿井里悬浮的煤粉着火引起粉尘爆炸。通常把这种爆炸称为煤尘爆炸。由于这种爆炸发生在四周封闭的矿井内，所以往往会造成很大的灾害。为此，人们很早就开始了对粉尘爆炸及其预防手段的研究，并取得了很大的进展。人们发现，即使在一般的工厂，也会遇到大量的可燃粉尘，在处理这些粉尘的时候，有时会发生粉尘爆炸，造成灾害。于是人们就开始了预防粉尘爆炸的研究，并制定出安全规则和指南。

现在工业上经常要大量处理种类繁多的粉体，所以评价粉尘爆炸危险性的方法就成了一个重要的研究课题。与气体爆炸相比，影响粉尘爆炸危险性的因素很多，必须从多方面来加以研究。

一般在评价爆炸灾害危险性时，首先要确定有没有爆炸的可能性。如有可能爆炸，就要进行爆炸感度与爆炸威力的评价实验。

7.5.2　粉尘爆炸可能性评价

所谓有爆炸的可能性，就是说有爆炸性物质存在。在粉尘爆炸的情况下，可燃性粉体处于悬浮（在空气一类的助燃性气体中）状态。但是，可燃性粉体悬浮在助燃性气体中未必就有爆炸的可能性，例如，浓度太大或太小的粉尘都不能成为爆炸性物质。通常把能够引起爆炸的浓度范围称为爆炸极限。其中，能发生爆炸的最高浓度称为爆炸上限，最低浓度称为爆炸下限。爆炸极限是评价粉尘爆炸危险性的重要因素之一。

要想测定粉尘的爆炸极限，首先要使粉尘悬浮在空气中形成粉尘云，其方法有多种，但使用最广的主要有两种：一种是靠空气将粉尘吹起；另一种是让粉体自然落下。这两种方法都是在粉尘处于分散状态时用电火花点火，并观察粉尘云是否着火及着火后火焰的传播情况。改变粉尘的浓度，反复进行实验，就能求得火焰能够传播的最低浓度，把它作为爆炸下限。

靠空气从下面将粉尘吹起从而形成粉尘云的方式称为吹上式。其代表性的方法是由美国矿山研究局研制的哈特曼法，装置如图 7－31 所示。这种方法已由 ASTM（美国材料实验协会）规范化，是一种现在世界各国使用最广泛的方法。美国矿山局使用这种装置测定了许多种粉体的爆炸下限，并已公开发表。这种方法已作为标准实验法得到使用。

让粉体在空气中自然落下从而形成粉尘云的方式称为自然落下式。这是一种用筛子等使粉体分散产生粉尘云的方法。图 7－32 所示的装置就是自然落下式爆炸极限测定装置的一种。这种装置是将实验粉体放入爆炸筒上面的筛子中，靠在最上面的锤子击打而使粉体落下，从而形成粉尘云。

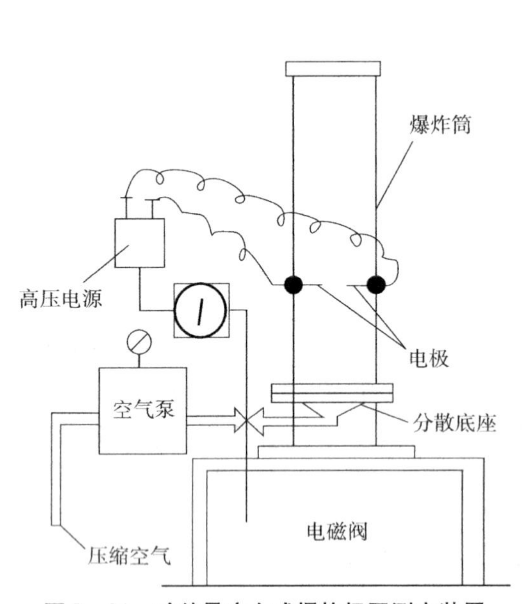

图 7－31　哈特曼吹上式爆炸极限测定装置

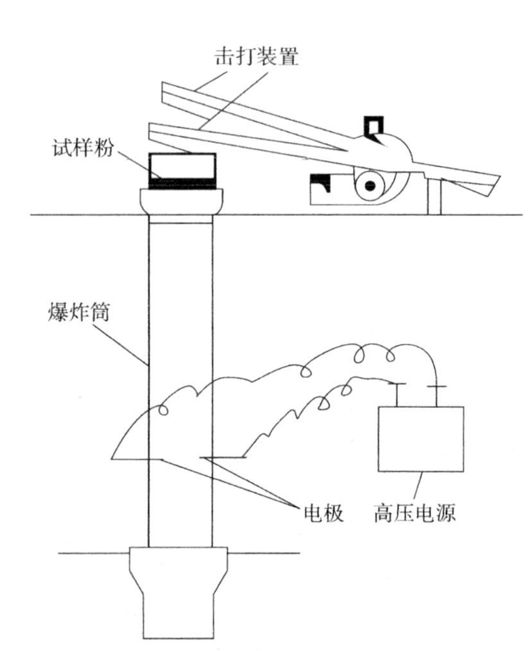

图 7－32　自然落下式爆炸极限测定装置

粉尘的爆炸极限因粉体的粒径、水含量、测定装置特性等不同而会相差很大。表 7－13 列出了由哈特曼吹上式装置和自然落下式装置测得的粉尘爆炸下限。比较后可发现它们的差别：尽管试样完全一样，但由吹上式装置测得的数据要大得多。这是由装置特性的不同产生的，但主要原因是粉尘云的流动速度不同，由于吹上式能够将粉尘强有力地吹起，所以粉尘云在流经点火源电火花部分时极快，与粉尘云缓慢地流经点火源的自然落下式相比不易着火，从而产生了表 7－13 中所列的差别。

表 7－13　不同装置测得的粉尘爆炸下限实验数据

试样	爆炸下限/($g \cdot m^{-3}$)	
	吹上式	自然落下式
镁粉	140	20
铝粉	220	31
锌粉	590	74

7.5.3　粉尘爆炸感度评价

爆炸感度可以用爆炸性物质起爆所必需的能量的大小来评价。所谓起爆，从表面现象来看，就是爆炸性物质着火引起爆炸，而从化学反应的角度来看，是平衡状态被破坏导致反应失控。对粉尘云来说，即使没有发生爆炸，在粉体表面也有氧化反应发生，并有热量放出，但它能通过热传导被散发出去。在这种情况下，反应速度很小，放热和散热处于平衡状态，基本上看不到温度上升，不会发生爆炸。但如果通过电火花或加热源有能量供给，物质被活化，放热反应速度加快。当放热速度太快导致热平衡被破坏时，温度会急剧上升，引起粉尘爆炸。可见放热与散热的平衡是决定可燃性粉尘云爆炸的关键因素。决定放热速度的主要因素是反应速度与反应热，其中，当反应条件给定后，反应热即可确定，而反应速度的大小是由物质的活化程度决定的，它与物质本身的活化难易程度、温度、点火源使物质活化的效率等因素有关。散热速度因粉尘云的热传导率等传热特性及粉尘云所占据的容器的构造、大小、材料、温度等边界条件而异。总之，起爆粉尘云所必需的能量大小除由粉尘云本身的特性决定外，还与许多条件有关。

目前要从理论上求得粉尘云着火的难易程度还是很困难的，因此必须通过实验来测定。然而，如上所述，因影响因素很多，所以应该在和实际情况相同的条件下测定，但这又几乎是不可能的，为此，通常使用由标准的测定方法得到的数据来评价着火的难易程度。一般用最小点火能和着火温度作为评价着火难易程度的参数。

7.5.4　粉尘爆炸威力评价

如果能够防止粉尘云的形成或者使点火源不存在，那么就可以防止粉尘爆炸。但有时由于某些原因使防爆措施没有充分发挥作用，结果造成爆炸事故。所以，在大量处理可燃粉尘的时候，除了采用防爆措施外，还要考虑即使发生了爆炸也不至于给设备和人员带来损伤的装置、结构和工厂的布置。为此，对于粉尘爆炸的威力，必须做出正确的评价。

一般使用最大爆炸压力与最大升压速度来评价粉尘爆炸的威力。在耐压容器（即使发生了爆炸，也不会被破坏）与卸压孔的设计中，它们是不可缺少的重要参数。测试时必须考虑到容器的大小和形状的影响，例如，最大升压速度就与容器体积的立方根成正比关系。

最后需指出的是，各种爆炸物性质除了受粉体本身的条件影响外，还在很大程度上受测定装置的大小和结构、点火条件等装置方面条件的影响。不管是文献上报道的测定值还是自己做实验测到的值，都是在特定条件下得到的，这一点一定要注意。在实际设计中，要用这些数据的时候，一定要看到测定条件与实际情况的差别。

7.5.5　粉尘处理工程危险性评价

关于粉尘本身发火与爆炸的危险性，虽然各国都进行了各种研究和实验，但像表 7 - 14 所列的那样，对建筑物和设备等进行危险性评价的例子还是不多的。表中所列的是以实验室条件下所得数据为基础，考虑到粉尘处理条件及设备规格等因素的各种危险程度参数，用加权数求和的方法进行评价，并且采取的是和评价的内容相对应的对策，最后将其汇总于一个表中。

表7－14　危险性评价表

<table>
<tr><td colspan="2">工厂</td><td>科室</td><td>工程</td><td>编制人</td><td colspan="6"></td></tr>
<tr><td colspan="2" rowspan="2">评价要素</td><td rowspan="2">单位</td><td colspan="4">评价点</td><td rowspan="2">加权值</td><td rowspan="2">评价点</td><td rowspan="2">合计点</td></tr>
<tr><td>（1）</td><td>（2）</td><td>（3）</td><td>（4）</td></tr>
<tr><td rowspan="7">物理性质</td><td>最小发火能</td><td>mJ</td><td>>10</td><td>10~1</td><td>1~0.1</td><td><0.1</td><td>3</td><td></td><td></td></tr>
<tr><td>发火温度</td><td>℃</td><td>>450</td><td>450~200</td><td>200~100</td><td><100</td><td>2</td><td></td><td></td></tr>
<tr><td>着火点</td><td>℃</td><td>>70</td><td>70~20</td><td>2~0</td><td><0</td><td>6</td><td></td><td></td></tr>
<tr><td>固有阻抗</td><td>Ω·cm</td><td>$>10^{9}$</td><td>$>10^{10}$</td><td>10^{11}</td><td>$>10^{12}$</td><td>3</td><td></td><td></td></tr>
<tr><td>爆炸极限比</td><td>$\frac{\text{爆炸上限}-\text{爆炸下限}}{\text{爆炸下限}}$</td><td><1</td><td>1~10</td><td>10~20</td><td>>20</td><td>4</td><td></td><td></td></tr>
<tr><td>粒度范围</td><td>μm</td><td>150~170</td><td>100~150</td><td>75~100</td><td><75</td><td>3</td><td></td><td></td></tr>
<tr><td>危险物定性常数 K_{sf}</td><td>$MPa\cdot m\cdot s^{-1}$</td><td>0</td><td>≤20</td><td>20.1~30</td><td>>30</td><td>5</td><td></td><td></td></tr>
<tr><td rowspan="4">使用条件</td><td>使用温度</td><td>相对于着火点</td><td>经常在以下</td><td>少数超过</td><td>经常超过</td><td>时常在以上</td><td>5</td><td></td><td></td></tr>
<tr><td>使用压力</td><td>kPa</td><td><100</td><td>100~200</td><td>200~1 000</td><td>>1 000</td><td>2</td><td></td><td></td></tr>
<tr><td>使用量</td><td>为规定数量的某倍</td><td>>1/5</td><td>1/5~10</td><td>10~100</td><td>>100</td><td>3</td><td></td><td></td></tr>
<tr><td>换气条件</td><td>建筑结构及每小时换气数</td><td>屋外>40</td><td>窗户多的建筑物40~20</td><td>窗户少的建筑物20~6</td><td>密闭<5</td><td>5</td><td></td><td></td></tr>
<tr><td rowspan="4">设备类型</td><td>设备腐蚀程度</td><td>使用年限及耐腐蚀性等</td><td></td><td>一般</td><td></td><td>严重</td><td>2</td><td></td><td></td></tr>
<tr><td>设备独立程度</td><td>通风管道等共用程度</td><td></td><td>一台共用</td><td></td><td>多系列共用</td><td>2</td><td></td><td></td></tr>
<tr><td>密闭或敞开</td><td></td><td>密闭</td><td>经常敞开</td><td>定期敞开</td><td>敞开</td><td>4</td><td></td><td></td></tr>
<tr><td>泄漏难易</td><td></td><td>非动力机械</td><td>回转体</td><td>往复回转体</td><td>复杂运动</td><td>3</td><td></td><td></td></tr>
<tr><td colspan="6"></td><td>合计</td><td></td><td></td><td></td></tr>
</table>

表7－14中，随着合计点的不同而采取与之相应的安全措施和设备。表中只计算有数据的点值，数据不明的不计算，计算过程是将各个项目的评价点值乘加权值，然后累计起来得到最终结果。

练　习　题

1. 当前多发的粉尘爆炸事故有哪些特点？简要分析其原因。
2. 可燃粉尘爆炸具有哪些特征？指出其与气体爆炸的区别。
3. 影响可燃粉尘爆炸的因素有哪些？其影响规律分别是什么？
4. 简述可燃粉尘着火的机理。
5. 简述可燃粉尘爆炸危险性评价的过程。
6. 可燃粉尘爆炸的条件有哪些？
7. 了解可燃粉尘特性参数测试方法。

第 8 章

爆炸性物质的爆炸

典型案例：山东保利民爆济南科技有限公司“5.20”特别重大爆炸事故

2013 年 5 月 18 日，502 工房分为甲（事故发生时当班）、乙两班生产。其中，甲班上中班（15:30—24:00），共生产 15 箱（360 根）带双雷管座起爆件（含太安药量 11 g）震源药柱、372 箱不带起爆件震源药柱和 229 箱大直径乳化炸药，并产生了带起爆件震源药柱废药（乳化炸药），存放于 502 工房当班储物室内。5 月 19 日，该生产线停产 1 天。5 月 20 日，甲班上早班（6:00—15:30）。5:30，配料工开始配料；6:10，班前准备完毕且相关设备正常后，开启 1、2 号装药机，开始生产直径 60 mm 的不带起爆件震源药柱；8:00，开启 4 号装药机，同时生产直径 70 mm 的 2 号岩石乳化炸药。随后，陆续有技术员、检验员等 6 名相关人员进入车间内工作。9:43—9:46，甲班组长和加料员一起先后从储物间抬了三包废药（经调查核实为该班 5 月 18 日的剩余废药）放在敏化机的西侧；9:52—10:47，加料员分 7 次向敏化工序的搅拌机内加入 36 铲废药；10:51，该工房突然发生爆炸。爆炸时 502 工房总药量为 3.7 t，参与爆炸药量约 2.4 t，折算成 TNT 炸药当量约 1.8 t。爆炸造成 502 工房生产线及设备粉碎性破坏，建筑物大部分整体坍塌，周围建筑物破坏范围约为 265 m。事故共造成 33 人死亡。

直接原因：震源药柱废药在回收复用过程中混入了起爆件中的太安，提高了危险感度。太安在 4 号装药机内受到强力摩擦、挤压、撞击，瞬间发生爆炸，引爆了 4 号装药机内乳化炸药，从而殉爆了 502 工房内其他部位炸药。

间接原因：保利民爆济南科技有限公司法制和安全意识极其淡薄，安全管理混乱且长期违法违规组织生产。违规改变生产工艺；违法增加生产品种、超员超量生产；违规进行设备维修和基建施工；弄虚作假规避监管。在有关部门验收考核和到现场检查时弄虚作假，撤人撤设备，形成合法生产假象，验收检查后继续违规生产。

8.1 爆炸性物质爆炸概述

在受到加热、摩擦、撞击、冲击波等外界能量作用时，能够在极短的时间内发生剧烈的放热化学反应，同时伴随着大量气体产物生成的固体或凝聚状态的液体化合物，都是爆炸性物质。

在工业生产尤其是国防工业生产中，由爆炸性物质引起的爆炸事故是屡见不鲜的，而且这类物质所带来的事故灾害往往也是很惨重的。

8.2　爆炸性物质爆炸机理

下面就以爆炸性物质的典型代表——炸药为例，简单分析其爆炸机理。

8.2.1　均质炸药爆炸机理

均质炸药是指物理性质和力学性质在各处都可以假定一致的炸药。例如，不含气泡、杂质的液态炸药及单晶均匀的炸药。如硝基甲烷、液态硝化甘油、PETN 单晶等。

均质炸药爆炸机理理论认为，当冲击波进入均质炸药后，在初始波阵面后面，炸药首先是受冲击整体加热，然后出现化学反应。在最先受冲击的地方，炸药将在极短的时间内完成反应，产生超速爆轰。这种超速冲击波赶上初始入射冲击波以后，在未受冲击的炸药内发展成为稳定爆轰。均质炸药的冲击波起爆特性如图 8 - 1 所示。

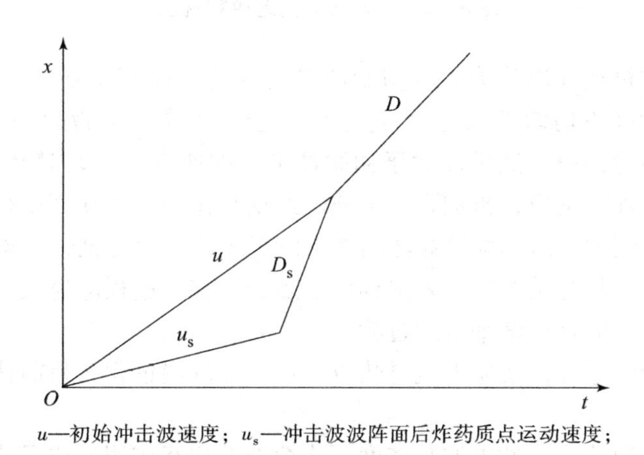

u—初始冲击波速度；u_s—冲击波波阵面后炸药质点运动速度；

D_s—超速爆轰波速度；D—稳定爆轰速度。

图 8 - 1　均质炸药的冲击波起爆特性

在图 8 - 1 中，当初始冲击波进入均质炸药时，先以常速 u（或稍有衰减）前进，同时界面以质点速度 u_s（低于冲击波速度）前进，在界面上的炸药经过一定的延滞期之后，开始爆炸反应，并在均质炸药中产生爆轰波。由于此爆轰波既是在已经受到初始冲击波压缩的炸药（密度增大）中进行的，又是在运动着的界面上进行的，因此，其爆速比原密度炸药的稳定爆速要大，所以是以超速爆轰波速度 D_s 前进的。该爆轰波经过一段时间后，赶上初始冲击波，两波重叠并出现过激爆速（约比稳定爆速高 10%），然后很快地降到炸药的稳定爆速 D。

8.2.2　非均质炸药冲击起爆机理

所谓非均质炸药，是指在浇铸、压装、结晶过程中所引起的密度不连续性（例如，气泡、空穴、杂质）炸药或是人为掺入一些杂质所引起的密度不连续性炸药。通常使用的传爆药和主装药均属于非均质炸药。

非均质炸药的爆炸过程比较复杂，目前比较公认的是“热点”理论。非均质炸药的起爆特性如图 8 - 2 所示。

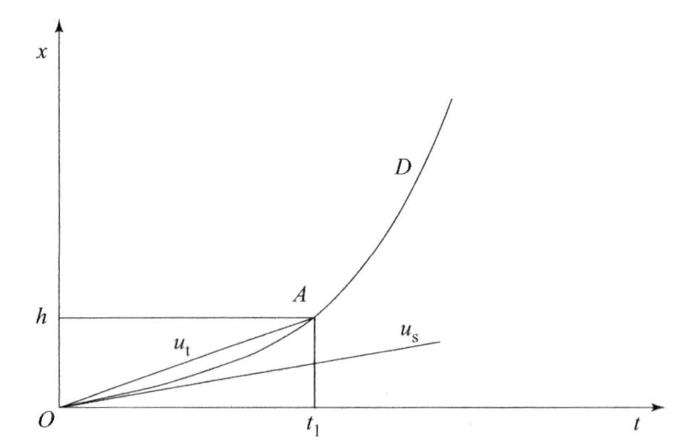

t_1—起爆时间；u_s—初始冲击波速度；D—稳定爆轰速度；h—起爆深度；
u_t—起爆前冲击波平均速度；A—稳定爆轰开始。

图 8－2　非均质炸药起爆特性图

非均质炸药爆炸机理理论认为，当初始冲击波以初始速度 u_s 进入非均相炸药后，由于炸药密度的不连续性（不均匀性），造成冲击波交会，在炸药中激起局部热点的化学反应。这些反应加强了初始冲击波，然后以大于初始冲击波的速度（平均速度为 u_t）在炸药中行进，同时激起更多的炸药反应，再加强冲击波。经反复作用，在炸药中行进的冲击波不断加速，最后达到稳定爆轰 D。由非均质炸药的冲击波起爆特性图可见，非均质炸药的冲击起爆过程与均质炸药不同，从初始冲击波入射到稳定爆轰，整个过程爆速没有明显突跃，同时也不出现超压爆轰现象，而是逐渐平滑地过渡。

非均质炸药的爆炸过程，实质上就是热点的形成和发展过程，目前认为可分为以下几个阶段：

①热点形成。多数认为，冲击波与密度不连续处的相互作用形成了热点。

②以热点为中心向周围发展，往往是以高速燃烧的形式向外传播。此现象已被研究者用实验证实。

③低速爆轰阶段。

④高速爆轰阶段。

8.3　爆炸性物质的种类

爆炸性物质的分类方法有多种。从爆炸物管理方面，可分为：

（1）起爆器材和起爆药

如雷管、雷汞 $Hg(ONC)_2$、叠氮化铅 $Pb(N_3)_2$等。

（2）硝基芳香类炸药

如三硝基甲苯 $CH_3C_6H_2(NO_2)_3$，即 TNT 等。

（3）硝酸酯类炸药

如季戊四醇硝酸酯 $C(CH_2ONO_2)_4$，即 PETN 等。

（4）硝化甘油类混合炸药

（5）硝酸铵类混合炸药

（6）氯酸类混合炸药和高氯酸盐类混合炸药

（7）液氧炸药

（8）黑色炸药

按其物理状态，可分为固体爆炸物质（如黑火药等）、胶质炸药（如胶质硝化甘油炸药）以及液体炸药（如液氧炸药等）。

爆炸性物质一般都具有特殊的不稳定结构和爆炸性的功能基，因此，只要确知物质名称和化学结构，就可识别其爆炸性。下面根据物质的化学结构，给出爆炸性物质的种类。

1. N—O 结合物

如硝酸酯（$—ONO_2$）类化合物、硝基（$—NO_2$）化合物、亚硝基（—NO）化合物等。

2. N—N 结合物

如重氮基盐、金属叠氮化合物、叠氮氢酸以及联氨衍生物等。

3. N—X 结合物

如卤机氮、硫化氮等。

4. N—C 结合物

如氰化物等。

5. O—O 结合物

如有机过氧化物、臭氧化物等。

6. 氯酸类或高氯酸盐类化合物

如氯酸酯、高氯酸酯、重金属高氯酸盐、氨基高氯酸等。

7. 乙炔及乙炔重金属盐

在爆炸性物质中，有的是能够在工业中利用其爆炸性能的有实用价值的物质，也有因过分灵敏而无法利用的无实用价值的物质。在军事上和民用爆破作业中所应用的炸药是各类爆炸性物质的典型代表。

8.4 炸药的有关知识

8.4.1 炸药的分类

广义地讲，凡能进行化学爆炸的物质都称为炸药。但现在所指的炸药主要是军事工业、民用爆破业中使用的炸药。

按照炸药组分，可将炸药分为单质炸药和混合炸药。

单质炸药是由一种化合物组成的均一系统。混合炸药是由两种或两种以上化学性能不同的组分组成的系统。

按照应用特征，炸药分为起爆药、猛炸药、火药、烟火剂四大类。

1. 起爆药

起爆药是一种对外界作用十分敏感的炸药。它的主要特点是：感度高，即在较小的外界作用（如机械作用或热作用）下就能发生爆炸变化；爆轰成长期短，即爆轰成长到最大爆速的时间短。因此，它可用来制造各种起爆器材、点火器材，如火帽、雷管等。目前常用的起爆药有雷汞、叠氮化铅、三硝基间苯二酚铅、二硝基重氮酚和四氮烯等。

2. 猛炸药

猛炸药与起爆药相比，对外界作用感度较低，不易爆炸，但是猛炸药一旦引爆，威力很大，其稳定爆速比起爆药大很多。猛炸药常用作各种武器弹药的战斗部装药，用起爆药的爆炸作用来激发其爆炸。目前，火工品常用的猛炸药是黑索金系列（如 AIX－1、CH－6、A－5 等）和奥克托今系列（如 PBXN－5）。弹丸主装药经常用 TNT 或以 TNT 与 RDX 为主体的各种 B 炸药。工程爆破常用硝铵炸药、浆状炸药、铵油炸药及乳状油炸药等。

3. 火药

火药也称发射药或推进剂。当给予适当的外界激发能量时，它能在没有外界助燃剂（如氧气）的参与下，迅速而有规律地燃烧，生成大量高温高压气体并对弹丸做抛射功。火药主要用于发射枪弹和炮弹，还可用作火箭的推进剂，有时也可用作点火药和延期药（如黑火药）。常用的火药有硝化棉、硝化甘油及黑火药等。

4. 烟火剂

烟火剂通常是一种机械混合物，其主要成分为氧化剂和可燃剂，此外，还添加黏结剂及产生各种特殊效应的附加剂。大多数烟火剂在本质上属于炸药，它在一定条件下会发生爆炸，只是爆炸威力比普通炸药弱得多。在实际中是利用它在燃烧时产生的光、热、烟、气体和电磁辐射等效应，军事上利用它不同的烟火效应来达到不同的目的。常用的烟火剂有照明剂、信号剂、曳光剂、发烟剂、引燃剂和延期药剂等。

除了上述火药以外，还有用起爆药、猛炸药、火药和烟火剂装填制成的各类产品。如点火器材（如点火绳、导火索等）、起爆器材（如雷管、导爆索等）、爆破器材（如炸药包、弹药等）以及其他爆炸品（烟花礼炮等）。

8.4.2 炸药化学变化的基本形式

随着引起炸药发生化学反应的外界供给能量的不同和炸药进行化学反应的环境条件的不同，炸药化学变化能够以不同形式进行，而且在各形式之间，性质上存在重大差别。按反应的速度及传播的性质，炸药化学变化的过程有三种基本形式，即热分解、燃烧和爆轰。

1. 热分解

在常温常压并且不受其他任何外界作用的情况下，炸药往往以缓慢的速度进行分解反应，这种在热的作用下，炸药分子发生分解的现象与过程叫炸药的热分解。炸药长期储存中发生的变色、减量、变质等现象，往往是由炸药热分解引起的。炸药的热分解是一种放热性分解反应，如果散热条件不好，炸药分解所放出的热量来不及向周围环境散失，而使炸药温度升高，结果炸药分解作用加速。在一定条件下，炸药缓慢的化学变化有转化成自燃、自爆的可能。

自 20 世纪中叶以来，军事技术飞快发展，出现了核武器、导弹、各种类型的人造卫星、宇宙飞行器等，这些技术的发展要求使用爆炸性能更好的炸药，然而，应用炸药的条件（如环境温度、压力、炸药装药的尺寸等）却日趋复杂。因此，无论是从应用角度还是从安全角度，对炸药热分解问题的研究都显得日趋重要。

当完整的炸药分子受热后，首先在分子的最薄弱处断裂，脱掉一个 NO_2 分子，同时形成分子碎片，以黑索金为例，可写出下列示意式。

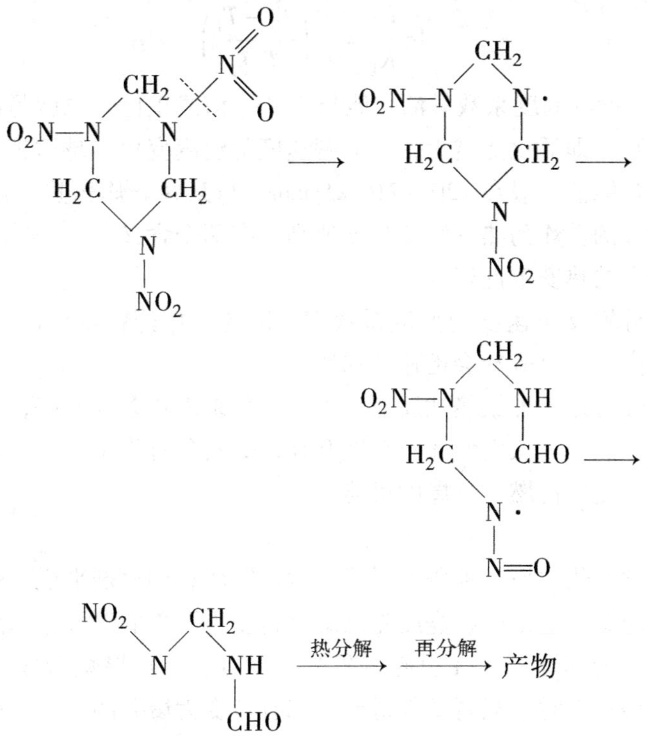

$$\xrightarrow{\text{热分解}}\xrightarrow{\text{再分解}}\text{产物}$$

脱掉 NO_2，形成分子碎片是炸药分解的最初阶段，叫作热分解的初始反应，又称热分解的第一反应。

初始反应形成的分子碎片是很不安定的，它很快地再分解，可能发生进一步的变化。

此外，由于初始反应形成的 NO_2 反应活性强，它可能与分解各过程形成的中间产物发生化学反应，进一步形成最终分解产物（如 H_2O、CO_2、CO 和 NO 等），这种综合过程笼统地叫作热分解的第二反应。

从理论上分析，热分解的初始反应是单分子反应，在一定温度下这种反应的速度很慢，因此它代表了某一炸药的最大可能的热安定性（炸药的热安定性表示在热作用下，炸药保持其物理化学性质不发生明显变化的能力）。一般来说，初始反应速度不受外界因素（温度除外）的影响。

初始反应速度只受温度影响，对每种炸药来说，在固定温度下初始速度是个定值，它与温度的关系可用阿伦尼乌斯方程表示：

$$K = Ae^{-E/(RT)} \tag{8-1}$$

单质炸药的活化能 E 值表示炸药热分解进行的难易程度；另外，还可将活化能的值看成热分解反应的温度系数。每当温度升高 10 ℃时，炸药热分解的速度增加 2 ~4 倍。在两个温度下，有

$$\frac{K_2}{K_1} = \frac{e^{-E/(RT_2)}}{e^{-E/(RT_1)}} \tag{8-2}$$

即

$$\ln\frac{K_2}{K_1}=\frac{E}{R}\left(\frac{T_2-T_1}{T_1T_2}\right) \tag{8-3}$$

K_2/K_1 是反应速度的温度系数。活化能与 K_2/K_1 值成正比，也就是说，活化能值代表热分解反应的温度系数。即活化能越大，热分解速度随温度变化得越厉害。

常见炸药的活化能值一般在 120 ~ 210 kJ/mol，与某些非炸药热分解活化能相比，炸药的活化能值是比较大的。炸药热分解活化能值高，有两个含义：

①表示炸药分子的热安定性好。

②表示炸药热分解反应速度的温度系数大。因此，炸药在低温时，热分解速度不一定快。但是当温度升高时，反应却会迅速地加快。

由于炸药的热分解是一种放热性反应，因此，如果散热条件不好，炸药分解所放出的热量来不及向周围环境散失，从而使炸药温度升高，炸药分解作用加速。在一定条件下，炸药缓慢的化学反应有转化成自燃、自爆的可能。

2. 燃烧

燃烧是炸药化学变化的另一种典型形式。对发射药和烟火剂来说，燃烧则是其化学变化的基本形式。某些起爆药也是以燃烧或先燃烧再转变为爆轰的形式起作用的。即使是以爆轰为基本化学变化形式的猛炸药，在引起爆轰时，有时也经过燃烧阶段。不过，无论哪种炸药，当它们处于燃烧状态时，只要条件适当，都有转变为爆轰的可能。因此，了解炸药燃烧的一般规律，对于炸药的安全生产和安全管理有重要的意义。

炸药的燃烧是一种自行传播的剧烈的化学反应，它与一般燃料燃烧的差别是可以隔绝空气，仅依靠自身所含的氧进行迅速氧化反应。炸药燃烧的过程就是火焰阵面沿炸药传播的过程。决定火焰传播的基本因素是热传导和热扩散。

凝聚炸药的燃烧过程一般可分两阶段：一是炸药表面着火；二是火焰向炸药内部传播。

燃烧过程分为稳定燃烧和不稳定燃烧。炸药的稳定燃烧是指在一定条件下（如环境压力、温度、装药密度等值一定），炸药以恒定的速度进行燃烧。炸药的不稳定燃烧是指在一定条件下，炸药的燃烧速度忽快忽慢甚至出现突增或突降的现象。不稳定燃烧发展的结果，可能出现两种极端的情况：一种是燃速不断增加，最后转变为爆轰，这是趋于爆轰的不稳定燃烧；另一种是燃速不断减小，最后熄灭，这是趋于熄灭的不稳定燃烧。

3. 爆轰

爆轰是猛炸药和起爆药化学变化的基本形式。炸药的爆轰是一种不需要外界供氧而以高速进行的能自动传播的化学变化过程，在此过程中放出大量的热，并产生大量的气体产物。

炸药爆轰与燃烧的主要差别在于，炸药爆轰后爆炸点附近形成冲击波。燃烧和爆轰之间的这种区别对于安全工程来说是非常重要的。因为一种物质的燃烧只能引起邻近物质的作用，而炸药的爆轰形成的冲击波则可以产生非常大的破坏作用。

炸药的爆轰与其他化学爆炸（如可燃性气体、粉尘等与空气混合形成的爆炸）的主要区别在于不需要外界供氧，与燃烧一样，仅依靠自身的氧就能进行强烈的化学反应。

炸药爆轰又可分为稳定爆轰和非稳定爆轰。稳定爆轰的传播速度是恒定的，而非稳定爆轰的传播速度是可变的。通常所说的爆炸可以看作非稳定爆轰。

4. 炸药热分解、燃烧和爆轰三者之间的关系

炸药的热分解、燃烧和爆轰之间的主要区别在于：炸药的热分解反应是在整个炸药内同时进行的，而燃烧和爆轰不是在整个炸药内同时发生的，是从炸药的某一局部开始，以化学波的形式在炸药中按一定的速度，一层一层地自动传播。此外，前者速度缓慢，后两者反应强烈。

燃烧和爆轰是性质不同的两种化学变化过程。实验与理论研究表明，它们在基本特性上有如下区别：

①从传播过程的机理来看，炸药的燃烧传播是化学反应区的能量通过热传导、热辐射及燃烧气体产物的扩散作用传给未反应炸药的，炸药的爆轰传播则是借助冲击波对未反应的炸药施以强烈的冲击压缩作用来实现的。

②从化学反应区的传播速度来看，燃烧传播速度通常为每秒数毫米到每秒数米，最大的传播速度也只有每秒数百米（如黑火药的最大燃速约为 400 m/s），通常比原始炸药的声速要低得多。相反，爆轰过程的传播速度总是大于原始炸药内的声速，一般爆轰速度可达每秒数千米到 10^4 m。如黑索金在结晶状态下，爆速达到 8 800 m/s 左右。

③从环境的影响来看，燃烧过程的传播速度受外界条件的影响，特别是环境压力条件的影响显著。如在大气中燃烧进行得很慢，但在密闭容器中燃烧过程的传播速度急剧加快，燃烧产生气态产物的压力高达数百兆帕。而爆轰过程由于传播速度极快，几乎不受外界条件的影响，对于一定的炸药来说，在一定装药条件下，爆轰速度是个常数。

④从反应区内产物质点运动的方向来看，炸药燃烧过程中，反应区产物质点运动的方向与燃烧波传播方向相反。因此，燃烧波阵面内的压力较低。而炸药爆轰波反应区内的产物质点运动的方向与爆轰波传播方向相同，因此，爆轰反应区的压力高，可达数万兆帕。

⑤从对外界的破坏作用来看，由于爆轰过程形成高温高压气体产物以及强烈的冲击波，并且爆轰过后常伴随着燃烧，因此爆轰对外界的破坏作用往往比燃烧的破坏作用大得多。

炸药化学变化过程的三种形式（热分解、燃烧、爆轰）在性质上虽然各不相同，但它们之间却有紧密的内在联系。炸药的热分解在一定条件下可转变为燃烧和爆轰，燃烧在一定条件下又可以转变为爆轰。研究它们之间的相互转变条件，对于炸药及火工品的储存安全和事故补救有极其重要的参考价值。

8.4.3　炸药热分解转爆轰

1. 温度对分解速度的影响

前面已说过，温度对热分解反应速度影响很大。那么为什么温度对分解速度有很大的影响呢？这是因为对于凝固相单分子物质来说，晶体中的原子在不停地振动。温度升高，振动增大，振动过大，键就会发生断裂，发生分解；温度升得越高，键断裂得就越多，分解速度就越快。因此，炸药的热分解是随温度的升高而加快的。

2. 环境散热条件对热分解速度的影响

炸药的分解反应是放热性反应，如果环境散热条件很好，炸药分解反应所放出的热量就能完全散失掉，这样炸药就能稳定地平衡在缓慢分解反应的状态；反之，如果环境散热条件不好，炸药分解反应所放出的热量就很难完全散失掉，结果就会出现热积累，使炸药温度升高，反应速度随之加快。随着反应速度的加快，反应所放出的热量不断增加，反应则不断地自动加速下去。当反应加速到一定程度时，温度达到炸药的燃点或爆发点，炸药就会发生燃烧或爆炸。

3. 堆积尺寸对分解速度的影响

正如上面所分析的，炸药是否会发生热分解向燃烧和爆轰的转变，取决于炸药分解反应所释放的热量与向环境散失的热量能否达到平衡。炸药堆积量越大，单位体积炸药与环境的散热面积就越小，这样越容易出现热积累。因此，炸药堆积尺寸越大，越容易发生燃烧或爆轰。

由此可知，炸药在热分解过程中，若环境温度过高，或环境散热条件不好，或炸药量太大，都会使炸药的热分解反应加速，从而转变为燃烧或爆轰。因此，储存炸药及其制品时，必须保证一定的温度、一定的尺寸及良好的通风条件，以保证炸药及其制品的储存安全和质量。

8.4.4 炸药燃烧转爆轰

研究炸药燃烧转爆轰的规律及特点，对于安全使用炸药及其制品具有重要的实际意义。在火炸药生产及处理过程中，有时会发生燃烧事故，若不及时扑救或扑救方法不当，都有可能由燃烧转变成爆轰，使损失扩大。在销毁废炸药时，有时使用销毁法，如果处理不当，炸药可能由燃烧转化成爆轰，从而造成意外的事故。

1. 燃烧转爆轰的条件

炸药的燃烧在什么条件下可以转变成爆轰呢？实验研究得出如下几个初步的结论：

①燃烧气体平衡的破坏，是燃烧转变为爆轰的主要原因。只要燃速超过某一临界值，就会产生这种破坏。这种转变的关键条件是燃烧压力的增加。下面分析一下混合气体由燃烧转变为爆轰的过程：在混合气体的管子开口端点火时，火焰才能做等速均匀传播，而在密封的管子中燃烧时，火焰则以不断增长的速度进行传播，燃烧不断产生的气体的膨胀使燃烧面前边的混合气体的压力逐渐增大；而燃烧面压力越大，燃烧速度就越快，密度、温度也随之提高，这就使以后各层气体反应速度更快，燃烧面前边的气体压力更高，从而形成一层一层的压缩波。这些压缩波叠加的结果，就形成了冲击波。随着燃烧传播而形成的冲击波强度的增大，燃烧越来越激烈，在冲击波强度达到某一临界值的瞬间就会发生爆轰。

②凝聚炸药的燃烧转爆轰的机理原则上和混合气体的燃烧转变为爆轰的机理没有多大差别，但转变条件根本不同。设在燃烧的过程中，化学反应区内产生气体的速度为 u_1，排出气体的速度为 u_2，当 $u_1 = u_2$ 时，燃烧是稳定的。如果 $u_1 > u_2$，即产生的气体不能很快排出，这时平衡即开始被打破；到 $u_1 \gg u_2$ 时，燃烧反应区内压力急剧增大，燃烧速度急剧加快，最后燃烧转变为爆轰。

③炸药装入壳体中，有助于燃烧转变为爆轰。因为装入壳体后，炸药的燃烧在密闭或半密闭环境中进行，产生的气体排出受到壳体的阻碍，燃烧气体平衡受到破坏，使燃烧反应区压力增高，燃烧加快，从而有助于燃烧转变为爆轰。

④燃烧面的扩大，可以破坏燃烧的稳定性，促使燃烧转变为爆轰。因为这时单位时间燃烧的炸药量也要成比例地增加，使燃速加快，燃烧温度增高。燃烧速度或燃烧温度达到某一程度时，燃烧就会转变为爆轰。风可使燃烧速度加快，也有助于爆轰的形成。

⑤药量大时，易由燃烧转变为爆轰。这时因为药量较大，炸药燃烧形成的高温反应区将

热量传给了尚未反应的炸药，使其余的炸药受热而爆炸。

⑥燃烧转变为爆轰更重要的因素是炸药的性质。一般来说，化学反应速度很高的炸药很容易产生爆轰。例如各类起爆药，特别是氮化铅，由于反应速度极快（爆轰成长期很短），只要点燃，就能转变为爆轰。火药则相反，它的燃烧过程只有在极特殊的条件下，才会发生向爆轰过程的转化，而一般的猛炸药则介于火药与起爆药之间。

因此，销毁炸药时，要根据炸药的性质选择适当的销毁方法，用燃烧法销毁炸药及其制品时，要注意防止燃烧转变为爆轰，以确保销毁过程的安全。

2. 实验得到的凝聚炸药稳定燃烧的规律

（1）压力对燃烧速度的影响

①起爆药燃烧时，燃速与压力的关系。

根据对雷汞等一些起爆药的研究表明，大多数起爆药在压力高于 100 kPa 时不能稳定燃烧，燃烧很容易转变为爆轰；在压力低于 100 kPa 时，起爆药的燃速与压力呈线性关系 $u = a + bp$。

总之，一般起爆药的特征是，在低压下能进行稳定燃烧。例如，压制的雷汞在 $p = 0.4$ Pa 的低压下，仍能稳定燃烧。高压下易由燃烧转变为爆轰。

对于上述特点，叠氮化铅是个例外，它在任何条件下均不能进行稳定的燃烧，几乎在点火的同时就立刻转化为爆轰。

②猛炸药的燃速与压力的关系。

由实验研究得知，大多数猛炸药在比大气压力稍高的压力下，仍可进行稳定燃烧。燃烧速度与压力的关系和起爆药相似，也可用 $u = a + bp$ 表示。

③火药燃烧速度与压力的关系。

对于无烟火药来说，由于它是胶质状态，结构密实，因而能够在很大的压力范围内进行燃烧。一般炮用火药在几千个大气压下仍能稳定燃烧。

火药的燃速与压力的关系可用公式 $u = a + bp^v$ 表示。但由实验得出，压力范围不同，燃速表示也不一样。

④某些无气体药剂的燃烧。

某些由氧化剂与可燃物组成的无气体药剂，燃烧时几乎不产生气体，反应产物完全由液态或固体物质组成，因此，在真空下仍能进行稳定燃烧，其燃烧速度与压力无关。这种物质称为无气体延期药。用它的恒定燃速可以控制一定的作用时间。

这种物质燃速的特点为：

$$u = a = \text{常数}$$

⑤稳定燃烧的压力界限。

大多数炸药都有稳定燃烧的极限。稳定燃烧的压力上限为炸药能保持稳定燃烧（不转为爆轰）的最高压力，当超过此压力时，炸药就不能稳定燃烧，将由燃烧转变为爆轰。一般液态、粉状或低密度压装的炸药稳定燃烧的压力上限较低，而高密度压装、注装的，特别是胶质炸药，压力上限较高。例如，粉状太安和黑索金稳定燃烧的压力上限为 2.5 MPa；粉状梯恩梯和苦味酸稳定燃烧的压力上限为 6.5 MPa；密度为 1.65 g/cm^3 的太安稳定燃烧的压力上限大于 21 MPa；爆胶稳定燃烧的压力上限大于 120 MPa。

稳定燃烧的压力下限为炸药能保持稳定燃烧（不熄灭）的最低压力。几种炸药稳定燃烧的压力下限为：

硝化乙二醇	33 ~ 53 kPa
黑索金	80 kPa
一号硝化棉	53 kPa
硝化甘油	3.2 kPa

（2）影响燃速的其他因素

①炸药理化性质。

燃烧的稳定性及其燃烧速度，首先决定化学反应速度，以及从反应区向原炸药层热传导的速度。如反应区中化学反应速度很大，而与它相对应的热传导速度很小，则燃烧立即增强，甚至立刻发生爆轰，如叠氮化铅，它几乎没有燃烧阶段就立刻转为爆轰，就是这种情况。如化学反应速度过小，反应放出的热量不能补偿由热传导造成的热损失，则燃烧将逐渐减弱，直至熄灭。

炸药的导热系数对燃烧过程也有很大影响，如果炸药的导数系数过大，则大量的热量传入很深的未反应的炸药层中，增大加热层厚度，使反应区的温度和化学反应速度降低，放热量减少，以至不能维持过程的自行传播。

炸药的挥发性对燃烧过程有很大的作用。易挥发性炸药，其沸点或升华点很低，因而燃烧反应在气相中进行，燃烧的性质取决于凝聚相的气化和蒸气中化学反应的进展。这是沸点低的液态炸药的特有形式。

②炸药装药密度的影响。

炸药的燃速随炸药密度的增大而减小。

③药柱直径的影响。

如果从炸药的一端引燃，则凝聚炸药的燃烧存在着临界直径现象。即当直径小于一定值时，不能维持稳定燃烧，燃烧熄灭。

燃烧的临界直径随炸药密度、燃烧、外壳材料和厚度等条件而变化。

④初温的影响。

炸药的燃速也受药柱初温的影响，一般初温升高 100 ℃，各种炸药的燃速要增加 1.5 ~ 2 倍。

3. 炸药稳定燃烧的顺序

在相同的条件下测定炸药燃烧的稳定性，其临界破坏压力结果列于表 8 – 1。

由表可见，猛炸药燃烧稳定性高，而起爆药燃烧稳定性低，易熔炸药（熔点较低的）又比难熔炸药的稳定性高。这是因为在燃烧时，易熔猛炸药在反应区传来的热量作用下能熔化，形成薄层熔体。加上凝聚相的反应速度又较小，所以，在药柱表面能形成密实的熔化层。在稳定燃烧时，这个熔化层起着阻碍气体渗入的隔断作用。因此，只要该层密实，燃烧始终就是稳定的。熔化层密实与否与药柱的多孔性有关，只要该层厚度比最大孔隙直径大，燃烧就稳定，例如实验曾测出在压力为 10 MPa 时，梯恩梯、苦味酸、太安、黑索金的熔化层厚度分别是 50 μm、35 μm、12 μm、5 μm；在 30 MPa 时，熔化层厚度分别减小到 18 μm、12 μm、3 μm、2 μm。所以，在孔隙直径一定时，高压下燃烧就变得不稳定。熔化层厚度的排列顺序和燃烧稳定性的顺序相同。至于难熔炸药，在燃烧时不会生成熔化层，而凝聚相中的反应速度又相当大，气体产物容易渗入药柱，固相反应也促进了表面层中物质的迸裂，使燃烧的比表面积加大，这些都促使燃烧趋向不稳定。

表 8－1　炸药稳定燃烧临界破坏压力

猛炸药	熔点/℃	$p_{临}$/MPa	炸药和起爆药	$p_{临}$/MPa
梯恩梯	80.2	200	硝化棉	20
苦味酸	122	80	高氯酸铵混合物	10.0～17.5
太安	141	55	雷汞	10
黑索金	202	25	叠氮化铅＋石蜡	任何压力下都爆轰

总之，炸药燃烧的稳定性和炸药的燃烧机理、药柱的物理结构及物化性质等都有关系。

4. 炸药燃烧转爆轰的防止

由于爆炸带来的灾害比火灾要大得多，因此，当火炸药发生火灾事故时，要及时正确处理，以免火势蔓延甚至转化为爆炸。

在炸药生产工房内，除应设有消火栓以外，还应安装自动雨淋管网消防系统，并在室内外安装自动与手动两套开关，同时要求雨淋管网从开关动作到开始出水的时间越短越好。目前某些自动雨淋器的启动时间为 35 ms，这样，在火炸药产生初期燃烧火焰时，就能通过大量水来抑制火焰传播蔓延或由燃烧转为爆炸。

当火药、炸药、民用爆破器材等发生火灾时，切不可用砂土掩盖，以免压力增加而由燃烧转化为爆轰，可用大量水扑救，同时将未燃烧的爆炸品迅速撤离火场范围。

采用燃烧法销毁炸药时，炸药堆积不要太厚，以免燃烧转爆炸。

存放火药的库房或盛装火药的各种容器的强度和密封程度要合理，否则，火药的意外着火会由于压力的升高而转化为爆炸。

如果发生较大火灾，要设法把人员从危险区撤离到安全区。为此，平时要充分估计到事故发生的可能性，并事先指定安全疏散区。这样，可减少事故带来的损失。

8.4.5　炸药的感度

炸药的感度就是炸药受到外界能量作用而引起爆炸的难易程度。如果某种炸药在很小的某种外界能量作用下就能被激发爆炸，则这种炸药对于这种外界能量作用比较敏感或感度高；某种炸药在很大的同种形式外界作用下才能被激发爆炸，则这种炸药对于这种外界作用比较钝感或感度低。例如，有一种叫碘化氮的炸药，只要用羽毛轻轻地触动就能爆炸，而梯恩梯用枪弹穿射也可能不爆炸。两者相比较，碘化氮十分敏感，梯恩梯则比较钝感。

激发炸药爆炸所用的能量叫初始能或起爆能。常见的初始能有机械能（撞击、摩擦、针刺）、热能（直接加热、火花、火焰）、爆炸能（爆轰波、冲击波）、电能（静电、电热丝）等。炸药的感度就是指炸药对这些具体的起爆能的敏感度。与此对应，炸药的感度分为撞击感度、摩擦感度、针刺感度、火焰感度、爆轰感度、冲击波感度、静电火花感度等。

同种炸药对于各种不同形式的外界能量作用的感度没有什么当量关系。各种炸药对于不同形式的初始起爆能具有一定的选择性。例如，四氮烯对机械作用很敏感，斯蒂芬酸铅对火焰作用很敏感。再如，叠氮化铅撞击感度大于斯蒂酚酸铅，而火焰感度又不如斯蒂芬酸铅。

研究炸药的感度，对于炸药的运输、储存和使用的安全性，都具有重要的参考价值和指导意义。

1. 炸药的热感度

炸药的热感度就是指炸药在热的作用下发生爆炸的难易程度。

热作用主要有两种形式：一种是均匀加热的形式；另一种是火焰直接灼烧的形式。为了便于区别，把炸药对于均匀加热的感度称为热感度，把对火焰的感度称为火焰感度。

（1）热感度的表示法和实验测定

炸药在温度足够的热源下均匀加热时会发生分解放热，从而引起爆炸。从受热到爆炸所经历的时间称为感应期或延滞期，炸药发生爆炸或发火时加热介质的温度称为爆发点或发火点，使炸药发生爆炸的加热介质的最低温度称为最小爆发点。

目前广泛采用一定延滞期的爆发点来表示炸药热感度，常用的有5 s、1 min或5 min延滞期的爆发点。

①实验原理。

在一定的实验条件下，测试不同的恒定温度下试样发生爆炸的延滞期，并将数据作图，即可求得一定延滞期的爆发点。若将实验数据按一定的程序输入计算机进行数据处理，则求得的结果更精确。

②实验装置。

5 s延滞期爆发点测定仪是一种比较简单的装置，由伍德合金浴和可调节加热速度的电炉组成。伍德合金浴为圆柱形钢浴，内径为75 mm，高为74 mm，钢浴外边包着保温套，钢浴内装有伍德合金。钢浴上面有带孔的盖子，一个孔安装着插温度计的套管，另一孔插入铜雷管。注意，将雷管壳的底部与温度计的水银球保持在同一水平面上。实验装置如图8－3所示。计时采用秒表。改进的爆发点测定仪能自动计时，自动测温和控温。伍德合金组成（质量分数）：锡13%，铅25%，镉12%，铋50%。

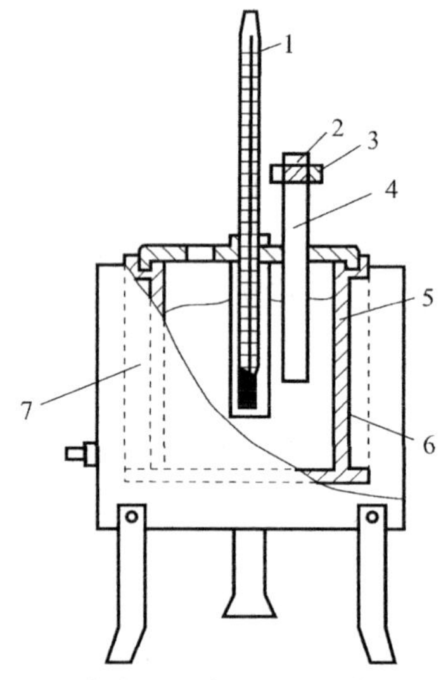

1—温度计；2—塞子；3—固定螺母；
4—雷管壳；5—加热浴体；
6—加热用合金；7—电炉。

图8－3　5 s延滞期爆发点实验装置

③实验方法。

每次取平底8号铜雷管壳13～15个，各拧上固定螺丝，以便使每个管壳浸入合金钢浴的深度保持一致，一般为10～15 mm。然后称取干燥的试样，猛炸药为（50±2）mg，起爆药为（20±1）mg。装药时，应先检查管壳是否清洁，然后将试样通过小漏斗装入管壳内。向管壳内装药时一定注意，既不能漏装，更不能重复装。将装有炸药的管壳放在专门的管架上，再在管壳上塞上木塞或金属塞，塞的松紧程度要一致。

为了确定正式实验的开始温度，应先做一个预备实验，即把钢浴放在电炉上加热，当温度升到100～150 ℃时，将试样管插入钢浴中；同时开动秒表，并继续加热钢浴，直到管壳内的试样发生爆炸；读出此时介质的温度 t 和延滞期 τ，参考此温度与时间，定出正式实验的开始温度。

正式实验可采用升温法或降温法中的任一种。例如，采用降温法，即控制实验温度由高到低逐渐下降，取不同的温度间隔，一般每下降 3～5 ℃投样实验一次。若用 T 表示介质温度，τ 表示延滞期，则可在不同的恒定温度 T_1、T_2、…、T_n时，记录试样爆发时相应的延滞期 τ_1、τ_2、…、τ_n。在取得延滞期为 1～30 s 的实验数据后，即可停止实验，测定次数 n 值不应小于 6。根据实验数据作 $T-\tau$ 和 $\ln\tau-1/T$ 的关系图。由 $T-\tau$ 图求得 5 s 延滞期的爆发点，由 $\ln\tau-1/T$ 图根据直线的斜率算出炸药的活化能。

实验得到的凝聚炸药爆发点与延滞期之间的关系为：

$$\ln\tau = A + \left(\frac{E}{R}\right)\cdot\frac{1}{T} \tag{8-4}$$

式中，τ——延滞期，s；

E——爆炸反应的活化能，J/mol；

R——通用气体常数，8.314 J/(mol · K)；

A——与爆炸有关的常数；

T——爆发点，K。

表 8－2 列出了一些炸药的 5 s 延滞期的爆发点，试样量为 20 mg。

表 8－2　一些炸药的 5 s 延滞期的爆发点

炸药	爆发点/℃	炸药	爆发点/℃
乙二醇二硝酸酯	257	二硝基甲苯	475
二乙二醇二硝酸酯	237	苦味酸	322
硝化甘油	222	苦味酸铵	318
丁四醇四硝酸酯	225	特屈儿	257
太安	225	黑喜儿	325
甘露醇六硝酸酯	205	雷汞	210
硝化纤维素（13.3% N）	230	雷银	170
硝基胍	275	结晶叠氮化铅	315
黑索金	260	三硝基间苯二酚铅	265
奥克托今	335	四氮烯	154
三硝基苯	550		

（2）炸药的火焰感度

炸药火焰感度的实验方法很多，但令人满意的方法却不多，实际上，测试火焰感度是很有必要的。对于那些靠火焰引起爆燃的点火药、发射药和起爆药，要求它们的火焰感度适当，而对猛炸药又要求它们的火焰感度小。下面以导火索燃烧的火星或火焰为加热源介绍火焰感度的实验方法，这种实验方法简便，然而精度不高。

①实验原理。

导火索燃烧喷出的火星或火焰作用于不同距离的炸药试样上，观察试样能否被引燃。

②实验装置。

实验装置如图8－4所示。

③实验方法。

实验用的炸药应经过干燥和筛选，用天平称量25份，每份药量20 mg，通过小的纸漏斗，将炸药装在7.62 mm的枪弹火帽壳内。测定装药密度对火焰感度的影响时，应将炸药在专门的压模内进行压药。

切40段导火索，每段长约30～40 mm，导火索的底部切平，上端宜切成斜形，便于点火，如图8－4中的导火索所示。

先调节导火索夹，使其上的指针与尺面相接触，然后调节火帽台，使火帽台的凹槽对准导火索夹的孔，并控制火帽台保持水平，记录火帽台上表面所对的刻度尺数值。用镊子夹取已装好药的火帽，平放在火帽台的凹处，再将导火索插在导火索夹中，使导火索的底平面与导火索夹的底平面相平，接着拧紧固定螺丝，使导火索固定住。最后点燃导火索，观察火帽中的炸药是否发火。

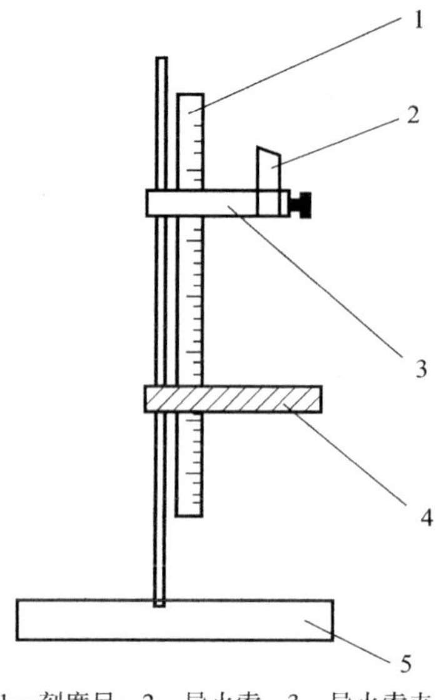

1—刻度尺；2—导火索；3—导火索夹；4—火帽台；5—钢台。

图8－4　火焰感度实验装置

用50%发火率的距离表示火焰感度时，可按“升降法”求出均值和标准偏差。操作程序参看撞击感度实验。实验步长取5 mm，一组实验的次数不得少于20发。

用上下限表示火焰感度，先粗略地找到发火与不发火的交界点，然后从此点处每隔5 mm进行实验，每点平行实验5次。100%不发火的最小距离称为下限，100%发火的最大距离称为上限。

此外，还有使用导火索燃烧的火焰以及黑火药药柱燃烧喷射火星或火焰为加热源。

2. 炸药的机械感度

炸药在机械作用（如撞击、摩擦、针刺）下发生爆炸的难易程度称为炸药的机械感度。按机械作用的形式不同，炸药的机械感度相应地分为撞击感度、摩擦感度、针刺感度等。

(1) 撞击感度

炸药在机械撞击作用下发生爆炸反应的难易程度叫作炸药的撞击感度。

在制造、运输和使用炸药的过程中，不可避免地要遇到机械撞击作用，如生产过程中机械的碰撞，运输中炸药箱偶然从一定高度落下，生产工具和设备砸在炸药上等。这些因素都可能意外引起爆炸，可见撞击感度是炸药最重要的一项感度特性，研究它有重要的实际意义。

① 实验原理。

将一定规格的炸药试样放在专门的实验装置中，承受一定重量的落锤从不同高度落下的撞击作用，观察试样是否发生分解、燃烧或爆炸。

② 仪器设备。

实验装置如图8－5所示。

测量炸药撞击感度的仪器一般都是落锤仪，下面介绍几种不同结构的落锤仪。

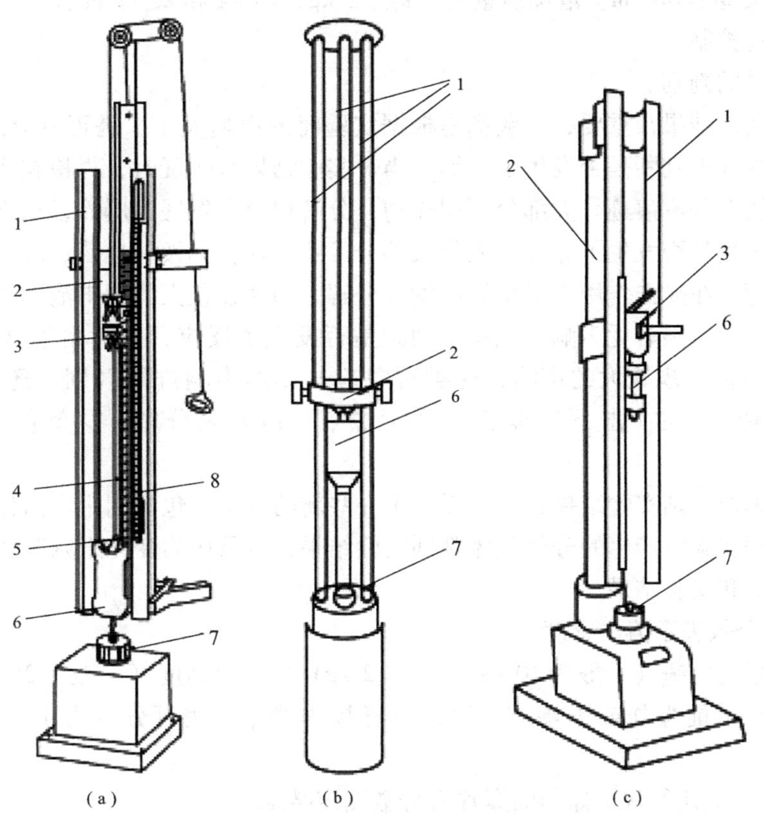

1—导轨；2—支柱；3—落锤释放装置；4—齿板；5—固定落锤用杆；6—落锤；7—定位座；8—标尺。

图 8－5　三种撞击感度落锤仪

(a) 卡斯特落锤仪；(b) 三柱式落锤仪；(c) BAM 落锤仪

- 卡斯特落锤仪

这是常用的一种落锤仪，其外形如图 8－5（a）所示。落锤仪由导轨、基座、脱锤器、落锤及撞击装置五部分组成，三根导轨均安装在墙上，墙应为较厚的混凝土墙。导轨应严格垂直并互相平行，垂直度为 30 μm/m。中心导轨的下部装有齿板，上部装有起吊落锤装置。一定质量的落锤借助装在中心导轨上的脱锤器而悬挂在两根 V 形导轨之间，悬挂高度可以任意调节。被试炸药装在撞击装置中。落锤上装有反跳装置，当落锤下落打击到撞击装置上时，由于惯性作用，使反跳装置的挂勾脱开向后弹出，当落锤反跳后再下落时，挂勾被齿板挡住，就可以防止落锤第二次打击在撞击装置上。落锤质量有 2 kg、5 kg、10 kg 三种，导轨长 2 m 左右。落锤仪的基础应牢固，混凝土地基约 1.5 m 深。

- 三柱式落锤仪

西欧和北美大都使用这种落锤仪，如图 8－5（b）所示。导轨由三根长粗钢圆柱组成，三根钢柱互成 120°分布，直接固定在作为基座的粗圆钢上，落锤就悬挂在三根钢柱之间。这种落锤仪的优点是整体性好，不必安装在墙壁和其他基座上，便于搬运。

- BAM 落锤仪

BAM 落锤仪是联邦德国材料实验所发展的一种落锤仪。其结构与卡斯特落锤仪基本相同，如图 8－5（c）所示。其特点是采用框架结构，导轨的端面为长方柱形。全长 2.3 m，但实际使用的长度不到1 m。落锤质量有2 kg、5 kg、10 kg和20 kg四种，落锤的升降和释放用电磁铁进行控制。

③实验结果的判别。

准确判断实验结果很重要，一般都是根据实验时的声响大小、是否有分解产物的气味、是否有火光和烟雾来判断是否发生了爆炸。当对实验结果有怀疑时，再检查实验后的撞击装置，看试样是否有分解痕迹。大部分军用炸药，分解很容易发展为爆炸，出现巨大响声或火光，因而容易区别是否发生了爆炸。但是大部分工业炸药，如铵油炸药、水胶炸药及某些低感度的军用炸药，在撞击作用下只是局部发生分解，即使在很大的撞击能作用下，少量试样也不可能爆炸，因而很难凭声响、气味来判断是否发生了反应；有时由于试样从缝隙中高速向外挤出，也能出现较大的声响，这类现象应与爆炸声响进行区别。还有些炸药（如含橡胶类的炸药），在撞击下试样容易产生黑点，但并未分解，这就使实验结果难以判别。

为了能准确地判别实验结果，目前提出了一些新的方法，包括利用声谱作为判别实验结果的工具；根据实验时产生的分解气体判别实验结果；测量压力变化来判断实验结果。

④实验方法和实验结果。

- 爆炸百分数表示撞击感度

当一定质量的落锤（一般为10 kg、5 kg、2 kg）从一定高度（一般为250 mm）落下撞击试样时，试样可能爆炸或不爆炸，测定试样爆炸概率，用百分数表示，称为爆炸百分数法。

表8－3列出了几种常用炸药的爆炸百分数测定结果。

表8－3　几种常用炸药的爆炸百分数测定结果（落锤10 kg，落高250 mm）

炸药名称	爆炸百分数/%	炸药名称	爆炸百分数/%
TNT	4～8	阿马托	20～30
苦味酸	24～32	硝化甘油	100
特屈儿	50～60	奥克托今	72～80
黑索金	72～80	太安	100

- 临界落高表示撞击感度

一定质量的落锤使试样发生50%爆炸的高度称为临界落高，用H_{50}表示。

对于各种不同感度的试样，均可测出临界落高，便于相对比较它们的感度，克服了爆炸百分数法可比范围较小的缺点，因而得到了日益广泛的应用。对于临界落高H_{50}较大的炸药来讲，H_{50}的测定值相对误差很小，可以准确地表示炸药的撞击感度。

根据感度曲线求出爆炸概率为50%时的落高，需要实验的工作量大，一般要进行200～300发实验才能得出一个结果。

狄克逊（W. J. Dixon）根据数理统计理论提出一种在平均值左右徘徊进行实验的方法，这种方法称为升降法或上下法或布鲁斯顿法。采用这种方法时，应按次序进行实验，将变量固定在按等差级数分布的一序列水平上，下一次实验水平应根据上一次实验的结果而定，因而可以把实验自动集中在平均值附近，大大减少了实验次数，通常可以减少30%～40%，并能提高测试精度。现简单介绍此方法。

a. 实验方法。

升降法的特点是取 50% 发火与 50% 不发火的点。先选择一个实验距离的起始值 h，并确定实验点之间的间隔（步长）d。点的估计值尽量选在发火与不发火的数量差不多的地方，就是选在一个接近 50% 发火与不发火的距离。步长 d 的大小应选择适当。d 太小，实验点必然要多，而 d 太大，会影响结果的精确度。通常保持实验水平在 4 ~ 6 之间为合适。

从选定的距离起始值 $R_i = (r_{i1}\ r_{i2}\ \cdots\ r_{in})$ 点开始进行实验。如果第一发实验不发火，第二发样品则增加一个间隔距离 d，即在 $h+d$ 点实验；如果第一发实验发火，那么第二发样品则缩小一个间隔距离 d，即在 $h-d$ 点实验，依此类推。一般实验总数为 25 ~ 30 发。实验结果记录见表 8 –4，表中“ ×”表示不发火，“○”表示发火。

表 8 –4　实验结果记录

实验条件（距离/cm）	1	2	3	4	5	6	7	8	9	10	11	12	13	14	15	16	17	18	19	20	21	22	23	24	25	26	27	28	29	30
…																														
$h-2d=8$									×																					
$h-d=9$				×		×		○		×		×		×		×		×								×		×		×
$h=10$	×		○		○		○				○		○		○		○		×		×				○		○		○	
$h+d=11$		○																		○		×		○						
$h+2d=12$																							○							
…																														

b. 实验结果的整理。

为了便于下一步 50% 发火距离 H_{50} 的计算，对表 8 –4 的实验结果进行整理，见表 8 –5。将 表 8 –4 中的最近距离即 $h-2d=8$ cm 表示为 0，$h-d=9$ cm 表示为 1，依此类推，即将实验条件简化为间隔 d 的等差级数 i，由小到大，用 $i=0$、1、2、3、4 表示。然后将实验结果不发火“ ×”的发数 n_i' 和发火“○”的发数 n_i 对应于实验条件逐项列出。再对实验结果进行整理，把 in_i、in_i' 及 i^2n_i 的乘积分别进行通项整理计算。最后在表的下部把 $N=\sum n_i$、$N'=\sum n'_i$、$A=\sum in_i$、$B=\sum in'_i$、$C=i^2n_i$ 算出。

表 8 –5　实验结果的整理

实验条件		实验结果		结果整理		
发火距离/cm	i	n_i'（“ ×”）	n_i（“○”）	in_i	in_i'	i^2n_i
$h-2d=8$	0	1	0	0	0	0
$h-d=9$	1	10	1	1	10	1

续表

实验条件		实验结果		结果整理		
发火距离/cm	i	n_i'（“×”）	n_i（“○”）	in_i	in_i'	i^2n_i
$h=10$	2	3	10	20	6	40
$h+d=11$	3	1	3	9	3	27
$h+2d=12$	4	0	1	4	0	16
$\sum n_i'=15$，$\sum n_i=15$，$A=\sum in_i=34$，$B=\sum in_i'=19$，$C=\sum i^2n_i=84$						

c. 50% 发火距离 H_{50} 可由式（8－5）或式（8－6）计算得到。

$$H_{50}=\left[c+d\left(\frac{\sum in_i}{\sum n_i}-\frac{1}{2}\right)\right] \tag{8-5}$$

$$H_{50}=\left[c+d\left(\frac{\sum in_i'}{\sum n_i'}+\frac{1}{2}\right)\right] \tag{8-6}$$

式中，c——实验条件的最小值；

d——实验步长；

i——等差级数；

n_i——某一落高中发生爆炸的次数；

n_i'——某一落高中不发生爆炸的次数。

将数据代入式（8－5）或式（8－6），计算可得：$H_{50}=9.8$ cm。

d. 标准偏差 σ_R 的计算。

$$\sigma_R=Sd \tag{8-7}$$

式中，S——由表8－6或图8－6查出。

查 S 值是用表8－6还是用图8－6，由 M 的数值来决定。

$$M=\frac{NC-A^2}{N^2} \tag{8-8}$$

式中，$N=\sum n_i$；$C=\sum i^2n_i$；$A=\sum in_i$。

如果 $M<0.40$，S 值查图8－6；如果 $M>0.40$，S 值查表8－6。

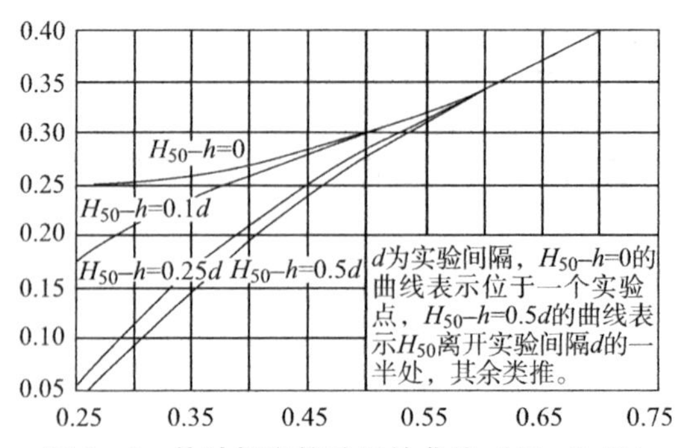

图8－6　估计标准偏差用的曲线（$M<0.40$）

表 8-6　求标准偏差用的 S 值

M	0.00	0.01	0.02	0.03	0.04	0.05	0.06	0.07	0.08	0.09
0.30	0.510 2	0.531 6	0.551 8	0.571 1	0.589 7	0.607 7	0.665 3	0.642 6	0.659 7	0.676 5
0.40	0.693 2	0.709 8	0.726 3	0.742 7	0.759 1	0.775 4	0.791 7	0.807 9	0.824 2	0.840 5
0.50	0.856 7	0.872 9	0.889 2	0.905 4	0.921 6	0.937 9	0.954 1	0.970 3	0.986 6	1.002 8
0.60	1.019 0	1.035 3	1.051 5	1.067 7	1.083 9	1.100 1	1.116 4	1.132 6	1.148 8	1.165 0
0.70	1.181 2	1.197 4	1.213 5	1.229 7	1.245 9	1.262 1	1.278 3	1.294 4	1.310 6	1.326 7
0.80	1.342 9	1.359 0	1.375 2	1.391 3	1.407 5	1.423 6	1.439 7	1.455 9	1.472 0	1.488 1
0.90	1.504 3	1.520 4	1.536 5	1.552 6	1.568 7	1.584 8	1.600 9	1.617 0	1.633 1	1.649 7
1.0	1.665 3	1.681 4	1.697 5	1.713 5	1.729 6	1.745 7	1.761 8	1.777 9	1.793 9	1.810 0
1.1	1.826 1	1.842 2	1.858 2	1.874 3	1.890 4	1.906 4	1.922 5	1.938 6	1.954 6	1.970 7
1.2	1.986 7	2.002 8	2.018 8	2.034 9	2.050 9	2.067 0	2.083 0	2.099 1	2.115 1	2.131 2
1.3	2.147 2	2.163 3	2.179 3	2.195 3	2.211 4	2.227 4	2.243 5	2.259 5	2.275 5	2.291 6
1.4	2.307 6	2.323 6	2.339 7	2.355 7	2.371 7	2.387 8	2.403 8	2.419 8	2.435 8	2.451 9
1.5	2.467 9	2.483 9	2.499 9	2.515 9	2.532 0	2.548 0	2.564 0	2.580 0	2.596 0	2.612 1
1.6	2.628 1	2.644 1	2.660 1	2.676 1	2.692 1	2.708 2	2.724 2	2.740 2	2.756 2	2.772 2
1.7	2.788 2	2.804 2	2.820 2	2.836 2	2.852 3	2.868 3	2.884 3	2.900 3	2.916 3	2.932 3
1.8	2.948 3	2.964 3	2.880 3	2.996 3	3.012 3	3.028 3	3.044 3	3.060 3	3.076 3	3.092 3
1.9	2.108 3	3.124 3	3.140 3	3.156 3	3.172 3	3.188 3	3.204 3	3.220 3	3.236 3	3.252 3
2.0	2.268 3	3.284 3	3.300 3	3.316 3	3.332 3	3.348 3	3.364 3	3.380 2	3.395 3	3.412 3
2.1	2.428 3	3.444 3	3.460 3	3.476 3	3.492 3	3.508 3	3.524 3	3.540 2	3.556 2	3.572 2
2.2	2.588 2	3.604 2	3.620 2	3.636 2	3.652 2	3.668 2	3.684 1	3.700 1	3.716 1	3.732 1
2.3	3.748 1	3.764 1	3.780 1	3.796 1	3.812 1	3.828 0	3.844 0	3.860 0	3.876 0	3.892 0
2.4	3.908 0	3.924 0	3.940 0	3.956 0	3.972 0	3.987 9	4.009 3	4.019 9	4.035 9	4.015 9
2.5	4.067 8	4.083 8	4.066 8	4.115 8	4.131 8	4.147 7	4.163 7	4.179 7	4.195 7	4.211 7
2.6	4.227 7	4.243 6	4.259 6	4.275 6	4.291 6	4.307 5	4.323 5	4.339 5	4.356 5	4.371 5
2.7	4.387 4	4.403 4	4.419 4	4.435 4	4.451 4	4.467 3	4.483 3	4.499 3	4.515 1	4.531 3
2.8	4.547 2	4.563 2	4.579 2	4.595 2	4.611 1	4.627 1	4.643 1	4.659 1	4.675 0	4.691 0
2.9	4.707 0	4.723 0	4.739 0	4.754 9	4.770 9	4.786 9	4.802 9	4.818 8	4.834 8	4.850 8
3.0	4.866 8									

本例中 $N=15$、$C=31$、$A=19$，故

$$M=\frac{15\times 31-19^2}{15^2}=0.46$$

由于 $M=0.46>0.40$，所以用表 8-6 先在列中查到 0.40，再在行中查到 0.06，即可查得

$M=0.46$ 时，值为0.791 7。因此，标准偏差 $\sigma_R=Sd=0.7917\times1=0.7917$（cm）。

当 $0.30<M<0.40$ 时，也可采用下列近似公式进行计算

$$\sigma_R=1.62d\left(\frac{NC-A^2}{N^2}+0.029\right) \tag{8-9}$$

- 感度下限

一定质量的落锤撞击试样，一次爆炸也不发生的最大下落高度称为感度下限。感度下限说明炸药能承受多大撞击能而不发生爆炸，因而是一种常用的表示撞击感度的方法。为了实验方便，有时感度下限指在实验条件下最小爆炸概率时的落锤下落高度。

（2）摩擦感度

在实际加工或处理炸药的过程中，炸药不仅可能受到撞击，也经常受到摩擦，或者受到伴有摩擦的撞击。有些炸药钝化后，特别是有些复合推进剂，用标准撞击装置实验表现出不敏感，可是测定其摩擦感度时则很敏感，实际上确实会发生事故。所以，从安全的角度出发，必须测定炸药的摩擦感度。另外，摩擦作为炸药的一种引燃、引爆的方式，人们早已知道并加以利用，如摩擦发火管等。

①实验原理。

基本原理是在加有静载荷的摩擦装置间加上炸药试样，以摩擦炸药试样，观察爆炸与否。

②仪器设备。

- 柯兹洛夫摩擦摆测定摩擦感度

这种摩擦摆由仪器本体、油压机及摆体三部分组成，如图8－7所示。试样为20～30 mg，均匀放在两个直径为10 mm的钢滑柱之间，放入爆炸室中，开动油压机，通过顶杆将上滑柱由滑柱套中顶出并用一定的压力压紧，压强可由压力表量出，当到达所需压强后，令摆锤从一定角度沿弧形摆下，通过击杆击打上滑柱，使上滑柱水平移动1～2 mm，试样受到强烈摩擦，观察试样是否发生爆炸。

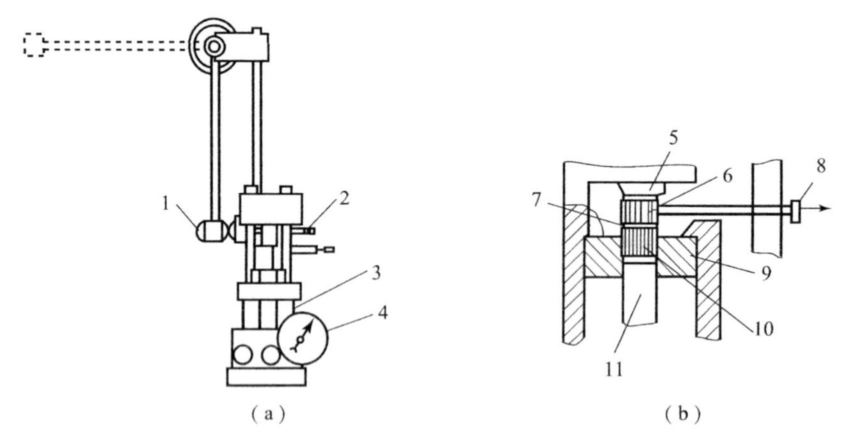

1—摆体；2—仪器主体；3—油压机；4—压力表；5—上顶柱；6—上滑柱；7—试样；8—击杆；9—滑柱套；10—下滑柱；11—顶杆。

图8－7 柯兹洛夫摩擦摆的组成

柯兹洛夫摩擦摆测定摩擦感度的实验结果有两种表示方法：一种是在一定实验条件下试

样的爆炸概率。常用的实验条件为摆角 90°，挤压压强 474.6 MPa；或摆角 96°，挤压压强 539.2 MPa。常用炸药在摆角 90°，挤压压强 474.6 MPa 的实验条件下测定的摩擦感度列在表 8－7 中。另一种是测定炸药与钢表面之间的外摩擦系数，并由此计算出炸药所承受的摩擦功。

表 8－7　炸药的摩擦感度

炸药	爆炸百分数/%	炸药	爆炸百分数/%
TNT	2	六硝基芪	36
特屈儿	16	奥克托今	100
黑索金	76	三硝基丁酸三硝基乙酯	44
太安	100	重－三硝基乙醇－缩甲醛	43
硝基胍	0		

- BAM 摩擦仪测定摩擦感度

BAM 摩擦仪是一种直线移动式摩擦仪，在欧洲、日本均得到了应用。它由机体、马达、托架和砝码四部分组成，如图 8－8 所示。试样 0.01 mg 放在机座的磁摩擦板上，将固定在托架上的一支特制磁摩擦棒与试样接触，磁棒运动时，应使其前后的试样量比约为 1:2，在托架上挂好砝码，开动机器使磁棒以最大约 7 cm/s 的速度做 1 cm 的往复运动，观察试样是否发生爆炸，调节法码的质量及悬挂位置，测量 6 次实验中发生 1 次爆炸时的最小负载，即以 1/6 爆点时的最小负载（牛顿）衡量炸药的摩擦感度。

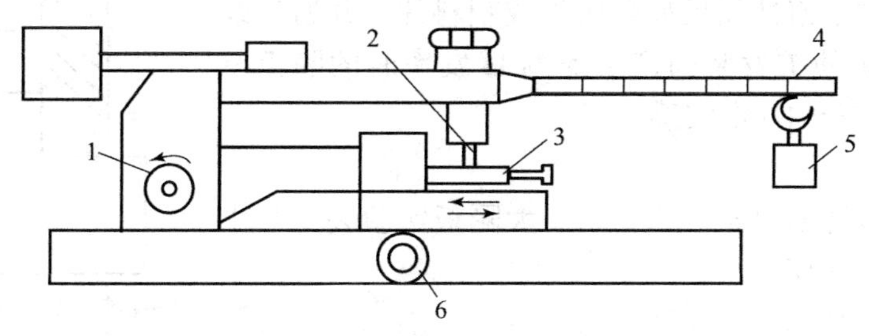

1—主体；2—摩擦棒；3—摩擦板；4—托架；5—砝码；6—底座。

图 8－8　BAM 摩擦仪

砝码的质量有 9 种，悬挂位置有 6 个点，负载可以在 4.9～353 N 之间进行调节。

- ABL 摩擦仪测定摩擦感度

ABL 摩擦仪由油压机、固定轮、平台和摆组成，其作用原理示意图如图 8－9 所示。

按照美国军标规定，用 ABL 摩擦仪测定炸药、推进剂及火药的摩擦感度。这种摩擦仪的固定轮及平台均由专门的钢材制成，平台表面具有一定的粗糙度。将试样放在平台上，均匀地铺成宽 6.4 mm、长 25.4 mm 的条形，其厚度相当于试样的一个颗粒。降下固定轮，使

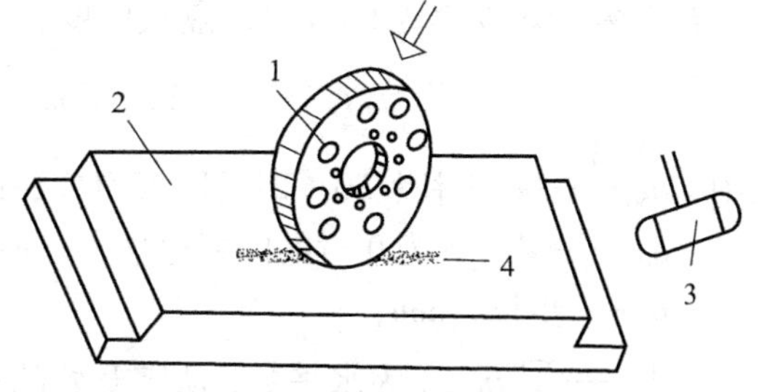

1—固定轮；2—平台；3—摆锤；4—试样。

图 8－9　ABL 摩擦仪作用原理示意图

与试样接触，并用油压机使固定轮给试样施加一定的压力，其压力最小为44 N，最大为8 006 N。当达到预定压力后，令摆从一定角度沿弧形下落打在平台的边上，使平台沿与压力垂直的方向，以一定速度滑移25.4 cm，通常用的滑移速度为0.9 m/s，如有火花、火焰、爆裂声或测出反应产物，就认为产生了爆炸。以在20次实验中，一次爆炸也不发生的最高压力来衡量炸药的摩擦感度。

（3）针刺感度

针刺感度常以一定质量的落锤下落后落在与炸药相接处的标准击针上，使击针刺入炸药，观察爆否，以落高的上、下限表示。

3. 炸药的爆轰感度与冲击波感度

炸药的爆轰感度通常以极限药量来表示。即一定实验条件下，引起1 g炸药完全爆轰所需的最小起爆药量。极限药量越小，爆轰感度越高。

火炸药的冲击波感度是指在冲击波作用下，火炸药发生爆炸的难易程度。冲击波感度是火炸药的一个十分重要的性能，不仅在安全方面考虑此性能，同样，其在引爆方面也是非常重要的性能。

测量炸药冲击波感度的方法有隔板实验、楔形实验、殉爆实验等。

（1）隔板实验

隔板实验是测定炸药冲击波感度最常用的一种方法。隔板实验分为大隔板实验和小隔板实验两种。

①实验原理。

在作为冲击波源的主发装药和需要测定其冲击波感度的被发装药之间，放上惰性隔板如金属板或塑料片，并通过改变隔板厚度来测定使被发装药产生50%爆发率时的隔板厚度，以评价被测炸药的冲击波感度。

②实验装置。

小隔板实验装置如图8－10所示。大隔板实验装置与小隔板实验装置基本相似。

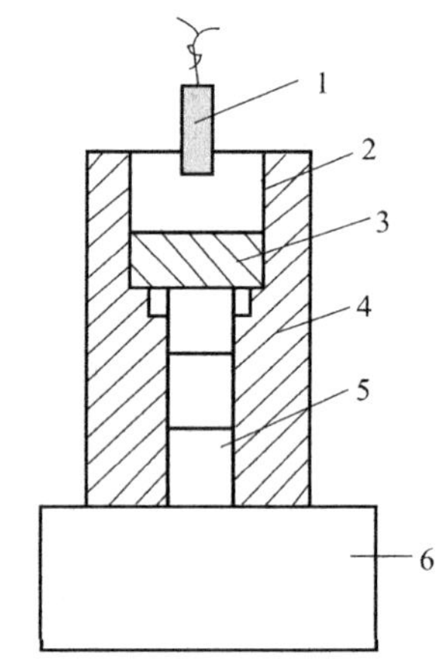

1—雷管；2—主发药柱；3—隔板；4—固定器；5—被发药柱；6—验证板。

图8－10　小隔板实验装置

③实验方法。

一般可按升降法进行实验，详见撞击感度实验中测定临界落高的实验步骤。

④数据处理。

被发装药爆发率为50%时的隔板厚度，即隔板临界值δ_{50}，可由式（8－10）求得

$$\delta_{50} = \delta_0 + d\left(\frac{A}{N} \pm \frac{1}{2}\right) \qquad (8-10)$$

式中，δ_{50}——爆发率为50%时的隔板厚度，mm；

δ_0——爆发率为0时的隔板厚度，mm；

d——步长，mm；

A——$\sum in_i$，i为水平数，从零开始的自然数，n_i为i水平时爆轰或不爆轰的次数；

N——$\sum n_i$。

在处理数据时，采用次数少的结果，如两种情况的次数相同，可任取一种，将数据代入式（8－10）中。凡取爆轰时的数据计算时，取负号；凡取不爆轰时的数据计算时，取正号。

（2）楔形实验

楔形实验是因炸药试样做成楔形而得名的。实验时将楔形试样引爆，测定其爆轰停止传播处的厚度，即失败厚度，以此研究爆轰在薄层试样中传播的程度，从而评价炸药的冲击波感度。

用楔形实验还可确定炸药装药的临界直径。在未研究楔形实验以前，确定炸药装药的临界直径的方法有两种：一种是引爆不同直径的炸药装药，直接测定能传播爆轰的最小直径，即临界直径，由于许多炸药的临界直径十分小，制作很小直径的药柱是不容易的，所以确定临界直径就比较困难；另一种是将炸药制成圆锥形药柱，测定引爆后爆轰传播停止处的直径，以确定临界直径，这种方法存在的困难同样是制作药柱难。将药柱加工成楔形相对说来比较容易，通过楔形实验的失败厚度也可确定炸药装药的临界直径。

- 液体炸药的楔形实验

①实验原理。

炸药试样制成楔形，由厚端处引爆，以爆轰停止传播处的液膜厚度表示冲击波感度的大小。

②实验装置。

用倾斜敞口的槽子装液体炸药，控制炸药试样成为楔形，如图 8－11（a）所示。

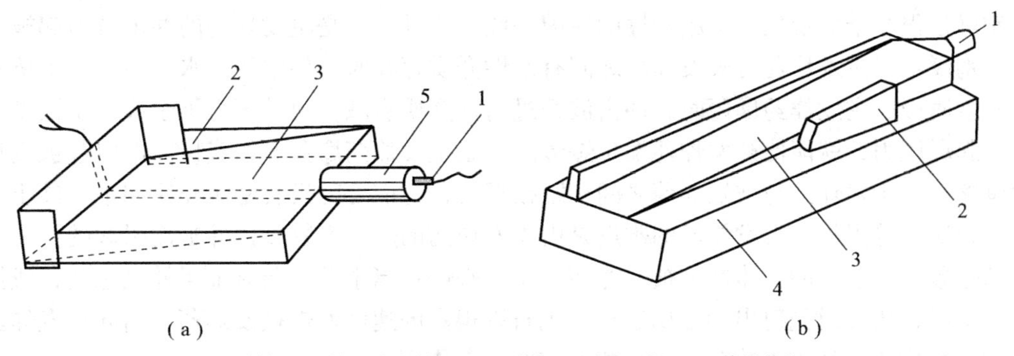

1—雷管；2—槽子或限制板；3—炸药；4—验证板；5—传爆药柱。

图 8－11　楔形实验装置

（a）液体炸药；（b）固体炸药

③实验方法。

在槽内装上足够量的液体试样，当倾斜槽子时，液体由传爆药柱的一端逐渐向另一端流动，在传爆药柱端的深度应与槽子深度一样，以远逐渐变薄，其最小厚度由表面张力决定。传爆药柱用 8 号电雷管或更强的电雷管起爆。

用探针的扫描来计算爆速。最小液膜厚度就是爆轰停止传播处的厚度，可由速度探针的扫描轨迹中断看出。不论发生的是高速爆轰还是低速爆轰，都可确定出最小液膜厚度。

- 固体炸药的楔形实验

①实验原理。

将固体炸药压制成规定的装药密度，加工成楔形，从厚端处引爆，以爆轰停止传播处的厚度即失败厚度来表示冲击波感度的大小。

②实验装置。

固体炸药楔形实验的装置如图8－11（b）所示。

③实验方法。

实验中关键的部分是制作楔形试样和装配楔形实验装置，其次是精确测量各个部位的厚度。当楔形试样被引爆后，在黄铜板上显示出熄爆的痕迹，测出熄爆处对应的楔形试样的厚度，即熄爆厚度或称失败厚度。楔形顶角采用1°、2°、3°、4°和5°，得到的结果外推到0°。

（3）殉爆实验

炸药爆轰时引起其周围一定距离处的炸药发生爆炸的现象，称为殉爆。通常称首先发生爆轰的炸药为主发炸药或主爆炸药，被殉爆的炸药为被发炸药或被爆炸药。主发炸药装药爆轰时使被发炸药装药100%发生殉爆的两装药间的最大距离，称为殉爆距离；主发炸药装药爆轰时使被发炸药装药100%不发生殉爆的两装药间的最小距离，称为不殉爆距离或殉爆安全距离。殉爆安全距离的大小反映了炸药在冲击波作用下引发爆轰的难易程度。因此，炸药殉爆距离的测定对炸药的生产、储存及使用安全具有重要的意义。

研究炸药的殉爆，一方面是为炸药生产厂或弹药生产厂的车间之间的布局提供安全距离数据，为工程爆破及控制爆破作业设计提供安全距离数据；另一方面是为保证工程爆破中爆轰传递的连续性提供数据。实际爆破工程中，炮孔内装入的炸药包之间很可能被砂子、碎石或空气隔开，使炸药包之间不能保证紧贴，为了消除爆破工程的失败，要求炸药殉爆距离适当大些为好。

殉爆是很复杂的现象，引起殉爆的原因一般有三种。一是主发炸药的冲击波引起被发炸药发生殉爆：当主发炸药与被发炸药之间有惰性介质存在时，如空气、水、砂石、土壤、金属或非金属板，主发炸药爆轰时，冲击波经过惰性介质衰减，而其压力等于或大于被发炸药的临界起爆压力，就能使被发炸药发生爆轰。二是主发炸药爆轰产物直接冲击引起被发炸药发生殉爆：当主发炸药与被发炸药之间相距很近时，它们之间没有密实介质如水、砂土、金属或非金属板等阻挡，被发炸药的殉爆是由主发炸药的爆轰产物直接冲击而引起的。三是主发炸药爆轰时抛射出的物体冲击被发炸药而发生殉爆：当主发炸药有金属外壳包装，或掩埋在砂石中时，爆轰时抛射出的金属破片、飞石以很高的速度冲击被发炸药，引起被发炸药殉爆。这三种作用往往难以分开，而是相互交织着起作用。

千克级以上的殉爆实验一般在野外进行。在实验场地的不同地点布置药包，并安装各种探测器，用于测定空气冲击波超压、飞石速度、殉爆时间、爆炸场温度及地震效应等。然后分析所测数据，研究影响殉爆的因素，确定殉爆安全距离以及冲击波安全距离等。

千克级以下的殉爆实验，通常采用国际炸药测试方法标准化委员会制定的殉爆标准测试方法，用爆轰传播系数（C. T. D.）来表示。爆轰传播系数也可称为殉爆系数，是指100%殉爆的最大距离与100%没殉爆的最小距离之和的算术平均值。

影响殉爆距离的因素很多，主要有以下几个方面。

① 主发装药的影响：实验表明，主发装药的密度、爆轰性能、药量及外壳对殉爆距离有较大影响。主发装药的密度大、爆轰性能好、药量大、带外壳时，殉爆距离增加。

②被发装药的影响：实验表明，被发装药的密度低、粒度小、对外界刺激敏感，则殉爆距离大。一般情况下，压装药卷比铸装药卷（同样装药密度时）易殉爆。

③装药间介质的影响：介质对主发装药产生的冲击波、爆轰产物、外壳的破片和飞石等

抛射物，有吸收、衰减、阻挡作用，因而使殉爆距离减小。介质越稠密，减小的作用越明显。

④装药直径的影响：一般情况下，工业炸药的临界直径和极限直径都比较大，因此，装药直径对殉爆距离也有影响。例如，含 12% 氯化钾的阿莫尼特的质量均为 300 g，制成不同直径的药卷，实验结果表明，当药卷直径为 31 mm 时，殉爆距离为 50 mm，当药卷直径为 40 mm 时，殉爆距离为 110 mm。

此外，主发装药与被发装药的连接方式及取向均对殉爆距离有影响。例如，工业炸药的主爆药卷与被爆药卷用纸筒或钢管连接起来，可使殉爆距离增大。

4. 炸药的静电感度

两个物体互相摩擦，不但能产生热，而且能产生静电。绝大多数炸药都属于绝缘物质，所以炸药颗粒之间的摩擦、炸药和其他物质的摩擦，都会产生静电，而且容易产生高压。这种高压静电在条件适当时就会放电，产生电火花引起炸药爆炸。炸药在静电火花作用下发生爆炸的难易程度叫作炸药的静电火花感度。

在炸药生产和加工过程中，不可避免地会产生摩擦，形成的静电往往达到数百至数千伏，因此，静电是火炸药及其制品发生事故的一个重要原因。炸药由于静电而发生爆炸涉及两个方面：一个是炸药本身产生静电的难易程度；另一个是炸药在静电火花作用下发生爆炸的难易程度。

（1）炸药产生静电的难易程度及静电测量

要知道炸药摩擦时产生静电的难易程度，就要对炸药摩擦后所带电的电量进行测量比较。目前常用的摩擦带电测定仪如图 8－12 所示。

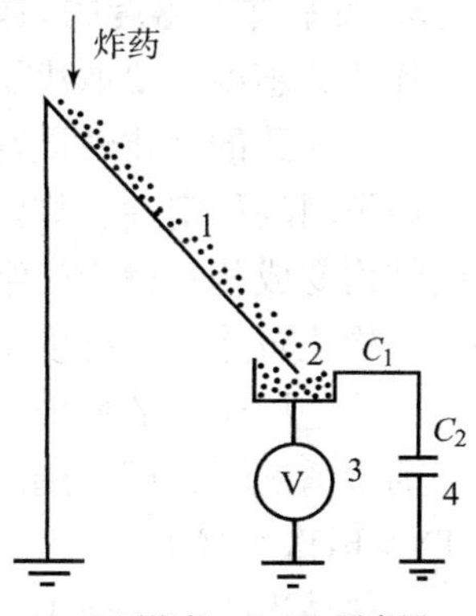

1—金属滑板；2—金属容器；3—静电电位计；4—外接电容器。

图 8－12 摩擦带电测定仪

当炸药从金属板滑下，进入金属容器中时，产生的静电电压可以从静电电位计上读出。炸药和金属容器本身就存在一个电容 C_1，其静电量大小 $Q=C_1V_1$。用一个外加已知电容 C_2 和 C_1 并联，再次测其静电电压 V_2，得到：

外接电容 C_2 前，有

$$Q_1 = C_1V_1$$

外接电容 C_2 后，有

$$Q_2 = (C_1 + C_2)V_2$$

因为

$$Q_1 = Q_2$$

所以

$$C_1V_1 = (C_1 + C_2)V_2$$

整理得

$$C_1 = \frac{C_2V_2}{V_1 - V_2}$$

于是求出

$$Q = \left(\frac{C_2V_2}{V_1 - V_2} + C_2\right)V_2 \tag{8-11}$$

把用绸子摩擦过的玻璃棒接触或靠近金属容器，就可以根据电位的变化来判断金属容器内的炸药所带电的极性：电位降低，说明炸药带负电；反之，带正电。

（2）炸药静电火花感度的测量

炸药静电火花感度测量的基本原理是利用关系式

$$E = \frac{1}{2}CV^2 \tag{8-12}$$

实验仪器原理图如图8－13所示。

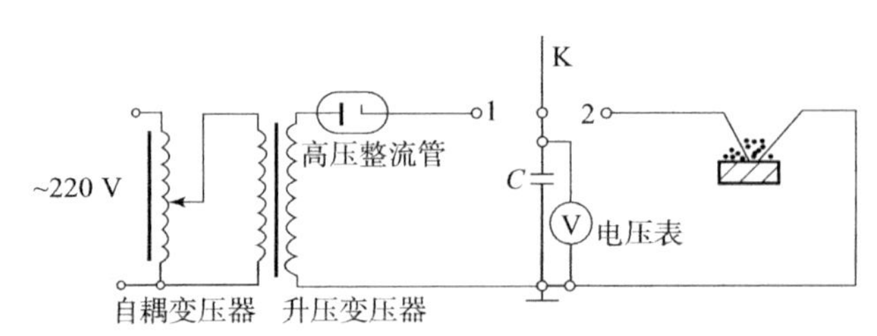

图8－13　实验仪器原理图

实验程序是先将开关K接到1处，依靠高压电源使电容器C充电到所需的电压，然后把K换到2处。电容器通过两个尖端电极放电，产生电火花，电火花作用在两个尖端电极间的试样上，观察爆炸与否。以爆炸百分数或50%发火的临界能量E_{50}来表示其静电火花感度。

5. 影响炸药感度的因素

炸药的感度主要取决于炸药自身的理化性质及装药条件。

（1）炸药的理化性质与感度的关系

原子团的稳定性：炸药爆炸的根本原因是炸药结构中原子间键的破裂，由原来相对不稳定的结构变成相对稳定的结构。所以，原子团的稳定性对炸药的感度有很大的影响。键能大的，结构比较稳定，感度就低；反之，感度高。

不稳定原子团的性质、所在位置及数量均对炸药的感度有影响。

通常情况下，硝酸酯类炸药的感度最高，硝铵类次之，硝基类最小，所以感度顺序为：PETN > RDX > TNT。

一般情况下，—OCL比—ONO_2稳定性差。

开键结构的炸药比环链结构的炸药稳定性差。

芳香族的硝基衍生物的炸药感度随着取代基和硝基的数目增高而增高。

炸药的生成热：生成热小的炸药感度高。

炸药的爆热：爆热大的炸药感度高。

炸药的活化能：活化能小的炸药感度高。

炸药的热容量及热传导性：热容量小和热传导性小的炸药热感度高。

（2）炸药物理状态及装药条件对感度的影响

炸药状态的影响：炸药由固态变为浓态时，感度可能提高。

炸药晶型的影响：氮化铅有两种不同晶型，即α型和β型，β型结晶比α型结晶机械感度要高得多。奥克托今有α、β、γ、δ四种晶型，其稳定性为$\gamma < \alpha < \delta < \beta$。

炸药的颗粒度：炸药的颗粒度主要影响其爆轰感度。颗粒越小，爆轰感度越大。

装药密度和装药的物理结构：装药密度主要影响爆轰感度和火焰感度。一般情况下，密度升高，感度降低。装药的物理结构对爆轰感度的影响也很大，如相同密度下，压装 TNT 比铸装 TNT 感度大。

温度和湿度：随着炸药初始温度的升高，感度增高；而湿度增加时，炸药感度降低。

附加物或杂质：向炸药内掺入附加物或杂质，可使炸药的感度，特别是机械感度发生显著的变化。附加物对炸药机械感度的影响取决于附加物的硬度、熔点、含量、粒度等性质。附加物硬度小、熔点低、塑性大、黏性大时，可使炸药机械感度降低；反之，若附加物硬度大于炸药，熔点高于爆发点，则使炸药感度提高。可使炸药感度增高的附加物称为敏感剂；使炸药感度降低的附加物称为钝感剂。利用这一原理，人们常常在某些威力较大但机械感度较高的猛炸药中添加部分钝感剂来降低其机械感度，从而保证平时勤务处理时的安全。常见的钝感剂有石蜡、凡士林、樟脑、硬脂酸等。相反，某些敏感剂，如砂子、玻璃粉和金属微粒等，是在火炸药生产过程中应避免带入的。

此外，液体炸药中的气泡、固体药柱中的裂缝等都将对炸药感度有较大影响。

根据炸药的感度，在炸药制造、加工、运输和使用时，应建立必要的技安规则，防患于未然。

以往人们一提起炸药，总存在一种恐惧心理，认为它是一触即发的物质，非常危险，通过了解炸药的感度特性以后，就可知道这是对炸药的一种不全面的认识。事实上，大多数的猛炸药都是相当安定的，即使是比较敏感的起爆药，它们也并非对所有外界能量作用都敏感，而是具有一定的选择性。因此，只要了解炸药各自的感度特性后，针对性地采取预防措施，炸药是不会无缘无故发生爆炸的。

8.4.6　炸药的爆炸作用

1. 炸药的威力

炸药爆轰结束后，生成的高温高压气体产物在膨胀过程中对周围介质施加的各种破坏作用和抛掷作用，称为炸药的爆炸作用。炸药爆炸时对周围介质所产生的各种爆炸作用的总和，称为炸药的做功能力，也叫炸药的威力。

理论上炸药的威力可以用下式表示

$$A = EQ_V \tag{8-13}$$

实际情况为

$$A = \eta Q_V \tag{8-14}$$

式中，A——爆轰产物在膨胀过程中对外界做的功；

Q_V——炸药的定容爆热；

E——热功当量；

η——热转变成功的效率，与爆轰产物的膨胀比 V_1/V_2 及绝热指数 k 有关

$$\eta = 1 - \left(\frac{V_1}{V_2}\right)^{k-1} \tag{8-15}$$

从上述可知，炸药的爆热是决定炸药做功能力的指标，爆热大的炸药做功能力强。此外，由于爆轰气体产物是做功的介质，因此比容 V_2 越大，热能转换为机械功的效率也就越高，所以，炸药的比容也是对做功能力有重要影响的因素。

炸药的做功能力目前主要用铅铸扩张法和做功能力摆法测定。

铅铸扩张法是以一定量的炸药在铅铸中爆炸时，按爆炸气体产物膨胀所引起的铅铸扩孔的体积大小来判断和比较炸药的做功能力。爆炸前、后铅铸示意图如图 8－14 所示。

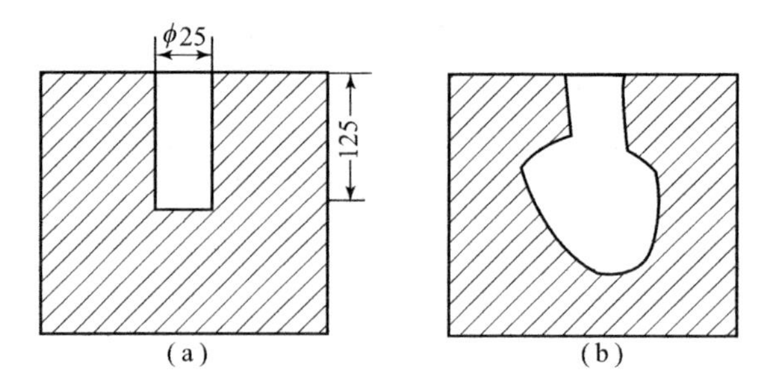

图 8－14　爆炸前、后铅铸示意

（a）爆炸前（ϕ200 mm×200 mm）；（b）爆炸后

做功能力摆如图 8－15 所示。做功能力按下式计算

$$A = C(1-\cos\alpha)$$

式中，C——摆的结构常数（已知）；

α——炸药爆炸后，摆体摆动的角度。

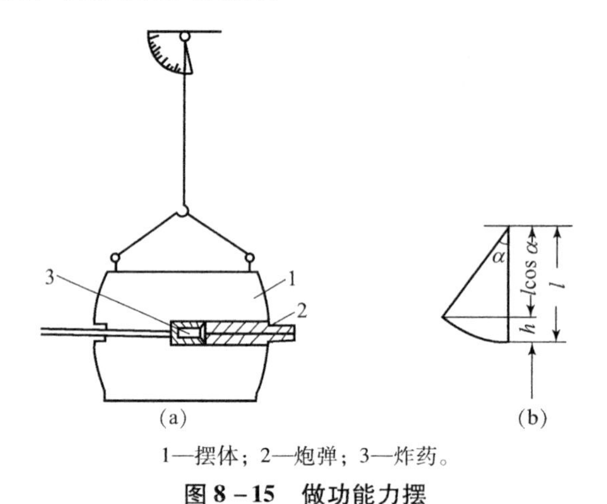

1—摆体；2—炮弹；3—炸药。

图 8－15　做功能力摆

（a）做功能力摆示意；（b）摆的角度

2. 炸药的氧平衡

自然界中的元素有 100 多种，但是组成炸药的元素主要是 C、H、O、N。为了提高炸药的某些性能，有时还加入一些其他元素，如 F、Cl、S、Si、B、Mg、Al 等。这些元素在炸药中的作用可分为三种类型：

①可燃剂：C、H、Si、B、Mg、Al 等；

②氧化剂：O、F 等；

③载氧体：N。

显然，可燃剂与氧化剂发生氧化还原反应并放出热量。N 和 O 组成—NO_2、—NO、—ONO_2等基团，把氧带进炸药中去；在一般情况下，N 只当作惰性物质处理，起隔离氧化剂和可燃剂的作用。炸药中氧化剂、可燃剂的含量与炸药的能量性质及爆炸反应方程式有非常密切的关系。

为了表示炸药中氧含量与可燃元素含量的相对关系，引入炸药氧平衡或氧系数的概念。氧平衡是指炸药中的氧用来完全氧化可燃元素以后，每克炸药所多余或不足的氧量，用符号 OB 表示。

对于 $C_aH_bO_cN$ 炸药（a、b、c 为对应元素的原子个数），其氧平衡的公式为

$$OB = \frac{[c-(2a+b/2)]}{M} \times 16\ [g(O)/g(炸药)] \tag{8-16}$$

式中，M——炸药的相对分子质量；

16——氧的相对原子质量。

由上式可见，随着炸药中氧含量的改变，氧平衡有三种情况：

当 $c>2a+\frac{b}{2}$ 时，炸药中的氧完全氧化其可燃元素后还有富余，称为正氧平衡（$OB>0$），相应的炸药就是正氧平衡的炸药。

当 $c=2a+\frac{b}{2}$ 时，炸药中的氧恰好能完全氧化其可燃元素，称为零氧平衡（$OB=0$），相应的炸药就是零氧平衡的炸药。

当 $c<2a+\frac{b}{2}$ 时，炸药中的氧不足以完全氧化其可燃元素，称为负氧平衡（$OB<0$），相应的炸药就是负氧平衡的炸药。

如硝化甘油（$C_3H_5O_9N$）的氧平衡为

$$OB = \frac{9-\left(2\times 3+\frac{5}{2}\right)}{217} \times 16 = 0.037\ [g(O)/g(炸药)]$$

式中，217——硝化甘油的相对分子质量。

因此，硝化甘油是正氧平衡的炸药。

对于混合炸药，氧平衡的计算公式为

$$OB = \sum_{i=1}^{n} OB_i \omega_i\ [g(O)/g(炸药)] \tag{8-17}$$

式中，n——混合炸药的组分数；

OB_i—第 i 种组分的氧平衡；

ω_i——第 i 种组分在炸药中所占的质量分数。

如 2#岩石炸药的氧平衡为：

$$OB = \frac{0.2\times 85-0.74\times 11-1.38\times 4}{100} = +0.0334\ [g(O)/g(炸药)]$$

2#岩石炸药也是正氧平衡炸药。

3. 炸药的氧系数

氧系数表示炸药分子被氧饱和的程度。对于 $C_aH_bO_cN$ 类炸药，氧系数的公式是

$$A = \frac{c}{2a+b/2} \times 100\% \tag{8-18}$$

即氧系数是炸药中所含的氧量与安全氧化可燃元素所需氧量的百分比。这是一个量纲为 1 的

量。它与氧平衡的关系可用下式表示

$$\mathrm{OB} = \frac{16c(1 - 1/A)}{M} \tag{8-19}$$

若 $A > 100\%$，则 $\mathrm{OB} > 0$，正氧平衡炸药；

若 $A = 100\%$，则 $\mathrm{OB} = 0$，零氧平衡炸药；

若 $A < 100\%$，则 $\mathrm{OB} < 0$，负氧平衡炸药。

氧系数的计算举例如下：

硝化甘油：

$$A = \frac{9}{2 \times 3 + 5/2} \times 100\% = 105.9\%$$

梯恩梯：

$$A = \frac{6}{2 \times 7 + 5/2} \times 100\% = 36.4\%$$

4. 炸药的爆热

单位质量的炸药在爆炸反应时放出的热量称为该炸药的爆热。爆热是炸药产生巨大做功能力的能源，爆热与炸药的爆温、爆容、爆速、爆压等参数值密切相关，是炸药重要的性能参数。

由于炸药的爆炸变化极为迅速，可视作在定容状态下进行，而且定容热效应更能直接地表示炸药的能量性质，一般用 Q_V 来表示炸药的爆热，其单位为 kJ/mol 或 kJ/kg。

（1）爆热的理论计算

计算炸药爆热的理论依据是盖斯定律。下面简要说明利用盖斯定律来计算炸药爆热的方法，如图 8－16 所示。

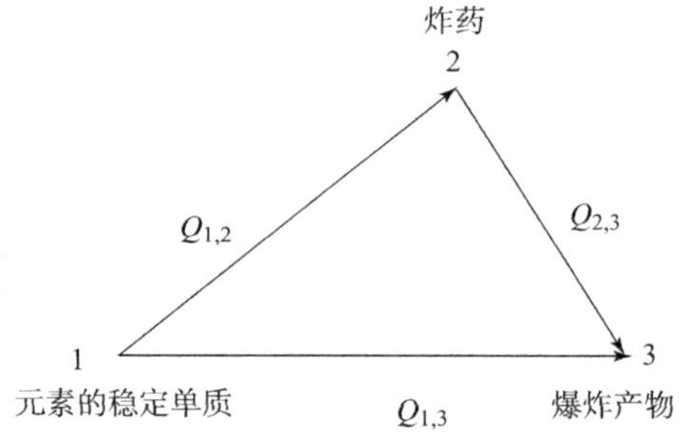

图 8－16　计算炸药爆热的盖斯定律示意

如图 8－16 所示，状态 1 为组成炸药元素的稳定单质状态，即初态；状态 2 为炸药，即中间态；状态 3 为爆炸产物，即终态。

从状态 1 到状态 3 有两条途径：一是由元素的稳定单质直接生成爆炸产物，同时放出热量 $Q_{1,3}$（即爆炸产物的生成热之和）；二是从元素的稳定单质先生成炸药，同时放出或吸收热量 $Q_{1,2}$（炸药的生成热），再由炸药发生爆炸反应，放出热量 $Q_{2,3}$（爆热），生成爆炸产物。

根据盖斯定律，系统沿第一条途径转变时，反应热的代数和应该等于它沿第二条途径转变时的反应热的代数和，即

$$Q_{1,3} = Q_{1,2} + Q_{2,3} \tag{8-20}$$

则炸药的爆热 $Q_{2,3}$ 为

$$Q_{2,3} = Q_{1,3} - Q_{1,2} \tag{8-21}$$

即炸药的爆热等于其爆炸产物的生成热之和 $Q_{1,3}$ 减去炸药的生成热 $Q_{1,2}$ 之差。

因此，只要知道炸药的爆炸反应方程式和炸药及爆炸产物的生成热数据，利用式（8－21）就可计算出炸药的爆热。

必须指出，由热化学数据表中查得的炸药或产物的生成热数量往往都是定压生成热数据，将它们代入式（8－21）中算得的结果是定压爆热。必须把它换算成定容数据，才能得

出炸药爆热值。

[**例 1**] 已知太安（PETN）的爆炸反应方程为

$$C_5H_8O_{12}N_4 = 4H_2O + 3CO_2 + 2CO + 2N_2 + Q_V$$

求太安的爆热 Q_V(kJ/kg)。

解：

①画出计算太安爆热的盖斯定律图，如图 8－17 所示。

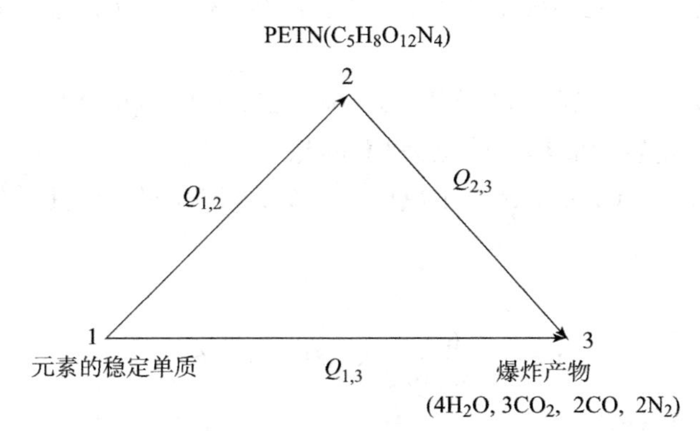

图 8－17　计算太安爆热的盖斯定律

②查资料得到所需物质在 298 K 时的定压生成热数据 Q_{pf}。

物质名称：	PETN	H_2O	CO_2	CO	N_2
Q_{pf}/(kJ·mol^{-1})	514.6	241.8	393.5	110.5	0

③令 Q_p 为 298 K 时的定压爆热，按照盖斯定律图，有

$$Q_p = Q_{2,3} = Q_{1,3} - Q_{1,2} = 4\times241.8 + 3\times393.5 + 2\times110.5 - 514.6 = 1\ 854.1\ (\text{kJ/mol})$$

④计算太安的定容爆热。

$$Q_V = Q_p + 2.478(n_1 - n_2) = 1\ 854.1 + 2.478\times(4+3+2+2-0) = 1\ 881.4\ (\text{kJ/mol})$$

⑤将 Q_V 换算成所要求的单位 kJ/kg。

$$Q_V = 1\ 881.4\times\frac{1\ 000}{M} = 1\ 881.4\times\frac{1\ 000}{316} = 5\ 953.8\ (\text{kJ/kg})$$

（2）爆热的经验计算法

用盖斯定律计算爆热时，需要知道炸药接近于真实情况下的爆炸变化方程式和有关的生成热数据。这不仅麻烦，有时甚至很困难。1964 年，有学者提出了一种计算爆热的经验方法，只要知道炸药的分子式和生成热数据就可算出其爆热。当氧系数 $A = 12\% \sim 115\%$ 时，其爆热的计算误差不超过 0.5%～3.5%。

此法将炸药产物总定容生成热 $Q_{1,3}$ 视为该炸药氧系数 A 的单值函数，并且对任一确定的 A 值，$Q_{1,3}$ 总有一个确定的最大值 $Q_{1,3\max}$ 与之相对应。如果 A 在 12%～115% 范围内，$Q_{1,3}$ 与 $Q_{1,3\max}$ 的关系为

$$Q_{1,3} = KQ_{1,3\max} \tag{8-22}$$

式中，K——炸药爆炸产物的"真实性系数"，$K = 0.32(100A)^{0.24}$。

$Q_{1,3\max}$ 按最大放热原则确定。即，炸药爆炸变化时，平衡反应 $2CO \rightleftharpoons CO_2 + C$ 和 $CO + H_2 \rightleftharpoons H_2O + C$ 向右移动，此时的热效应就是最大爆热。换言之，$Q_{1,3\max}$ 是将炸药分子中的氢

全部氧化为 H_2O，并用剩余的氧使碳氧化为 CO_2 这一过程产生的热效应。

于是，只要知道炸药的分子式，就能算出其氧系数 A 及产物的最大定容生成热 $Q_{1,3\max}$，然后计算爆炸产物的定容生成热 $Q_{1,3}$；如果再知道炸药的定容生成热 $Q_{1,2}$，就可求出炸药的爆热 Q_V。

对于 $C_aH_bO_cN$ 类炸药，其爆热计算式为：

当 $A \geqslant 100\%$ 时，有

$$Q_V = 0.32(100A)^{0.24}(393.3a + 120.3b) - Q_{Vfe}\ \text{kJ/mol} \tag{8-23}$$

当 $A < 100\%$ 时，有

$$Q_V = 0.32(100A)^{0.24}(196.6c + 22.0b) - Q_{Vfe}\ \text{kJ/mol} \tag{8-24}$$

式中，Q_{Vfe}——炸药的定容生成热，单位为 kJ/mol。

［**例 2**］ 已知黑索金（$C_3H_6O_6N_6$）的 $Q_{Vfe} = -93.3$ kJ/mol，求其爆热 Q_V(kJ/mol)。

解：

①计算 A 值

$$A = \frac{6}{2\times 3 + 6/2}\times 100\% = 66.67\%$$

②利用式（8－24）计算 Q_V

$$Q_V = 0.32\times 66.67^{0.24}\times(196.6\times 6 + 22.0\times 6) + 93.3 = 124\ (\text{kJ/mol})$$

③调整单位

$$Q_V = \frac{1\ 243.3}{222}\times 1\ 000 = 5\ 600.5\ (\text{kJ/kg})$$

（3）混合炸药爆热的计算

假定混合炸药中每一组分对爆热的贡献与它在该炸药中的含量成正比，则混合炸药爆热计算公式为

$$Q_V = \sum \omega_i Q_{Vi}\ (\text{kJ/kg}) \tag{8-25}$$

式中，ω_i——混合炸药中第 i 种组分的质量分数；

Q_{Vi}——混合炸药中第 i 种组分的爆热，kJ/kg。

［**例 3**］ 已知爆热：$Q_{VTNT} = 4\ 126.7$ kJ/kg，$Q_{VRDX} = 5\ 601.1$ kJ/kg，求 40TNT/60RDT 的爆热 Q_V(kJ/kg)。

解：

按式（8－25），40TNT/60RDT 的爆热为

$$Q_V = 40\%\times 4\ 126.7 + 60\%\times 5\ 601.1 = 2\ 011.3\ (\text{kJ/kg})$$

5. 炸药的爆温

炸药爆炸时所放出的热量将爆炸产物加热到的最高温度称为爆温，用 T_B 表示。

爆温也是炸药重要的示性数值。对它的研究不仅具有理论意义，而且具有实际意义。在某些场合，例如作为弹药，特别是水雷、鱼雷的主装药，往往希望炸药爆温高，以求获得较大的威力；而枪炮用的发射药，爆温就不能过高，否则，枪炮身管的烧蚀严重；尤其是煤矿用炸药，爆温必须控制在较低范围内，以防引起瓦斯或煤尘爆炸。

由于炸药爆炸过程迅速，爆温高，而且随时间变化极快，加上爆炸的破坏性，对爆温的

测定很困难，目前主要是从理论上估算炸药的爆温。为了简化，假定：

①爆炸过程定容、绝热；其反应热全部用来加热爆炸产物。

②爆炸产物处于化学平衡和热力学平衡态，其热容只是温度的函数，与爆炸时产物所处的压力状态（或密度）无关。注意，此假定对于高密度炸药爆温的计算将带来一定的误差。

下面介绍用爆炸产物的平均比热容来计算爆温的方法。至于用爆炸产物的内能值计算爆温，是热化学通用的方法，不再赘述。

根据上述假设，令

$$Q_V = \bar{c}_V(T_B - T_0) = \bar{c}_V t \tag{8-26}$$

式中，T_B——炸药的爆温，K；

T_0——炸药的初温，取 298 K；

t——爆炸产物从 T_0 到 T_B 温度间隔，即净增温度，它的数值与采用温标 K 或 ℃无关；

$\bar{c}_V$——炸药全部爆炸产物在温度间隔 t 内的平均热容量。

$\bar{c}_V$ 计算公式为

$$\bar{c}_V = \sum n_i \bar{c}_{Vi} \tag{8-27}$$

式中，n_i——第 i 种爆炸产物的物质的量；

$\bar{c}_{Vi}$——第 i 种爆炸产物的平均分子比热容，J/(K · mol)。

爆炸产物的平均分子比热容与温度的关系一般为

$$\bar{c}_{V_i} = a_i + b_i t + c_i t^2 + d_i t^3 + \cdots \tag{8-28}$$

式中，a_i、b、c_i、d_i 是与组分有关的常数。对于一般工程计算，上式仅取前两项，即认为平均分子比热容与温度间隔 t 为直线关系

$$\bar{c}_{Vi} = a_i + b_i t \tag{8-29}$$

则

$$\bar{c}_V = A + Bt \tag{8-30}$$

式中，

$$A = \sum n_i a_i,\ B = \sum n_i b_i \tag{8-31}$$

将式（8 -30）代入式（8 -26），得

$$Q_V = At + Bt^2 \tag{8-32}$$

即

$$At + Bt^2 - Q_V = 0 \tag{8-33}$$

于是

$$t = \frac{-A + \sqrt{A^2 + 4BQ_V}}{2B} \tag{8-34}$$

所以，爆温为

$$T_B = \frac{-A + \sqrt{A^2 + 4BQ_V}}{2B} + 298\ \text{K} \tag{8-35}$$

由此可见，只要知道炸药的爆炸变化方程式或爆炸产物的组分、每种产物的平均分子热容和炸药的爆热，就可以求出该炸药的爆温。

［**例 4**］已知梯恩梯的爆炸变化方程式为

$$C_7H_5O_6N_3 = 2CO_2 + CO + 4C + H_2O + 1.2H_2 + 1.4N_2 + 0.3NH_3$$

求梯恩梯的爆温 T_B。

解：

①计算爆炸产物的热容量。

对于双原子气体（CO、H_2、N_2）：$(1+1.2+1.4)\times(20.08+1.883\times10^{-3}t)=72.29+6.779\times10^{-3}t$

对于 H_2O：$1\times(16.74+8.996\times10^{-3}t)=16.74+8.996\times10^{-3}t$

对于 CO_2：$2\times(37.66+2.427\times10^{-3}t)=75.32+4.854\times10^{-3}t$

对于 NH_3：$0.2\times(41.84+1.883\times10^{-3}t)=8.368+0.377\times10^{-3}t$

对于 C：$4\times25.10=100.4$

所以

$$\bar{c}_V = \sum n_i \bar{c}_{Vi} = 273.1 + 21.06\times10^{-3}t\text{，}A=273.1\text{，}B=21.01\times10^{-3}$$

②将 A、B 值代入式（4－35）中，得

$$T_B = \frac{-273.1+\sqrt{273.1^2+4\times21.01\times10^{-3}\times959.4\times10^{-3}}}{2\times21.01\times10^{-3}}+298=3\,174\text{（K）}$$

6. 炸药的爆容

炸药的爆容通常是指在标准状态（0 ℃，100 kPa）下，1 kg 炸药爆炸反应的气态产物所占的体积，以 V_0表示，单位为 L/kg。

由于气态产物是炸药做功的工质，爆容越大，爆炸反应热转变为机械功的效率就越高。因此，爆容也是炸药的重要示性数之一。

若已知炸药的爆炸变化方程，其爆容很容易按 Avogadro 定律求得

$$V_0 = \frac{22\,400n}{m} \tag{8-36}$$

式中，m——炸药的质量，g；

n——气态爆炸产物的物质的量之和。

［**例5**］已知阿马托80/20的爆炸变化方程为

$$11.35NH_4NO_3 + C_7H_5O_6N_3 = 7CO_2 + 25.2H_2O + 12.85N_2 + 0.425O_2$$

其爆容为：

$$V_0 = \frac{22\,400\times(7+25.2+12.85+0.425)}{11.35\times80+227} = 897.5\text{（L/kg）}$$

7. 炸药的爆速

爆速是指爆轰波沿着炸药柱传播的速度，单位以 m/s 计。由于爆速是衡量炸药爆炸性能的重要标志，知道爆速就可以估算炸药的其他爆轰参数，加之爆速又是所有爆轰参数中能够直接准确测定的值，所以爆速的实测值一直被人们当作检验爆轰理论正确性的重要依据。因此，爆速的测定无论是在实验上还是在理论上，都具有重要的意义。

测定炸药爆速的方法归纳起来可分为测时法和高速摄影法。

测时法是如果已知炸药中某两点间的距离 ΔS，利用各种类型的测时仪器或装置，测出爆轰波传过这两点所经历的时间 Δt，利用下式即可求出爆轰波在这两点间传播的平均速度。

$$v_D = \Delta S/\Delta t \tag{8-37}$$

高速摄影法是借助爆轰波阵面的发光现象，利用高速摄影机将爆轰波沿装药传播的轨迹 $s(t)$ 连续地拍摄下来，从而得到爆轰波通过装药任一断面的瞬时速度。

$$v_D(t) = \mathrm{d}s(t)/\mathrm{d}t \tag{8-38}$$

8. 炸药的爆压

炸药爆炸时，爆轰波阵面上的压力称为爆压。其值的大小主要取决于炸药的化学性质，一般为 10 ~ 40 GPa。炸药含能高，爆炸生成的气体热容量小而体积大，能放出大量的热，则爆压就大。测量爆压的常用方法是锰铜压阻法。

8.5　炸药的爆轰理论

爆轰是炸药化学变化的典型形式，而且爆轰给外界带来的灾害和损害往往比燃烧大得多。因此，研究炸药的爆轰过程，掌握适当的爆轰理论知识，对于炸药以至各种爆炸性物质（包括爆炸性混合气体）的安全使用和管理有重要的指导作用。

爆轰与冲击波往往是分不开的，为了更好地掌握爆轰理论，必须首先具备冲击波的基础知识。为此，本节的讨论将从冲击波开始。

8.5.1　冲击波理论基础

1. 声波与声速

在一定条件下，物质以一定状态存在。如果由于外部的作用使物质的某一局部发生了状态变化，如压力、密度等的改变，就称为扰动。在弹性介质中，某个局部受到作用后，由于物质质点的相互作用，由近及远地使物质的质点陆续发生扰动，这种扰动在介质中的传播就叫作波。在波传播过程中，介质原始状态与扰动状态的交界面叫作波阵面。波阵面在一定方向上发生位移的速度就是波传播的速度，简称波速。

扰动传播的速度与扰动的强弱有关。如果由扰动引起状态参数的变化很小，则这一扰动称为弱扰动；反之，如果扰动引起状态参数明显改变，则称为强扰动。

在弹性介质（例如空气）中可以传播压缩波和膨胀波。

现在以活塞在充满气体的管中运动为例，来说明压缩波和膨胀波。

图 8 - 18 表示在充满气体的无限长的管中推动活塞产生压缩波的情况。

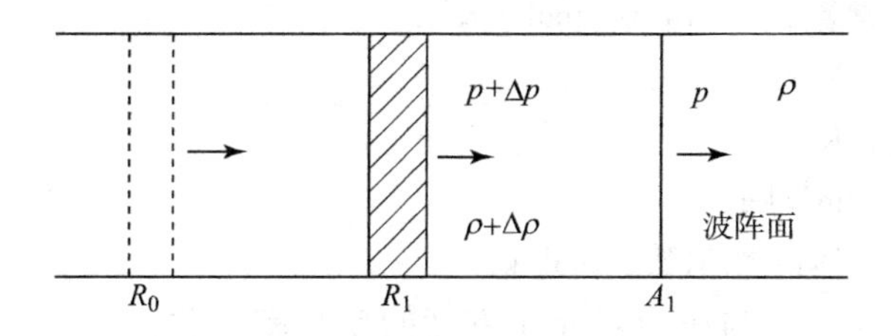

图 8 - 18　压缩波的传播

在某一瞬间，活塞从 R_0 移动到某一位置 R_1，原来靠近活塞在 R_0 与 R_1 间的气体受到压缩而移动到 R_1 和 A_1 间。在 R_1 和 A_1 间气体的压力、密度都升高，这种压缩过程在充气的管中逐层传递下去，就形成压缩波。管中已经被压缩的气体和未被压缩的气体的分界面就是压缩波的波阵面，以 A_1 表示，在波阵面右边是还未受到压缩的气体，其状态就是管中气体状态，压力为 p，密度为 ρ。在波阵面左边是受到压缩的气体，其状态已经发生变化，压力为 $p+\Delta p$，密度为 $\rho+\Delta\rho$。由于波阵面两边存在压力差，其左边的气体将推挤右边的，使其压力、密度升高；而已被压缩的气体又将继续推挤未被压缩的，由此逐层传递下去，甚至在活塞停止后，波阵面仍将继续向右移动。

由此可见，在压缩波的情况下，波阵面到达之处，介质压力、密度等参数增大，波的传播方向与介质的运动方向相同。我们把波阵面上介质的压力、密度等参数增量很小的波称为弱压缩波。

在相反的情况下，如管活塞沿管向左运动，就形成膨胀波，如图 8－19 所示，这里不再赘述。

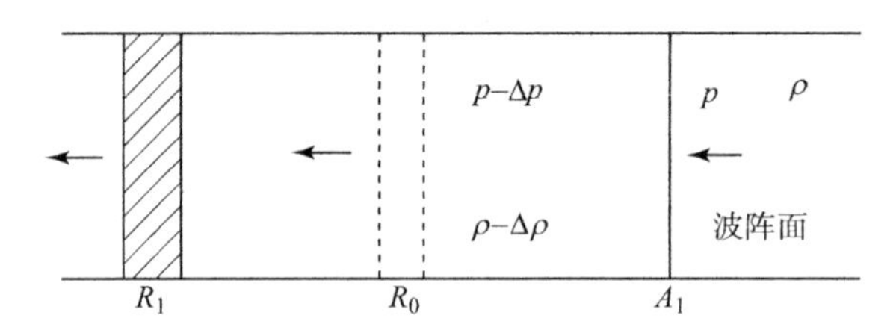

图 8－19　膨胀波的传播

需提出的是，在膨胀波的情况下，波阵面到达之处，介质压力、密度等参数减小，波的传播方向与介质运动方向相反。

如果活塞放在管的中央并以一定频率做往复运动，则管中活塞两边气体以一定频率交替地发生压缩与膨胀，介质质点将在原来位置振动，而波向左右传播，这种波就是声波。音叉在介质中振动而发声就是这种情况。

声速的数学表达式可表示为

$$c=\sqrt{\frac{\mathrm{d}p}{\mathrm{d}\rho}} \tag{8-39}$$

若介质为气态，则通过进一步处理，并把气体看成理想气体，可得到

$$c=\sqrt{KnRT}=\sqrt{KpV} \tag{8-40}$$

式中，K——等熵指数；

R——通用气体常数，8.314 J/(mol · K)；

p——介质压力，N/m^2；

T——介质温度，K；

V——介质比容，m^3/kg；

n——单位质量气体的摩尔数，mol/kg。

式（8－39）表示声速仅与压力对介质密度的变化率有关。式（8－40）表示，当介质为气体时，声速与介质压力、温度有关，当压力和温度高时，则声速大。

式（8－40）称为声速的拉普拉斯公式，可用于极弱的压缩波和膨胀波。

在不同介质中，声速是不一样的。在标准状态下，在空气中声速是 340 m/s，在水中声速是 1 500 m/s，在钢中声速是 5 200 m/s。

综上所述，声波的性质可归纳如下：

①声波是压缩与膨胀交替的波。

②介质质点在平衡位置振动，不发生位移。

③声速即弱扰动的传播速度，只取决于介质的状态，而与波的强度无关。

④声波是由弱扰动引起的无限振幅波，其波阵面上介质状态参数变化无限小，即$dp \to 0$。

如果波的振幅大于一定数值，各点介质参数的相差比较大，则此种波称为有限振幅波。

2. 冲击波的形成

冲击波是波阵面以突跃面的形式在弹性介质中传播的压缩波，波阵面上介质状态参数变化是突跃式的。现在用活塞在充满气体的管子中做加速运动来说明冲击波的形成及其特征，如图 8－20 所示。

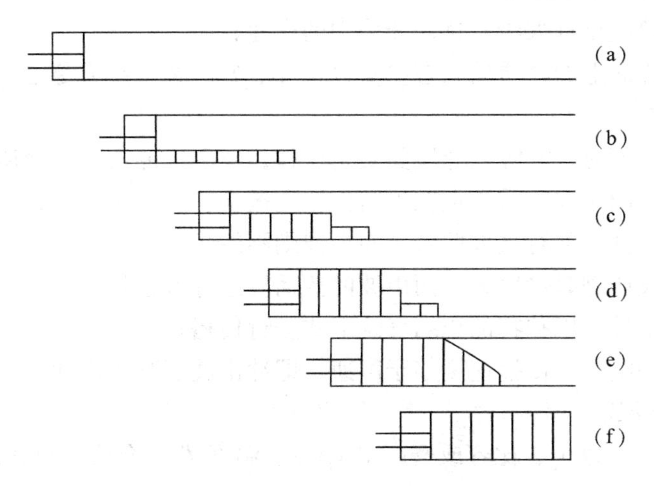

图 8－20　冲击波的形成及其特征

当活塞由静止以很小的速度增量 dW 开始运动时，活塞前的气体受到压缩，产生一个压缩波。此压缩波在未扰动的介质中传播，其传播速度为未扰动介质中的声速 c，活塞和波阵面间的气体以速度 dW 沿波传播的方向运动，如图 8－20（b）所示。

接着，如果活塞运动速度再增加一个很小的数值 dW，则在活塞前面产生第二个压缩波，如图 8－20（c）所示，而且此压缩波是在已经被第一个波压缩过的介质中传播。如果不忽略第一个波压缩过的介质温度（或压力、密度）较未压缩前的升高，其声速 $c+dc$ 也较大。另外，已压缩过的气体有一个与波传播方向相同的速度，故第二个压缩波的传播速度比第一个大，因此第二个波能赶上第一个波。

同样，当活塞继续加速至 W 时，在其前面产生一系列的压缩波，它们的波速都比其前面的大，各个波互相追逐，并且有累积而联合成一个强压缩波的趋势。

这样经过一段时间，后面的压缩波都赶上了第一个波，叠加成了压力突跃升高的冲击波。它的波阵面是突跃面，波阵面上的压力、密度、温度和介质运动速度等参数都突跃升高。

需说明的是，当活塞在充满气体的管中加速运动形成冲击波时，并不要求活塞的速度超过未扰动气体中的声速，而在空气中运动的物体要形成冲击波，其运动的速度必须超过（或接近）空气中的声速。这是因为活塞在周围封闭的管中运动，活塞将活塞后的膨胀区隔开了，介质参数的变化可以积累起来而形成冲击波，而当物体在三维空间运动时，若其速度低于空气中的声速，则其前面的压缩波以空气中的声速传播。物体向前运动的同时，其周围空气则向其后的真空地带膨胀，形成膨胀波，使运动物体前面空气的压缩状态不能叠加起来，所形成的压缩波总是以未扰动的空气中的声速传播，故不能形成冲击波。

总之，冲击波是由压缩波叠加形成的。冲击波的形成是由量变到质变的过程，二者的性质有本质的差异。弱压缩波通过时，介质状态发生连续变化，而冲击波通过时，介质状态发生突跃变化。弱压缩波的传播速度等于未扰动介质中的声速，其速度大小只取决于未扰动介质的状态，而与波的强度无关。冲击波的传播速度大于扰动介质的声速，其速度大小取决于波的强度。

3. 冲击波与声波不同的特性

①冲击波传播速度永远大于未扰动介质中的声速；

②在冲击波波阵面上的介质的状态参数（p、ρ、T）发生突跃变化，而声波的状态参数的变化则接近于零；

③受到冲击波压缩时，波阵面介质要发生位移，对于正冲击波，介质移动方向与冲击波传播方向是一致的，而声波介质质点在平衡位置上振动，不发生位移；

④冲击波波速与其强度有很大关系，而声波则不然；

⑤介质受冲击波压缩时熵增大，而声波的传播接近等熵过程；

⑥冲击波无周期性，以独特的压缩突跃形式进行传播；

⑦冲击波衰减的结果是传播速度趋于声速，即冲击波衰减为声速。

4. 冲击波参数计算

冲击波参数包括压力 p_1、比容或密度 $V_1(\rho_1)$、温度 T_1、介质质点速度 u_1 和波速 D。

通过质量守恒、动量守恒、能量守恒定律，可得出冲击波的三个基本关系式：

$$u_1 - u_0 = \sqrt{(p_1 - p_0)(V_0 - V_1)} \tag{8-41}$$

$$D - u_0 = V_0 \sqrt{(p_1 - p_0)/(V_0 - V_1)} \tag{8-42}$$

$$E - E_0 = \frac{1}{2}(p_0 + p_1)(V_0 - V_1) \tag{8-43}$$

式中，E——介质单位质量的内能；

下标0——未受扰动介质的状态参数。

如果介质为理想气体，则

$$\frac{p_1}{p_0} = \frac{(k+1)V_0 - (k-1)V_1}{(k+1)V_1 - (k-1)V_0} \tag{8-44}$$

式中，k——等熵指数，常温时，双原子气体 $k = 1.4$。

方程（8-43）叫作冲击波雨果尼奥方程（绝热方程）。这样，再加上理想气体状态方程

$$p_1 V_1 = RT_1 \tag{8-45}$$

组成了包含4个方程式的方程组。其中，有5个未知数，已知其中1个就可以由以上方程组求出其余4个值。

此方程组适用于理想气体，但非理想气体也常用上述方程组计算。

［**例6**］已知未扰动空气的初始参数为：$p_0 = 0.1$ MPa，$\rho_0 = 1.25 \times 10^{-3}$ g/cm^3，$T_0 =$

15 ℃，$c_0=340$ m/s，$u_0=0$，当冲击波波阵面上的超压 $\Delta p=10$ MPa 时，试计算冲击波的其他参数。设空气为双原子气体。

解：由于空气为双原子气体，则 $k=1.4$。

式（8－44）可写成

$$\frac{\rho_1}{\rho_0}=\frac{(k+1)p_1+(k-1)p_0}{(k+1)p_0+(k-1)p_1}$$

将题中初始参数代入，得

$$\frac{\rho_1}{\rho_0}=\frac{(1.4+1)\times 10.1+(1.4-1)\times 0.1}{(1.4+1)\times 0.1+(1.4-1)\times 10.1}$$

得

$$\rho_1=7.08\times 10^{-3}\ \text{g/cm}^3$$

而

$$V_1=1/\rho_1=0.141\times 10^3\ \text{cm}^3/\text{g}$$

$$V_0=1/\rho_0=0.80\times 10^3\ \text{cm}^3/\text{g}$$

代入式（8－41）和式（8－42），得

$$u_1=\sqrt{10\times 10^6\times(0.80-0.141)}=2\ 540\ (\text{m/s})$$

$$D=0.80\times\sqrt{\frac{10\times 10^6}{0.80-0.141}}=3\ 090\ (\text{m/s})$$

由式（8－45），得

$$T_1=\frac{p_1V_1}{p_0V_0}T_0=\frac{10.1\times 0.141}{0.1\times 0.80}\times 288=5\ 126\ (\text{K})=4\ 835\ ℃$$

8.5.2　爆轰的流体力学理论

1. 爆轰的流体力学理论的基本模型

流体力学的爆轰理论认为：爆轰是冲击波在炸药中传播引起的。冲击波在炸药中传播可能有两种情况：一种情况是和在惰性介质中传播的冲击波相似，即不引起炸药中的化学变化，这种过程如无外部因素的持续作用，则不可能维持恒速传播。这是因为冲击波波阵面通过时，介质受到不可逆压缩，熵增加，引起能量的不可逆损失，所以必然要在传播中衰减下去。另一种情况是由于冲击波的剧烈压缩而引起炸药的快速化学反应，反应放出的能量又支持冲击波的传播，可以使其维持定速而不衰减，这种紧跟着化学反应的冲击波，或者伴有化学反应的冲击波，称为爆轰波。爆轰就是爆轰波在炸药中传播的过程。

图 8－21 所示的爆轰波的模型就是爆轰波的 Z－N－D 模型，是捷尔迈维奇、冯·诺依曼和达尔岭在 20 世纪 40 年代各自独立提出来的。从图中可以看出，当炸药爆轰时，最前边的是前沿冲击波，在前沿冲击波的波阵面上，炸药的压力由原始压力突跃为 p_1，使炸药受到剧烈压缩，温度升高，发生迅速的化学反应。在发生化学反应时压力下降，至反应结束时下降为 p_2。由化学反应开始到化学反应结束的这个区域称为化学反应区，对于凝聚炸药，化学反应区的宽度一般为 0.1～1 mm。在反应结束后，爆轰产物发生等熵膨胀，压力下降较平缓。

化学反应区内的反应，实质上是一种高温高压下的快速燃烧。由于在反应区提供了能量，支持了爆轰波的稳定传播。

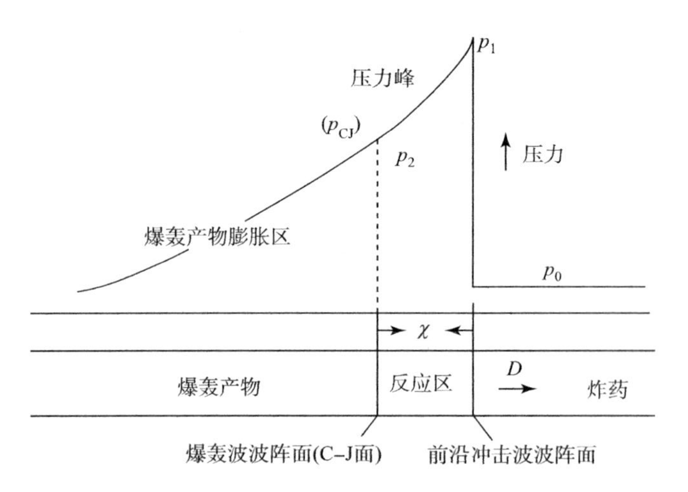

图 8-21　爆轰波的 Z-N-D 模型

上述模型是一个理想的经典模型，它不能完全反映爆轰波在反应区内所发生过程的实际情况。实际的爆轰波反应区所发生的化学反应并不完全如模型那样井然有序地进行层层展开，尤其对于凝聚炸药，爆轰波内所发生的过程比气体爆轰波要复杂得多，往往是气相和凝聚相同时存在的多相不均匀结构，这种多相不均匀结构造成了状态参数的不均匀性。

2. 气相爆轰的流体力学理论

研究气相爆轰过程中发展起来的流体力学爆轰理论，是研究各种炸药理论的基础。目前气相爆轰的流体动力学理论已处于非常成熟的阶段，在此基础上发展起来的凝聚相和多相爆轰理论也日趋完善。为了研究气相爆轰和其他炸药的爆轰，这里先扼要介绍气相爆轰的流体动力学理论。

与冲击波理论相似，也可建立起气相爆轰的基本关系式

$$u_2 = \sqrt{(p_2 - p_0)(V_0 - V_2)} \tag{8-46}$$

$$D = V_0\sqrt{(p_2 - p_0)/(V_0 - V_2)} \tag{8-47}$$

$$e_2 - e_0 = \frac{1}{2}(p_2 + p_0)(V_0 - V_2) + Q_V \tag{8-48}$$

式中，Q_V——爆轰化学反应区所释放的热量，通常称为爆热；

e——炸药的内能。

对于爆炸性气体，如爆轰波通过前后都服从理想气体定律，则式（8-48）可写为

$$\frac{p_2V_2}{k-1} - \frac{p_0V_0}{k-1} = \frac{1}{2}(p_2 + p_0)(V_0 - V_2) + Q_V \tag{8-49}$$

式（8-46）~式（8-49）是爆轰波的基本关系式，其中，式（8-49）适用于服从理想气体定律的爆炸性气体。

式（8-49）叫作多方气体中爆轰波的雨果尼奥方程，用式（8-49）在 $p-V$ 图上画出的曲线称为爆轰波的雨果尼奥曲线或爆轰波绝热曲线。

此外，卡普曼和儒格还分别提出了爆轰波稳定传播的条件，即著名的 C-J 条件

$$\frac{p_2 - p_0}{V_0 - V_2} = k\frac{p_2}{V_2} \text{或} D = u_2 + C_2 \tag{8-50}$$

这样，由以上 4 个方程加上爆轰产物的状态方程

$$p_2 = f(V_2, T_2) \tag{8-51}$$

所组成的 5 个方程的方程组，就可以解出 5 个未知数（p_2、V_2、T_2、u_2、D）。

假设混合气体在爆轰前后都服从理想气体定律，则可将方程组进一步简化为

$$D = \sqrt{2(k^2-1)Q_V} \tag{8-52}$$

$$u_2 = \frac{D}{k+1} \tag{8-53}$$

$$p_2 = \frac{1}{k+1}\rho_0 D^2 \tag{8-54}$$

$$V_2 = \frac{k}{k+1}V_0 \text{ 或 } \rho_2 = \frac{k+1}{k}\rho_0 \tag{8-55}$$

$$p_2 V_2 = RT_2 \tag{8-56}$$

这样，只要知道了爆热 Q_V和等熵指数 k，就可计算 5 个未知参数。

等熵指数 k 的值取决于分子的结构与温度。在常温时，双原子分子气体 $k=1.4$，三原子气体 $k=1.33$。在温度很高时，k 取极限值，如对于双原子气体，$k=1.284$；具有线性分子的气体（如 CO_2等），$k=1.152$；具有对称非线性分子的三原子气体（如 H_2O、H_2S 等），$k=1.165$。此外，对于空气（把它作为双原子气体），在 273～3 000 K 的范围内，用下面的平均热容量的近似公式

$$\bar{c}_V = 4.8 + 4.5 \times 10^{-4} T$$

再由 $\bar{c}_p = \bar{c}_V + R$ 和 $k = c_p / c_V$即可算出 k 值。

［**例 7**］已知某混合气体的定容爆热 $Q_V = 12\ 080$ kJ/kg，等熵指数 $k=1.16$，试计算初压为 0.1 MPa 时的爆轰参数。已知 $\rho_0 = 0.624 \times 10^{-3}$ g/cm³，产物平均相对分子质量为 20。

解：先按下式将爆热用机械功的绝对单位（m^2/s^2）表示

$$Q_V = Q \times 10^2 g$$

式中，g——重力加速度（9.81 m/s^2）；

10^2——热功当量（kg·m/kJ）；

Q——爆热（kJ/kg）。

则　$Q_V = 12\ 080 \times 10^2 \times 9.81 = 1.211 \times 10^7$（$m^2/s^2$）

代入式（8－52）～式（8－56）中，得

$$D = \sqrt{2 \times (1.16^2 - 1) \times 1.211 \times 10^7} = 2\ 893 \text{（m/s）}$$

$$u_2 = \frac{2\ 893}{1.16+1} = 1\ 339 \text{（m/s）}$$

$$p_2 = \frac{1}{1.61+1} \times 0.624 \times 2\ 893^2 = 2.418 \times 10^6 \text{（N/m}^2\text{）}$$

$$V_2 = \frac{1.16}{1.16+1} \times \frac{1}{0.624 \times 10^{-3}}$$

$$= 861 \text{（cm}^3\text{/g）} = 861 \times 10^{-6} \times 20 \text{ m}^3\text{/mol} = 17.22 \times 10^{-3} \text{ m}^3\text{/mol}$$

$$T_2 = \frac{2.418 \times 10^6 \times 17.22 \times 10^{-3}}{8.314} = 5\,008\ (\mathrm{K}) = 4\,735\ ℃$$

计算时，一定要注意单位统一。

8.5.3 凝聚炸药的爆轰过程

1. 爆轰反应区的结构

在上一节里，介绍了描述爆轰波结构的 Z－N－D 模型。按照这一模型，把爆轰波看成由前沿冲击波和紧跟在后面的化学反应区构成的，它们以同一速度 D 沿着炸药传播。Z－N－D 模型是对气相爆轰提出的，但通过实验验证表明，该模型可用来描述凝聚炸药爆轰波的概貌。

2. 凝聚炸药爆轰参数计算

上面已说过，对于凝聚炸药，爆轰波传播的 Z－N－D 模型仍然是适用的。因此，气相爆轰方程式（8－46）~式（8－51）都适用于凝聚炸药。

必须说明的是，凝聚炸药的爆压可达几十万大气压，爆轰产物的密度为 2 g/cm^3 以上，比气体炸药大几千倍甚至上万倍，超过了原固体或液体炸药的密度。在这种情况下，理想气体状态方程已经不适合描述爆轰产物的热力学行为，必须寻找合适的状态方程。目前主要使用的是经验和半经验的状态方程式，这些方程式目前还不是很完善，在此不详述，需用时请参阅《炸药理论》（金韶华，西北工业大学出版社，2010 年）等书籍。

3. 凝聚炸药的起爆机理

凝聚炸药的爆轰过程一般是借助热能、机械能或依据炸药爆炸的直接作用来引发。在被引发的炸药中产生爆轰的条件和爆轰形成的过程，取决于起爆能量的特性以及炸药本身的性质，具体分述如下。

（1）炸药在热作用下发生爆炸的机理

炸药在热作用下发生爆炸有两种情况：一种是单纯的热机理，即炸药受热，温度升高，达到爆发点爆炸；另一种是自动催化的热爆炸，此时，炸药在一定的温度下发生分解放热，由于分解所放出的热量大于向环境散失的热量，便出现热累积，体系温度过高，进一步加快放热反应，如此下去形成一种自动催化的过程，当体系温度达到爆发点时便爆炸。关于这种自催化的热爆炸，将在下一章详细讨论。

（2）炸药在机械作用下的起爆机理

长期以来，人们对炸药的机械起爆及其机理做了大量的实验和理论研究，取得了很大的进展。

比较早期的观点是贝尔特洛的热假说，他认为，在机械作用下，无论作用形式如何，最终是机械能转变为热能使炸药的温度上升，当其温度超过爆发点时，炸药即分解或爆炸。

但是有些研究者进行了计算，他们假设撞击时所吸收的热量均匀分布在整个体积中，即使在炸药的体积很小时，也不能引起爆炸反应，因此，这种假说未得到公认。

现在得到公认的是热点学说。热点学说认为，炸药在机械作用（摩擦、撞击等）下，机械能首先转变为热能，产生的热量来不及均匀地分布到整个试样上，而是集中在试样中个别小点上形成“热点”，当热点温度达到某个值时，就会在热点处形成强烈反应，结果引起全部炸药爆炸。

热点的形成和扩展是有过程的。首先是形成热点，再以热点为中心向周围扩展，以爆燃形式进行，再由燃烧转变为低速爆炸，直到稳定爆轰。

布登等人认为，在一般机械作用下，主要可能通过以下三种途径形成热点：

①炸药内所含微小气泡受到绝热压缩形成热点。炸药中的微小气泡可能是炸药中原来包含的，也可能是在撞击等机械作用时被带入炸药中的。在液体炸药、塑性炸药或粉状炸药中，受到机械撞击时，气泡受到绝热压缩。由于气体的可压缩性大，易形成热点，此热点使气泡壁面处的炸药点燃、发火、爆炸。

②由于摩擦形成热点。炸药结晶受到机械作用时，晶粒之间的摩擦、炸药与固体物质或金属之间的摩擦，均可形成热点而发展到爆炸。

由于摩擦形成热点时，炸药的熔点、金属的熔点和导热性与热点的形成有很大关系，因为热点所能达到的最高温度直接受到炸药熔点和金属熔点的限制。炸药熔点和金属熔点越高，以及金属的导热性越低，越容易形成热点。

③由于炸药的黏滞流动而产生热点。炸药受到机械作用，撞击表面相碰时，炸药被挤出而产生黏滞加热，其温度升高，足以引爆炸药。

当然，并非所有热点都能导致爆炸。在机械作用下，一般炸药形成的热点必须具备以下条件才能扩展导致爆炸：

①热点温度为 300 ~ 600 ℃；

②热点半径为 10^{-5} ~ 10^{-3} cm；

③热点作用时间为 10^{-7} s 以上；

④热点所具有的热量为 10^{-10} ~ 10^{-8} J。

练　习　题

1. 根据物质的化学结构，爆炸性物质可分为哪几类？
2. 根据应用特征，炸药可分为哪四类？举例说明。
3. 炸药化学变化过程有哪三种基本形式？简述三者之间的关系及相互转化的条件。
4. 炸药燃烧速度的影响因素及其影响规律分别是什么？
5. 简述在炸药的生产、储存、使用和运输过程中如何防止炸药燃烧转爆轰。
6. 什么是炸药的感度？简述四种常见炸药感度的测试方法及测试原理。
7. 影响炸药感度的因素有哪些？
8. 炸药的爆炸作用体现在哪几方面？
9. 什么是炸药的殉爆？其主要的影响因素及影响规律是什么？防止殉爆发生的主要措施有哪些？
10. 某混合气体的定容爆热 $Q_V = 13\ 180\ \text{kJ} \cdot \text{kg}^{-1}$，等熵指数 $k = 1.12$，已知 $\rho_0 = 0.574 \times 10^{-3}\ \text{g} \cdot \text{cm}^{-3}$，产物平均相对分子质量为 22。试计算初压为 0.1 MPa 时的爆轰参数。

第9章 其他类型爆炸

9.1 氧化性物质

典型案例：山东省临沂市某化工厂双氧水爆炸

2013年12月29日7时开始，临沂市兰山区九州化工厂从高密建滔化工有限公司购买28 t双氧水（含量50%），由一辆槽罐车运到过氧化甲乙酮装置前的场地上，企业2名操作工将槽罐车内的双氧水卸至100多个双氧水包装桶内（塑料桶，每个容量200 kg）。13时50分许，双氧水包装桶突然爆炸，旁边的生产厂房被震塌，200 m以内民房玻璃全部震碎，2名工人和槽罐车押运员当场死亡，过氧化甲乙酮装置损坏。

事故直接原因：桶内有杂质或碱性物质，导致50%的双氧水发生急剧分解，产生大量气体。另外，包装桶没有严格检查、清洗，桶盖上没有排气孔，是本次事故发生的重要原因。

事故间接原因：一是企业对双氧水的危险特性认识不足，对双氧水装置的工艺安全分析不彻底；二是操作人员没有经过严格培训，不懂物料性质。

在氧化还原反应中，能获得电子的物质称为氧化剂。危险品中所指的氧化性物质只是那些氧化性能较强、化学性质比较活泼的一些物质。这类物质遇酸、碱、水分或与还原剂易燃物接触，或经摩擦、撞击、加热等，均能迅速分解放出氧气并产生大量的热，有引起燃烧或爆炸的危险。

常见的氧化性物质有氧气、臭氧、氟气等气体；过氧化氢、次氯酸盐、硝酸等液体；氯酸、高氯酸、亚氯酸、硝酸、亚硝酸、高锰酸、重铬酸等盐类；有机过氧化物等。下面分别进行介绍。

9.1.1 氧化性物质种类

按氧化性的强弱，把氧化剂分为一级和二级；按其组成，又分为有机氧化剂和无机氧化剂。

1. 一级无机氧化物

这类氧化剂大多为碱金属（锂、钠、钾、铷、铯）或碱土金属（镁、钙、锶）的过氧化物和盐类。它们的分子中含有过氧基（—O—O—）或高价态元素（$\overset{+5}{N}$、$\overset{+7}{Mn}$），性质极不稳定，易分解，具有极强的氧化性。

（1）过氧化物类

这类物质中含有过氧基（—O—O—），极不稳定，易放出具有强氧化性的原子氧，如过氧化钠 Na_2O_2、过氧化钾 K_2O_2等。

过氧化钠遇冷水放出过氧化氢，遇热水放出氧气，因此，严禁其与空气中的水分接触。此外，其与湿布、布、木材等接触便着火，与乙醇、甘油等混合时着火并爆炸。

过氧化钾遇水产生氧气与过氧化氢。

$$5K_2O_2+6H_2O\rightarrow 2O_2+H_2O_2+10KOH$$

过氧化氢与碱作用分别放出氧和热。

$$H_2O_2\rightarrow H_2O+1/2O_2+96\ kJ/mol$$

浓度在30%以下者分解缓慢，超过30%时分解加快。加入少量的 $Na_4P_2O_7$可使其稳定。过氧化氢被铜、铁、铬等金属污染时剧烈分解，例如，铜在溶液中只有1 ppm①，也会促使过氧化氢分解而产生热，在70 ℃温度下分解1 h可分解20%。

过氧化氢浓度升高时，危险性迅速增大，超过50%时，即使无火源，也能使可燃物着火。其与酒精、丙酮、甘油等的混合物尤为危险，甚至会引起爆轰。与人体接触时，会产生刺激，引起烧伤，进入眼睛会造成失明危险。

（2）氯的含氧酸及其盐类

这类物质中含有高价态氯原子，易得到电子变为低价态的氯原子，如高氯酸钠（$NaClO_4$）、氯酸钾（$KClO_3$）等。

①氯酸盐：代表性物质有氯酸钾，370 ℃熔化，400 ℃按下式分解

$$KClO_3\rightarrow KCl+3/2O_2+45.4\ kJ/mol$$

因此，与有机物共存时容易着火，特别是同硫黄或活性炭的混合物稍加摩擦便会起火。

$$2KClO_3+3S\rightarrow 2KCl+3SO_2$$

氯酸钾与浓硫酸相遇发生爆炸反应，生成不稳定的有毒二氧化氯。二氧化氯具有极强的氧化能力，连蔗糖都能被其氧化而燃烧。

$$3KClO_3+3H_2SO_4\rightarrow 3KHSO_4+HClO_4+2ClO_2+H_2O$$

利用与此同类的氯酸钠的强氧化力可制作除草剂。

②高氯酸盐：高氯酸钾比氯酸钾稳定，但在400 ℃以上同样分解放出氧气与热。高氯酸钾可制成60%~72%的溶液作为商品出售，但与有机物相混合时具有强爆炸性，与脱水剂相接触成为无水盐。其在常温下也能分解，与有机物共存时可发生爆炸。

③亚氯酸盐：属于此类的亚氯酸钠，若无水时，在350 ℃伴随发热而分解，放出氧气。该物质通常含有水，所以在更低的温度（120~130 ℃）下能分解。

$$NaClO_2\rightarrow NaCl+O_2$$

与金属粉末相混合时，具有爆炸性；遇到酸时，与氯酸盐具有相同的性质，生成爆炸性二氧化氯。

④次氯酸盐：代表性物质次氯酸钙，具有强氧化能力。利用它可进行漂白、水池或饮料水的杀菌，以及去除氰化物等。次氯酸钙约于180 ℃分解，放出氧气与热。

---

① 1 ppm $=10^{-6}$。

$$Ca(ClO_2)_2 \rightarrow CaCl_2 + O_2 + 84 \sim 125\ kJ/mol$$

与水共存时，分解温度下降，因此，应绝对避免与有机物接触。

对于氯的含氧酸盐，分子内的氧原子数少的，有低温分解的倾向，但氧原子数多时，爆炸威力大。

（3）硝酸盐类

这类物质中含有高价态的氮原子，如硝酸钾（KNO_3）、硝酸锂（$LiNO_3$）等。

硝酸铵 NH_4NO_3是代表性物质。170 ℃熔化，210 ℃分解。高温时产生如下分解

$$2NH_4NO_3 \rightarrow 2N_2 + 4H_2O + O_2$$

与有机物的混合物显示剧烈的爆炸性，与金属粉、木炭、硫黄等接触发生爆炸。

（4）高锰酸盐类

这类物质中含有高价态的锰原子，如高锰酸钾（$KMnO_4$）、高锰酸钠（$NaMnO_4$）等。高锰酸钾不论是干燥状态还是水溶液状态，与有机物混合时，都会有爆炸的危险。

2. 二级无机氧化剂

除一级以外的所有无机氧化剂均属此类，这类物质也容易分解，但比一级氧化剂要相对稳定，具有比较强的氧化性，也能引起燃烧。

（1）硝酸盐及亚硝酸盐类

有硝酸镧［$La(NO_3)_3$］、亚硝酸钾（KNO_2）等。

（2）过氧化物类

有过二硫酸钠（$Na_2S_2O_3$）、过硼酸钠（$NaBO_3$）等。

（3）卤素含氧酸及其盐类

这主要包括氯、溴、碘等的含氧酸及其盐类，如溴酸钠（$NaBrO_3$）、高碘酸（HIO_4）等。

（4）其他氧化物

这些物质不稳定，易分解放出氧气，如氧化银（Ag_2O）、五氧化二碘（I_2O_5）等。

3. 一级有机氧化剂

这些氧化剂大多为有机过氧化物或硝酸化合物，都含有极不稳定的氧原子，具有极强的氧化性，能引起燃烧和爆炸。

（1）有机过氧化物类

同无机过氧化物类一样，这类物质也含有过氧基（—O—O—），受到光和热作用，很容易分解放出氧气，常因此发生燃烧和爆炸。因此，一些极不稳定的有机氧化剂必须加入稳定剂后方可储运，如过氧化苯甲酰［$(C_6H_5CO)_2O_2$］受热、摩擦撞击就会发生爆炸，与硫酸能发生剧烈反应，引起燃烧并放出有毒气体，但当含有 30% 的水分时，就比较稳定。

（2）有机硝酸盐类

此类物质也同无机硝酸盐相似，含有高价态的氮原子，易得电子变为低价态，如硝酸胍［$H_2NC(NH)NH_2HNO_3$］、硝酸脲［$—CO(NH_2)_2HNO_3$］等。

4. 二级有机氧化剂

此类氧化剂均为有害的氧化物，也易分解，放出氧气和进行自身的氧化还原反应，如过醋酸（CH_3COOOH）等。

9.1.2 氧化性物质特性

在无机化学反应中，可以由电子的得失或化合价的变化来判断氧化还原反应。但在有机化学反应中，由于大多数有机化合物都是以共价键组成的，它们分子内的原子间没有明显的电子得失，很少有化合价的变化，所以不能用电子的得失或化合价的变化来判断有机化学反应是否为氧化还原反应。

但是在有机化学反应中的氧化还原反应，都和氧的得失或氢的得失有关。所以，在有机化学反应中，常把与氧的化合或失去氢的反应称为氧化反应，而将与氢的化合或失去氧的反应称为还原反应，把在反应中失去氧或获得氢的物质称为氧化剂，把获得氧或失去氢的物质称为还原剂，例如：

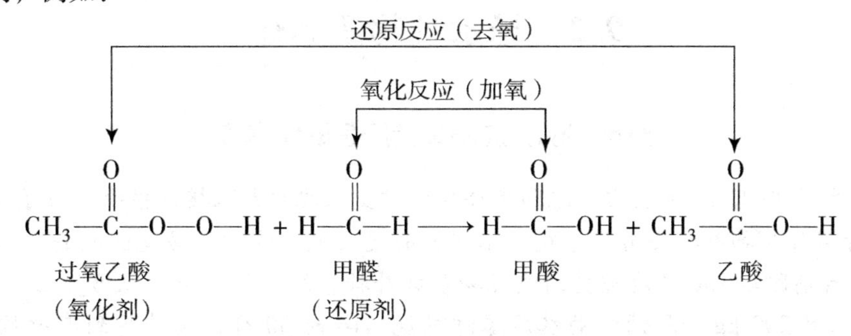

氧化剂的危险性之所以比较大，还由于它们能进行歧化反应。所谓歧化反应，也称自偶氧化还原反应，因为这类反应是在同一种物质分子内进行的氧化还原反应。例如：

$$2K\overset{+5}{Cl}\overset{-2}{O_3} = 2K\overset{-1}{Cl} + 3\overset{0}{O_2}$$

氧化剂氧化性的强弱一般有如下一些规律：

①对于元素来说，其非金属性越强，一般氧化性就越强，因为非金属元素具有获得电子的能力，如

$$\xrightarrow[\text{非金属性增强，其氧化性也增强}]{I_2、Br_2、Cl_2、F_2}$$

②对于正离子，当其所带的正电荷越多时，获得电子就越容易，即氧化性也就越强，如

$$\xrightarrow[\text{正电荷越多，氧化性增强}]{\overset{+2}{Sn}\quad\quad\overset{+4}{Sn}}$$

③对于化合物，若其中含有高价态的元素，则这个元素化合价越高，其氧化性就越强，如

$$\xrightarrow[\text{氮的化合价越高，氧化性越强}]{\overset{-3}{N}H_3、Na\overset{+3}{N}O_2、Na\overset{+5}{N}O_3}$$

氨气（NH_3）中的氮是 -3 价，它已经得到 3 个电子，达到外层“8 个电子稳定结构”，它不可能再得电子，所以氨气不具有氧化性。

硝酸钠中的氮是 +5 价，它失去 5 个电子，强烈地希望夺回这些电子，所以氧化性较强。

亚硝酸钠中的氮是 +3 价，处于中间状态，故其氧化性在硝酸钠与氨气之间。

氧化剂的氧化性强弱，不仅取决于其元素的非金属性强弱和原子的价态高低，而且在一定

程度上也受其中金属原子活泼性的影响。一般来说，含有活泼金属原子如钾、钠、锂的氧化剂的氧化性就强一些；含有活泼性差一些的金属原子如镁、铝、铁的氧化剂的氧化性就弱一些。

大多数氧化剂还有遇热分解的特性，即热安定性大多比较差。例如，硝酸盐类遇热能放出氧气和氧化氮气体，遇有机物、易燃物时能引起燃烧；硝酸铵与易燃物混合受热分解即会引起燃烧或爆炸。此外，大多数氧化剂遇酸会分解，反应常常是很猛烈的，往往引起爆炸。再有，有些氧化剂还很容易吸潮变质，如三氧化铬吸水后变成铬酸，高锰酸锌吸水后的液体接触有机物能立即引起燃烧，次氯酸钙（漂粉精）遇水后放出大量的热及原子氧，当接触有机物后，也会引起燃烧或爆炸。特别地，活泼金属的过氧化物，如过氧化钠遇水或吸收空气中的水蒸气甚至二氧化碳，就能分解而放出助燃性气体，遇有机物、易燃物引起燃烧。

9.2 忌水性物质爆炸

典型案例：沈阳某药厂金属钠爆炸

2015年5月29日13时左右，沈阳市公安消防支队沈北大队接到报警，位于大东区建设南二路24号百隆生物有限公司厂房发生爆炸并引发火灾。沈阳消防支队指挥中心立即调派8个中队22台消防车130名消防员到达现场参加扑救。经初步调查，现场为已停产10个月的厂房内存放的200 kg金属钠遇雨水后爆炸燃烧。14时30分，火势得到有效控制，14时50分将火彻底扑灭。此次火灾造成一名消防员受伤。

凡是能与水发生剧烈反应，放出可燃性气体，同时产生热量，从而能引起燃烧的物质，称为忌水性物质。这类物质除遇水发生剧烈反应外，也能与酸类或氧化剂发生剧烈反应引起燃烧，而且发生燃烧爆炸的危险性比遇水时更大。

忌水性物质主要包括碱金属、碱土金属及其硼烷类、石灰氮（氰化钙）、锌粉等金属粉末类，这类物质的火灾危险性甚大，故其火灾危险性全部属于甲类。

9.2.1 忌水性物质种类

1. 一级遇水燃烧物质

这类物质遇水或酸时反应速度快，放出易燃气体量多，发热量高，容易引起燃烧爆炸，如活泼金属、金属氢化物、硼氢化物、硫的金属化合物、磷化物等。

2. 二级遇水燃烧物质

这类物质遇水发生化学反应速度比较缓慢，放出的热量比较少，产生的可燃性气体一般遇火源时才引起燃烧，如石灰氮、锌粉、保险粉（低亚硫酸钠）等。

9.2.2 忌水性物质特性

这类物质共同的特性是遇水分解。

1. 活泼金属及其合金

如钾、钠、锂、铷、钠汞齐、钾钠合金等，遇水即发生剧烈反应，在夺取水中氧原子与之化合的同时，放出氢气和大量的热，其热量能使氢气自燃或爆炸。对尚未来得及反应的金属，随之燃烧或飞溅。

$$2Na + 2H_2O = 2NaOH + H_2\uparrow + 371\ kJ$$

2. 金属氢化物

如氢化钠、氢化钙、氢化铝等，遇水能剧烈反应而放出氢气。

$$2NaH + 2H_2O = 2NaOH + 2H_2\uparrow + 132\ kJ$$

3. 硼氢化合物

如二硼氢、硼氢化钠等，与水反应放出氢气。

$$B_2H_6 + 6H_2O = 2H_3BO_3 + 6H_2\uparrow + 418\ kJ$$

4. 碳的金属化合物

如碳化钙、碳化铝等，遇水反应剧烈，放出可燃性气体，如乙炔、甲烷等。

$$CaC_2 + 2H_2O = Ca(OH)_2 + C_2H_2\uparrow$$

$$Al_4C_3 + 12H_2O = 4Al(OH)_3 + 3CH_4\uparrow$$

5. 磷化物

如磷化钙、磷化锌等，遇水生成磷化氢，在空气中能自燃。

$$2Ca_3P_2 + 12H_2O = 6Ca(OH)_2 + 4PH_3\uparrow$$

6. 其他

如保险粉和焊接用的镁铝粉等，遇水也能产生可燃性气体，有火灾爆炸的危险。

在忌水性物质中，还有生石灰、无水氯化铝、过氧化碱、苛性钠、发烟硫酸、氯磺酸、三氯化磷等，这类物质遇水虽不产生可燃性气体，自身也不会着火，但它们与水接触时所放出的热量能将其邻近的其他可燃物质引燃着火。

忌水性物质的这种发火现象，从广义上讲，可以说是“自燃”。在仓库中保管金属钠时，雨水进入仓库而发生自燃的事故是屡见不鲜的。因此，遇水燃烧物质应避免与水或潮湿的空气接触，更应注意与酸和氧化剂隔离。

9.3 混合物质爆炸

典型案例：内蒙古赤峰某烟火厂氧化剂和还原剂混合爆炸

2008年8月30日10时13分，赤峰市敖汉旗四家子镇鑫新烟花厂厂区内发生爆炸事故，该厂工人冯某在称量间进行药物称量时违反操作规程，将氧化剂和还原剂称量后逐层放入原料桶，发现有结块原材料后，随即用手搓碾，致使部分原材料混合，引起爆炸。初次爆炸的冲击波将称量间内的氧化剂和还原剂再次混合，形成更大规模的爆炸，飞溅的可燃物将其他工房的成品、半成品引燃，发生连续爆炸，该事故共造成15人死亡，2人重伤，4人轻伤，50间工房损毁。

如果两种或两种以上的物质，由于混合或接触而产生着火危险，则把这种物质叫作混合危险性物质。

在混合物质的危险中，有如下三种情况：

①物质混合后形成类似混合炸药的爆炸性混合物；

②物质混合的同时，引起着火或爆炸；

③物质混合时发生化学反应，形成敏感的爆炸性化合物。

混合物质的危险，一般发生在强氧化性物质和强还原性物质相混合时。常见氧化性物质在第9.1节中已做介绍，常见还原性物质有苯胺、胺类、醇类、醛类、有机酸、油脂等，另外，还有硫黄、磷、碳、硫化砷、锑、金属粉等。

作为混合性炸药的黑色炸药（硝酸钾、硫黄、木炭粉）、高氯酸铵类炸药（高氯酸铵、硅铁粉、木粉、重油）、铵油炸药（硝酸铵、矿物油）、液氧炸药（液氧、炭粉）、礼花（硝酸钾、硫黄、硫化砷）、照明用闪光剂（硝酸钾、镁粉）等，都是由氧化性物质和还原性物质混合组成的混合炸药。

当在铬酐中注入乙醇时，会立即开始燃烧。当把单独存在无多大危险的次氯酸钠粉末与硫代硫酸钠粉末相混合时，则立即燃烧，前者一般用作漂白粉，后者习惯用作冲相片的原料，都是人们熟悉的药品。如果把浓度较高的过氧化氢（约80%）和浓度较高的水合肼（约80%）进行调和，或把发烟硝酸和苯胺进行调和，就会立即着火，而且激烈地燃烧，这样的调和可用于火箭推进燃料。

如果把黑索金、特屈儿等硝铵系列炸药与活性炭一起加热，稍微超过100 ℃就发生剧烈放热反应，直至爆炸。这可能是游离的硝基和活性炭起反应的结果。如果使TNT、苦味酸等熔融物与活性炭相接触，也会发生如上所述的爆炸。在火药厂曾经有过这种事故，在做TNT炸药用活性炭脱色的实验时，突然发生爆炸，使整个炸药厂被炸掉。

如果在马来酸酐（$C_4H_2O_3$）中添加1%以下的氢氧化钠，加热到200 ℃左右就会发生爆炸性分解。如果添加碳酸钠、氯化钾等，同样会发生分解。曾经在美国就发生过用苛性钠溶液清洗马来酸酐容器而引起大爆炸的事故。

在混合物质的危险中，除了前两种情况外，还有第三种情况，即发生化学反应之后生成不稳定爆炸性化合物。如甘油与浓硝酸完全反应时生成硝化甘油。

当硫酸等强酸与氯酸盐、高氯酸盐、高锰酸盐等混合时，会生成各种游离酸或无水物质（如Cl_2O_5、Cl_2O_7、Mn_2O_7），显出极强的氧化性能。当它们接触有机物时，会发生爆炸。还有，如果氯酸钾与铵（铵盐）、银盐、铅盐等接触，也生成爆炸性氯酸铵、氯酸银、氯酸铅等。如果亚硝酸盐接触联氨（肼），会生成不稳定的氰叠氮酸。

当液氨与液氯相接触时，能发生大爆炸。正因为如此，在液氯工艺中直接使用氨冷冻机是危险的。因为氯与氨相接触时，能够生成容易爆炸的三氯化氮（NCl_3）。为安全起见，可用盐水或其他冷媒作介质进行液化。

在气相状态下吸收极微量的不纯气体而生成爆炸性化合物的情况是经常见到的。比如二乙烯基乙炔是沸点为85 ℃的液体，但是在空气中它容易吸收氧气，积蓄敏感性的过氧化物，只要有稍微的摩擦，就能发生爆炸。1，3－丁二烯是沸点为－4.4 ℃的气体，它很容易被液化，但是液态丁二烯在大气中能够吸收微量的二氧化氮，形成不稳定的硝基和亚硝基化合物，有时可能发生大爆炸。曾经有过这样的实例，在约有4个大气压的工艺管道内，为了防止爆炸，当通入惰性气体置换时，由于在管道内壁上黏附1，3－丁二烯这种物质，吸收了在惰性气体中含有的微量二氧化氮，生成爆炸性化合物，因而发生炸开工艺管道的事故。

由此可见，混合物质的危险一般是在制造、储存、输送等处理过程中发生的，而且是事先完全预想不到的发生火灾和爆炸事故。特别是在混合物质危险的组合方面，种类繁多，不少在混合前是完全没有危险的。因此，必须预先充分、认真地考虑被处理的物质混合危险方面的特性。

9.4　反应失控的危险性

典型案例：美国弗吉尼亚州某工厂反应失控爆炸

2008 年 8 月 28 号晚，在西弗吉尼亚州拜耳农作物科学工厂（以下简称拜耳），因化工装置反应失控而发生了一场爆炸，导致两名工人死亡。拜耳是作物保护药物的全球供应商，产品有杀虫剂、除草剂、杀菌剂等，发生事故的装置位于其西部区甲酰合成一体化中的灭多威和拉维因单元。

由于生产要求时间紧迫，在集散控制系统改造以及废液处理器更换后，操作人员没有时间熟悉新的操作系统、设备仪表的调试，检查工作都没有完成，生产部门没有认真完成开车前安全审查（PSSR）的工作。

8 月 28 日装置开车时，大约凌晨 4 时，操作员手动打开废液处理器进料控制阀，并开始将闪蒸器底部物料送入几乎为空的废液处理器。以每分钟约 5.7 L 的低流速进料，需要 24 h 以上填充废液处理器 50% 的液位，即正常的操作液位。操作人员在早上 6 时交接班时没有交接废液处理器的运行状态，因为他们忙于其他的开工问题。导致接班后的白班操作员没有按照开工程序里面的要求从废液处理器出口采样。傍晚 6 时 14 分，外操按照内操的指示，启动了废液处理器的循环泵，废液处理器的液位在 30% 左右，温度在 60 ~ 65 ℃，低于 85 ℃ 开始分解的温度，压力在 0.15 MPa。傍晚 6 时 38 分，温度开始以 0.6 ℃/min 的速度上升，在晚上 10 时 21 分，在外循环忽然降低为零时液位为 51%，此时温度接近 135 ℃，在不到 3 min 内，温度上升到 141 ℃，并且迅速达到 155 ℃ 的操作极限，温度上升速度大于 2 ℃/min。大约在晚上 10 时 25 分，废液处理器高压报警在工作站响起。中控室操作员立即观察到废液处理器压力高于最大工作压力，并迅速升高。他不理解是哪个地方有问题，但他怀疑排气管堵塞，他呼叫外操，并指示他去检查废液处理器放空系统。他还找了第二个外操去协助。然后他手动切换了废液处理器再循环系统去冷却器，希望有可能减慢或停止压力上升。在晚上 10 时 33 分，就在中控室跟外操讲话几分钟后，剧烈的爆炸冲击了控制室。一个巨大的火球在单元南侧喷出，警报响起。操作员急忙安排装置停工。不幸的是，这两位外操人员，一人因钝力外伤和现场烧伤而死亡，另一人在医院接受 41 天治疗后死亡。

事故原因：(1) 拜耳对灭多威的控制系统进行了重新设计，更换了废液处理器，但在开车前没有认真进行 PSSR；该装置在重新开车前，没有进行测试和调试，设备故障和误操作导致出溶液闪蒸罐的残液中的灭多威含量为 40%，而设计值为 22%。(2) 没有预先把废液处理器中的溶剂升温到 135 ℃，而是建立循环后直接升温，灭多威在温度 85 ℃ 后，会进行分解反应产生气体，且这个反应是放热反应。在 135 ℃ 前分解反应的速度很慢，但在 135 ℃ 左右时反应速度会迅速提升，放出大量热量和气体，远超过了冷却系统的冷却能力，热分解产生的气体也远大于安全阀的泄放能力。

9.4.1　反应失控的概念

通常由化学反应得到的产品，是用反应率和反应速度的乘积来进行评价的，因此合成或分解等整个化学反应和单元操作都要追求效率高的有利条件，所以这类反应几乎都是在高温、高压或超低温下进行的。例如，氨气是通过$3H_2+N_2=2NH_3$的反应，由氢气和氮气合成的。这种合成反应，由于是从4 mol原料得到2 mol成品的减摩尔反应，所以只有增加压力才能使反应顺利地向右进行。因此，合成反应多是在15～100 MPa压力下进行的。而在工业上可控制的范围内，反应通常是在400～500 ℃的高温下在极短的时间完成的。

基于这一原因，化学作业多是在高温高压下进行的化合、分解及聚合反应。为了能够在这种条件下使反应顺利进行，人们竭尽全力采取多种安全措施来确保安全生产。但是，如果超出这些控制条件，反应容器内的温度上升时，伴随而来的反应速度增加，单位时间内的发热量增大，会使流体体积膨胀。因此，随着反应容器内的压力增加，反应会进一步加速。由于这种温度与压力的交互作用，加速了连锁反应，使温度和压力急剧上升，可燃性气体便可能从设备的连接处向大气中泄漏，引起爆炸，使设备遭到破坏。

这种由于反应容器内的温度和压力超出规定范围而引起异常上升，使反应速度按指数规律增大而出现的反应过激现象，称为反应失控。一般来说，当发生反应失控时，常常会因可燃性气体泄漏而产生爆炸，或者发生有毒气体中毒事故，严重的还会造成机器和设备破坏。

9.4.2 反应失控种类

由于反应失控现象多发生在高压气体设备中，因此，首先将高压气体设备定义为危险的“特殊反应设备”。在工厂生产中，通常将“特殊反应设备”划为以下8类：

①氨二次改性炉；

②制造乙烯的乙炔氧化塔；

③制造氧化乙烯的乙烯与氧气（或空气）的反应器；

④制造环己烷的苯氢化反应塔；

⑤石油精制时的重油直接加氢脱硫反应器；

⑥石油精制时的氢化分解反应器；

⑦低密度聚乙烯合成罐（高压法）；

⑧甲醇合成反应塔。

如果把上述设备中进行的反应作为防止反应失控的标准，那么，未列入分类的其他反应失控的潜在危险也能预见得到。

9.4.3 反应失控原因

现在，化学工业中的“化学加工”，大多采用的方式有化合、分解、聚合、置换、附加反应等。这些反应无论是在气相还是在液相下进行，基本上都属于放热反应，所以都存在着反应失控的潜在危险。

工厂设备出现反应失控的主要原因如下。

1. 工厂设备的辅助系统运转失调或停止

工厂通常用电或水蒸气作为动力，用水或其他制冷剂做冷却介质，用空气驱动测量仪表，有时蒸汽和水等还用作原材料。而某些安全措施也要用电、水、蒸汽和惰性气体等，这就要有相应的辅助系统来支撑工厂的生产机能。因此，如果这些系统发生异常或停止运转，就会出现紧急事态，这时控制系统就会促使生产停止而转入安全处理操作。但是，在这种情况下，如果对紧急事态处理失误，就可能会出现反应失控。

2. 测量系统的误操作

安装在工厂装备中的测量系统可分为两大类：第一类是为了保证经济、合理地进行生产的测量系统，例如，为控制原料最佳配方以达到最大生产效率而安装的测量系统；第二类是维持工厂设备正常运行的控制系统，当生产过程出现失调或异常时，该系统能立即自动调节，使其恢复到正常状态。不过，这两类控制系统中都有许多子系统，所以，不管其中的哪一系统的哪个部件发生误操作，都可能成为反应失控的诱因。

3. 原材料配比失常

供给机械的原材料比例，均应严格保证符合质量的要求，而从预防反应失控这一角度出发，则更应强调原材料的严格配比。例如，用乙烯和氧气来生产氧化乙烯时，发生的主反应为

$$2C_2H_4 + O_2 = 2C_2H_4O + 242\ kJ$$

副反应为

$$C_2H_4 + 3O_2 = 2CO_2 + 3H_2O + 1\ 320\ kJ$$

若乙烯与氧气的配比失常，如供氧多，则副反应加剧，发热量增加，这时若不采取措施，温度、压力将会异常升高，使设备遭到破坏。

4. 微量杂质的浓缩

在蒸馏、分解及精炼等各单元操作过程中，由于副反应而产生灾害的例子是屡见不鲜的。比如，美国得克萨斯州发生了丁二烯分离精炼设备的反应失控事故；日本名古屋一家工厂在内酰胺硫铵的浓缩过程中，由于副产物微量硝酸铵浓缩到一定浓度，使反应失控而发生了爆炸事故；日本大牟田市在无水邻苯二甲酸的蒸馏精炼中，也发生过由于微量副产物浓缩爆发的反应失控事故等。

5. 设备装置内渗入空气

化学设备的运动条件有正压和负压两种，多数情况是处在正压下运行，这时空气不容易深入设备内部。但压缩机的进气侧经常处于加压状态，因此也存在负压区，而在负压条件下运转的设备，当渗入空气后，会与氧气进行反应，引起反应失控。例如，合成甲醇的原料所用的气体压缩机，从吸气导管的接头处渗入微量空气后，温度便缓慢上升，导致爆炸事故。从合成氨装置中发生高压气体喷出火的事故调查结果表明，由于氨气中残存微量氧气，与其中的微量氢气反应，致使温度稍微升高而引起反应失控，进而导致温度异常升高，使钢管被软化，有的地方被胀破，高压气体随之喷出而着火；合成氨的原料精馏塔在 300 个大气压下产生破裂后，使碎片飞散而酿成的事故调查结果证实，由于输送气体原料的压缩机低压侧的吸入导管的水封装置中的水不足，使少量空气被吸入并与原料中的氢气反应，造成温度急剧上升，反应失控，使压力骤增，以致精制塔破裂、飞散。

6. 危险混合时的放热

这里所说的危险混合，指的是两种或两种以上的物质，由于某种原因混合接触时，产生混合热或反应热，使容器内的气体、液体产生爆炸性膨胀，形成反应罐破裂的危险事故。某些化工厂在处理 AN、CN、AC 三种液体时，发现 AN 与 CN 或 AN 与 AC 混合时不会发热，所以便盲目推断这三种液体任意混合也不会发生危险。其实不然，如人们有时为了操作方便，将这三种液体同时排入斜槽中，形成混合状态，这时温度急剧上升，斜槽上部空间的气体产生爆炸性膨胀，使槽遭到破坏。这类事故也是由反应失控造成的，由此可以推断出其他

许多事故也属于此种类型。

7. 操作失误引起的反应失控

阀门开、关误操作或装入反应器的原材料种类或计量产生错误时，都可能引起反应失控。

8. 机器的故障及破损

输送原料的压缩机、泵、螺旋推进器等的运动构件发生故障及破损；由于反应塔、分离器、精炼塔等装置以及管道、阀门、接头等构件发生故障和破损，都曾引起反应失控事故。

9. 测量装置的故障及破损

控制生产工艺过程的测量装置及控制安全用的测量装置发生故障与破损时，引起反应失控的事故。

10. 反应失控的其他原因

安全管理不善，修理、安装管道工程质量差，供给原材料或提取成品开、关阀门时动作过猛，以及操作不当等，都曾造成过反应失控的事故。

处于高压气体的工厂，应经常对反应失控等引起灾害的危险因素进行预测，并且加设控制灾害的"内部反应监测装置"等各种安全装置。对于这些特殊反应设备，不仅应精确地测定其内部的反应状况，还应安装监视温度、流量的装置和其他反应监视装置，以便当温度、压力和流量等失常或将要失常时，能自动报警。

此外，对于这些特殊反应设备，为了防止异常事态发展成为泄漏、破裂或爆炸等灾害，应根据这些设备所处理的高压气体的种类、温度、压力及设备的实际情况，安装下列防止危险状态发生的装置：

①原材料供给的切断装置；

②放出容器内剩余物的装置；

③输入非可燃性气体的装置；

④冷却水的供给装置；

⑤停止供给反应剂的装置；

⑥防止转变为其他危险状态的防护装置。

所有这些装置，都是为预防危险状态的出现而设置的，所以都应该具备动作准确、可靠的功能，且应经常处于顺利动作状态，其中最好、最有效的方法，是实现这类装置的远距离操作或自动控制。同时，对这些装置，还应根据其功能，定期进行动作测试，这一点也是必不可少的。

练　习　题

1. 常见的氧化性物质有哪些？按其氧化性强弱如何分级？举例说明。
2. 氧化性物质的氧化性强弱的规律是什么？
3. 举例说明忌水性物质的特性。
4. 简述混合危险物质的三种情况，并举例说明。
5. 什么是反应失控？常见的反应失控有哪些？其发生原因及预防措施分别是什么？

参 考 文 献

[1] 刘天生，王凤英. 燃爆灾害防控学 [M]. 北京：兵器工业出版社，2012.
[2] 王海福，马顺山. 防爆学原理 [M]. 北京：北京理工大学出版社，2004.
[3] 张国顺. 燃烧爆炸危险与安全技术 [M]. 北京：中国电力出版社，2003.
[4] 杨泗霖. 防火与防爆技术 [M]. 北京：中国劳动社会保障出版社，2008.
[5] 冀和平，崔慧峰. 防火与防爆技术 [M]. 北京：化学工业出版社，2004.
[6] 冯长根. 热爆炸理论 [M]. 北京：国防工业出版社，1990.
[7] 严传俊，范玮. 燃烧学 [M]. 西安：西北工业大学出版社，2005.
[8] 郝建斌. 燃烧与爆炸学 [M]. 北京：中国石化出版社，2012.
[9] 崔克清. 安全工程燃烧爆炸理论与技术 [M]. 北京：中国计量出版社，2005.
[10] 赵衡阳. 气体和粉尘爆炸原理 [M]. 北京：北京理工大学出版社，1996.